# 海洋深水防砂完井理论与技术

刘书杰　熊友明　刘理明　朱红钧　等编著

石油工业出版社

## 内容提要

本书主要总结了作者近15年来在海洋深水防砂完井方面的研究成果，内容涵盖了海洋深水油气完井防砂领域的主要新进展和前沿技术，主要内容包括海洋深水油气田常用完井方法、深水油气田出砂预测理论与技术、深水防砂完井挡砂精度设计方法、深水不同完井方式产能预测模型、油管多相流动冲蚀数值模拟技术、深水测试完井过程中水合物预测理论与防治技术、海洋天然气水合物开采技术。

本书既可作为海洋油气工程领域广大工程技术人员的参考书，也可作为海洋油气工程相关专业的研究生教材和本科生选修教材，还可作为石油与天然气工程专业的选修教材和石油与天然气工程领域技术人员的培训教材及自学读物。

**图书在版编目（CIP）数据**

海洋深水防砂完井理论与技术 / 刘书杰等编著 .—
北京：石油工业出版社，2020.7
ISBN 978-7-5183-4150-4
Ⅰ.①海… Ⅱ.①刘… Ⅲ.①海上油气田－油井防砂－完井－研究 Ⅳ.①TE5

中国版本图书馆CIP数据核字（2020）第132272号

---

出版发行：石油工业出版社
（北京安定门外安华里2区1号楼　100011）
网　址：www.petropub.com
编辑部：（010）64523541　图书营销中心：（010）64523633
经　销：全国新华书店
印　刷：北京晨旭印刷厂

---

2020年7月第1版　2020年7月第1次印刷
787×1092毫米　开本：1/16　印张：13
字数：320千字

---

定价：68元

# PREFACE
# 前 言

“海洋强国、经略海洋”战略的提出，吹响了我国挺进深水和大规模开发海洋的号角，海洋油气工业因而进入了蓬勃发展期。全国海洋类高校、院系、专业的陆续兴办，海洋实验室、研究所的相继兴建，都彰显了培养开发海洋油气资源专门人才的决心与力度。目前，全国已经有十多个院校开设了海洋油气工程本科专业，硕士、博士研究生的招生规模也迅速扩大，但缺少适用于海洋油气工程硕士、博士研究生的专业教材。与此同时，广大海洋油气行业的工程技术人员也急需了解该领域的主要进展和前沿技术。因此，笔者基于近 15 年来在海洋深水完井、防砂等领域的研究成果，编写了本书，主要内容包括：海洋深水油气田常用完井方法、深水油气田出砂预测理论与技术、深水防砂完井挡砂精度设计方法、深水不同完井方式产能预测模型、油管多相流动冲蚀数值模拟技术、深水测试完井过程中水合物预测理论与防治技术、海洋天然气水合物开采技术。

本书是国家重大专项“深水测试风险评估与智能完井及井筒完整性研究”（编号：2016ZX05028-001-006）的主要研究成果之一，由中国海洋石油总公司生产研究中心刘书杰，西南石油大学海洋油气工程研究所熊友明、刘理明、朱红钧等编著，熊友明负责全书的统稿和编排。具体编写分工如下：第 1 章由刘书杰、熊友明、刘理明编写；第 2 章由熊友明、刘书杰、卢静生编写；第 3 章由刘理明、刘书杰、朱红钧编写；第 4 章由熊友明、刘书杰、刘理明、张政编写；第 5 章由刘理明、熊友明、卢静生编写；第 6 章由朱红钧、熊友明编写；第 7 章由刘理明、刘书杰、樊栓狮、张政、朱红钧编写；第 8 章由卢静生、熊友明、朱红钧、樊栓狮编写。

在此，要向书中引用的相关书籍及技术资料的众多同行和前辈们致谢！向有关引用资料涉及的单位表示感谢！本书的编写和出版得到了国家重大专项“深水测试风险评估与智能完井及井筒完整性研究”（编号：2016ZX05028-001-006）、西南石油大学研究生教研教改项目“海洋油气工程‘多元、多径、全程化’高层次创新人才培养模式的构建与实践”（编号：18YJZD03）的资助，也得到了中海石油（中国）有限公司北京研究中心、中海石油（中国）有限公司深圳分公司、中海石油（中国）有限公司湛江分公司以及西南石油大学领导的全力支持，在此表示感谢！

由于笔者水平有限，诸多领域的研究尚不完善，书中难免存在疏漏和欠缺，但希望能起到抛砖引玉的效果，并敬请广大读者批评指正！

CONTENTS

# 目 录

# 第1章 绪 论

随着全球经济的快速增长，人们对能源的需求也在不断上升，而陆上的油气勘探日趋成熟，新发现的油气藏规模越来越小，新增储量对世界油气储量增长的贡献也越来越低。相比之下，海洋油气资源潜力大，探明率较低。自2000年以来，全球海洋油气勘探开发步伐明显加快，海上油气新发现超过陆上，储（产）量持续增长，已成为全球油气资源的战略接替区。特别是随着海洋油气勘探新技术的不断应用和日臻成熟，全球已进入深水油气开发阶段，深水油气勘探开发已成为全球石油行业主要投资领域之一。

## 1.1 全球海洋油气勘探开发形势

（1）海洋油气探明率低，是未来重要资源储备基地。

全球海洋油气资源潜力十分巨大。据国际能源署（IEA）统计，2017年全球海洋油气技术可采储量分别为 $10970\times10^{8}$bbl❶ 和 $311\times10^{12}m^{3}$，分别占全球油气技术可采总量的32.81%和57.06%。从探明程度来看，海洋石油和天然气的储量探明率仅分别为23.70%和30.55%，尚处于勘探早期阶段。从水深分布来看，浅水（小于400m）、深水（400～2000m）和超深水（大于2000m）的石油探明率分别为28.05%、13.84%和7.69%，天然气分别为38.55%、27.85%和7.55%（图1.1）。

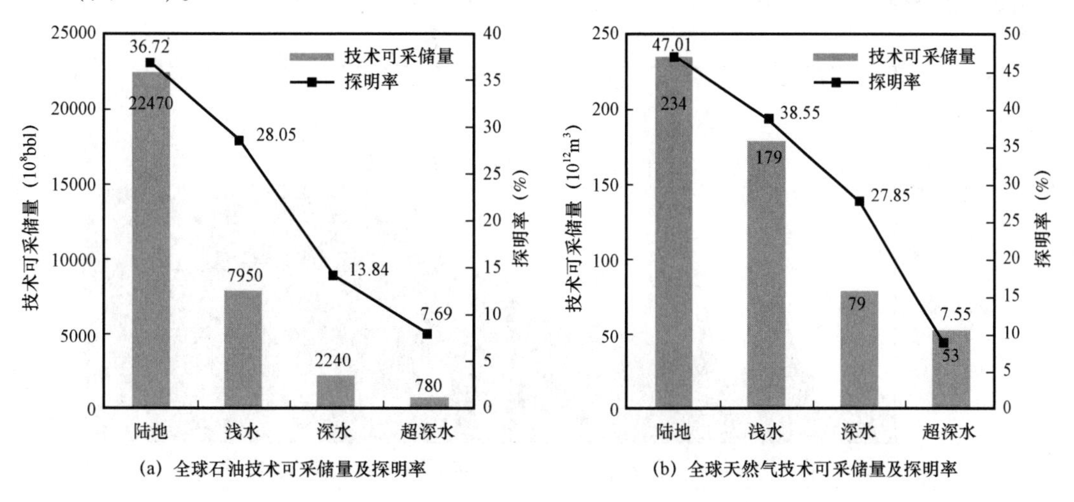


图1.1 2017年全球油气技术可采储量及探明率

❶ 1bbl = 158.987L。

从开发利用情况来看，当前，海洋油气的累计产量仅占其技术可采储量的29.8%和17.7%，低于陆上油气的39.4%和36.8%。其中，深水和超深水的石油累计产量仅占其技术可采储量的12%和2%，天然气累计产量仅占其技术可采储量的5%和0.4%（表1.1）。因此，海洋油气具有极大的资源潜力，是全球重要的油气接替区。

**表1.1　全球油气累计产量在技术可采储量中的占比**

| 地域 | 陆上 | 浅水 | 深水 | 超深水 |
|---|---|---|---|---|
| 石油占比（%） | 39 | 38 | 12 | 2 |
| 天然气占比（%） | 37 | 12 | 5 | 0.4 |

（2）深水油气已成为全球开发重点，产量和新增储量占比不断攀升。

随着技术的发展，美国墨西哥湾、巴西、西非等重点海域作业水深纪录不断刷新，目前全球最大水深探井3400m，海底生产系统2900m，全球已进入深水开发阶段，深水油气产量日益增大。1998年，全球深水油产量仅为300 $\times 10^4$bbl/d，占全球海洋油产量的18%；到了2008年，全球深水油产量为680 $\times 10^4$bbl/d，占全球海洋油产量的25%。目前，安哥拉、巴西、尼日利亚和美国的深水石油产量占全球深水石油产量的90%。

随着陆上的油气勘探日趋成熟，新发现的油气藏规模越来越小，新增储量对世界油气储量增长的贡献也越来越低。相比之下，深水、超深水资源潜力丰富，探明率较低，更容易发现大型油气藏。据美国信息处理服务有限公司（IHS）统计，近10年全球新的油气发现有74%分布在海域，其中深水占23%，超深水占36%。从新发现油气的储量规模来看，海洋油气的储量规模远高于陆地，其中超深水油气平均储量为3.52 $\times 10^8$bbl当量，是陆上规模的16倍（图1.2、图1.3）。另外，据伍德麦肯兹（WoodMackenzie）统计，2013年以来，全球91个可采储量大于2 $\times 10^8$bbl的油气发现中，有52个位于深水、超深水区，占新增储量47%。

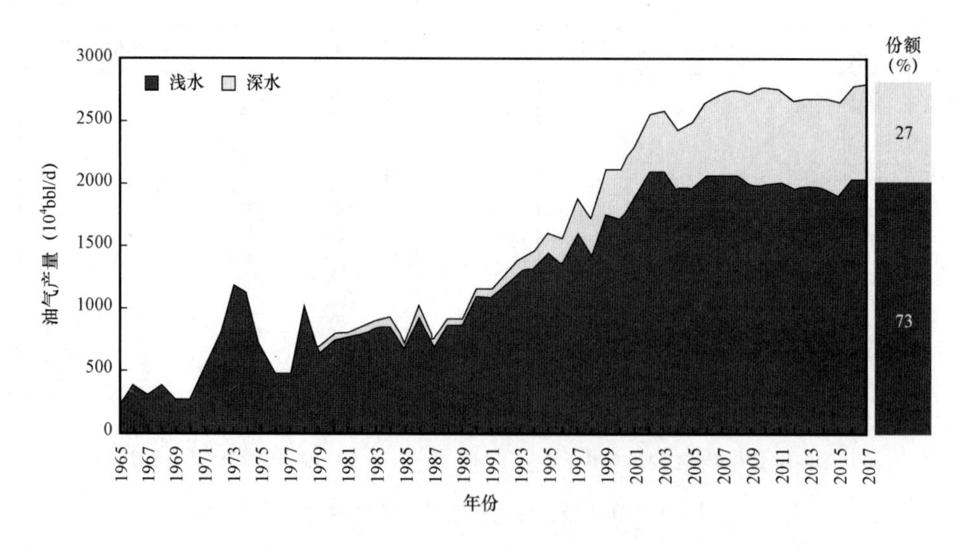


图1.2　1965年以来全球深水油气产量与浅水油气产量

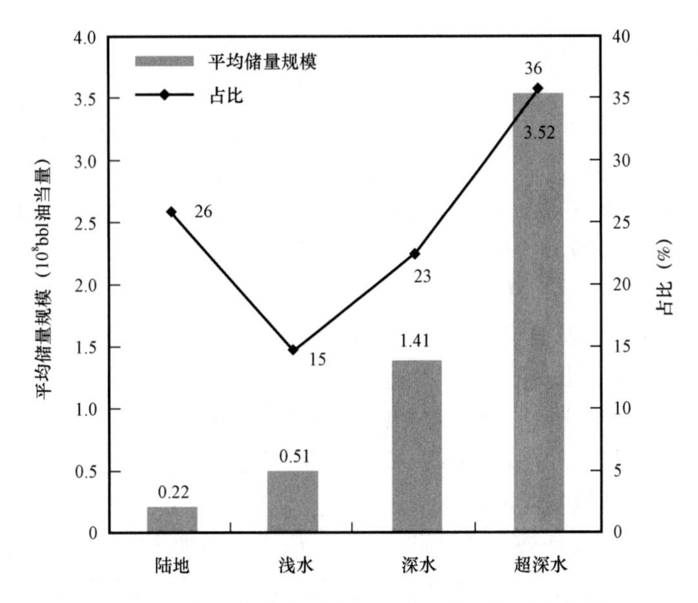


图1.3 近10年全球油气发现占比及平均储量规模

我国南海海域石油蕴藏量巨大，属于世界四大海洋油气富集区之一，有"第二个波斯湾"之称。南海的石油地质储量为(230～300)×$10^8$t，占我国总资源量的1/3，其中70%蕴藏于153.7×$10^4$km$^2$的深水区。目前，南海海域周边的东盟国家在争议海域钻井1000多口，发现含油气构造200多个、油气田180个，年采原油超过5000×$10^4$t，早已形成了事实上的"开发热"。

(3)国际石油公司加大深水油气布局，海上勘探开发投资日益扩大。

在能源市场复苏的大环境下，国际石油大公司深水勘探开发投资不断增长，即使在本轮低油价期间，部分国际石油公司仍然持续参与深水油气勘探的相关竞标活动。2017年10月，在巴西石油管理局(ANP)组织的两轮深海盐下层石油产量分成合同招标中，埃克森美孚、壳牌、英国石油(BP)、道达尔和雪佛龙等国际石油巨头，以及我国三大国有石油公司均积极参与并获得一定收获；招标的8个深海盐下油田区块中，有6个被11家石油公司或其合作组成的竞标联合体成功竞标，巴西政府获得签字费约19亿美元。

当前，深水投资已占国际石油公司海上投资的50%以上；深水油气产量已成为其重要的组成部分。以BP公司为例，目前其深水油气年产量已接近5000×$10^4$t油当量，占公司油气产量的31%。从投资区域来看，国际大公司广泛进入的重点区域主要有巴西盐下油藏、地中海海域、苏里南—圭亚那盆地、美国墨西哥湾和北极周沿地区。此外，西非海域和我国的南海也将是未来深水油气勘探开发的热点地区。

(4)多因素不断降低深水油气成本，深水油气开发的竞争力明显增强。

在国际石油公司的努力经营和外部环境共同作用下，当前深水油气的单位成本与5年前相比下降了50%。2017年底，挪威国家石油公司在巴伦支海JohanCastberg项目的开发成本比2013年设计时降低了50%，单桶完全成本从80美元降低到了35美元；巴西国家石油公司和壳牌能以35～40美元的单桶完全成本开采Liza油田等超深水盐下油气资源；埃克森美孚公司参与圭亚那深水油气开发的单桶完全成本也将在40美元以下。深水油气开发的竞争力明显增强。导致深水油气项目开发成本下降的原因主要有以下四个方面：

① 转变管理方式,提高设备利用率。

在低油价背景下,石油公司为了减少海上油气开发的项目支出,提高资金利用率,在管理方式上向页岩油气模式转变,只投资开发那些开发周期短且最具有价值潜力的项目,从而缩短项目的交付周期。同时,通过海底管道回接等方式提高现有基础设施利用率,减少新的工程建设来压缩回报周期和资本支出。与传统海上油田开发项目收回成本需要 10 年相比,采用海底管道回接技术项目的投资成本一般在 5 年内就可以收回。

② 缩小项目规模,推广标准化设计。

在低油价背景下,一些原先设计的项目通过缩小产能规模、简化项目设计,合理减少了基础建设投资、钻井数量和作业耗材。同时,参照海上风力发电的理念,对海上油气项目采用统一的标准化设计,提高运行效率。2014 年以来,雪佛龙公司利用这一战略使其在墨西哥湾的钻完井时间缩短了 40% 以上,有效地降低了深水油气开发成本。

③ 提高作业效率,降低作业成本。

为了提高钻井勘探开发作业效率,国际石油公司通过增加作业时间、减少钻头和钻井液等钻井作业耗材使用、采用新工艺技术等手段,大幅提高钻井速率,降低钻井成本。以巴西国家石油公司为例,为了应对深水盐下钻完井面临的巨厚盐岩层蠕动危害大、石灰岩储层漏失严重等难题,采用盐层段安全钻井及套管设计、控制压力钻井技术、大尺寸智能完井技术等深水盐下钻完井配套技术,使深水盐下钻完井时间普遍减少 20%,部分区域甚至达 80%,单井产量提升 25%,浮式生产储卸油船(FPSO)达产所需井数下降了 20%(图 1.4、图 1.5)。

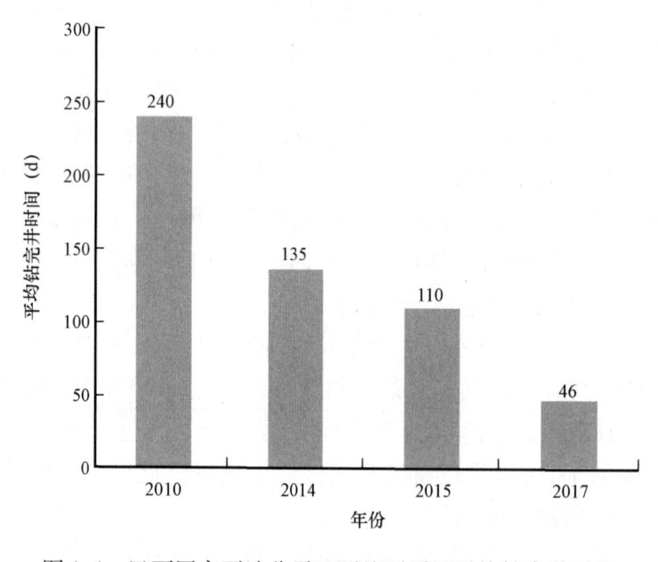


图 1.4　巴西国家石油公司巴西盐下项目平均钻完井时间

④ 油服市场饱和,钻井成本大幅下降。

深水油气开发项目成本降低的关键驱动因素之一是降低钻井成本。自低油价以来,全球油服市场一直处于饱和状态,导致原材料成本和服务成本大幅降低。随着需求的减少,钻井平台利用率自 2014 年以来一直呈下滑的态势。据 IEA 统计,由于油田服务成本和原材料价格的下降,2014—2017 年,占资本开支近一半的深水油气钻完井成本降低了 60% 以上,如图 1.6 所示。

目前,我国南海地质调查与勘探程度有限,但其资源前景已获得广泛认可。2010 年底,中

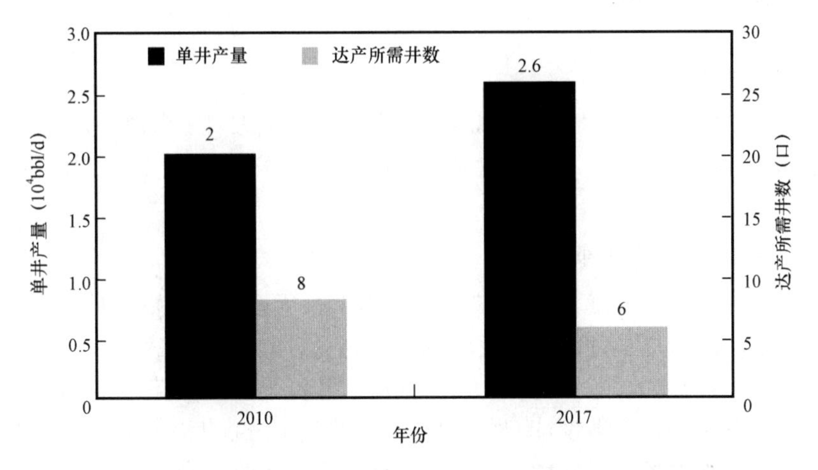


图 1.5　巴西国家石油公司巴西盐下某项目单井产量

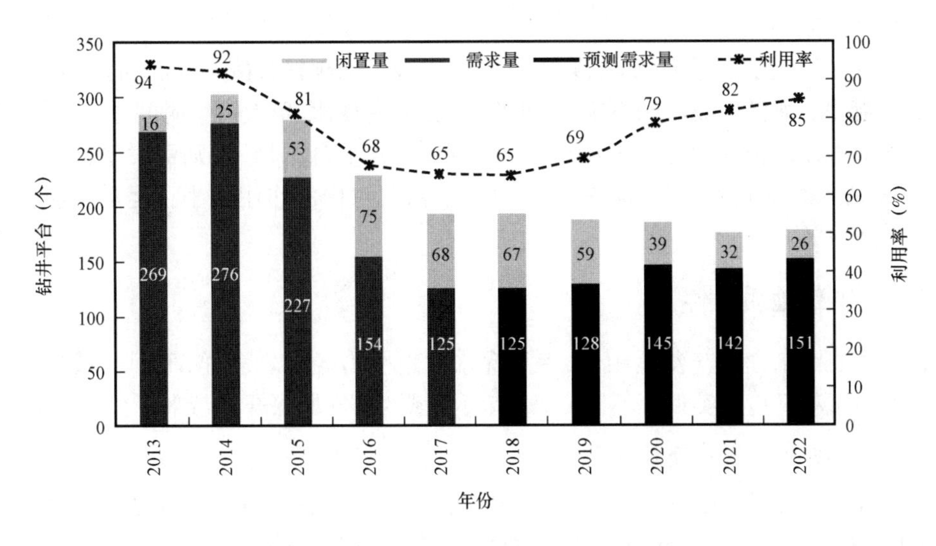


图 1.6　2013 年以来海上钻井平台利用率及预测

国海洋石油总公司油气产量超过 5000 × $10^4$t，建成了“海上大庆油田”，但对具有“第二个波斯湾”之称的南海深水油气资源的勘探开发尚处于起步阶段。“海洋石油 981”深水半潜式钻井平台的建成与应用将我国深水钻井装备提升到了世界先进水平行列，但由于我国缺乏深水钻完井作业经验，深水钻井工艺及技术水平与国外先进水平相比存在较大差距，甚至存在很多技术与理论研究的空白。

## 1.2　我国深水油气开发难点和挑战

除水深、风浪流、温变、窄安全密度窗口、浅层地质灾害等深水钻井共性挑战外，我国南海深水钻井还面临一些特殊问题，包括特殊海洋环境、特殊地质条件和离岸距离远等。

### 1.2.1 特殊海洋环境

#### 1.2.1.1 土台风

南海的土台风发生频率较大,且深水区域的台风强度更大。土台风突发性强,路径变化复杂,监测及预报困难。钻井平台和隔水管系统的防台风技术是南海深水钻井应急技术的难点之一。

#### 1.2.1.2 海水温度场分布不明确

到目前为止,南海海水温度场的分布并不是很明确,无直接可用的权威数据。海底低温会显著影响钻井液流变性,增加井筒内钻井液的流动阻力,影响水泥浆性能和深水固井工艺;低温还会使压井管线内流体的循环压耗增大,增加深水井控难度等;而深水双梯度控压钻井中环空压力剖面预测、深水井控参数设计、测试过程中天然气水合物生成区域预测等都与温度场密切相关。因此,海水温度场不明确增大了钻井设计难度及作业风险。

#### 1.2.1.3 内波流

南海海底地形复杂多样,海水密度层化严重,内波活动频繁,且不同区域的内波形式不同,随季节明显变化。海洋内波时间不定,流速无常,方向有规律,单点持续时间短,区域分布差异大。内波流对海洋结构物稳定性影响大,轻则导致钻井平台漂移,重则引发事故。据目前所知,南海内波振幅可高达15m,为世界之最。因此,需要对内波作用下平台运动响应特性进行研究以有效应对。

### 1.2.2 特殊地质条件

与世界主要深水含油气盆地相比,南海深水盆地主力烃源岩多样,不同区域其形成的年代、构造背景、沉积环境和类型等不同,这给南海海域的油气勘探开发带来了很大的不利影响。

#### 1.2.2.1 地质环境多样且复杂

南海海洋地质环境复杂,如沙地沙沟明显,且沙坡沙脊是移动的,移动速度可达每年30m左右。同时,南海地质环境多样,不同区块类型不同,导致岩土力学性质等不同。由于目前我国对南海地质环境的调查及研究尚处于起步阶段,确定钻井三压力剖面的可用资料少,窄安全密度窗口的不确定性增加,使钻井设计及作业时井筒压力控制难度增大。

#### 1.2.2.2 地温场分布不清

南海北部深水区地温特征数据较为全面,但数据有限;南部深水区地温特征数据匮乏,实测地温梯度数据很少。地温场分布不清,增加了钻完井工作液流动环境内温度场和压力场预测的难度。

#### 1.2.2.3 “三浅”地质灾害发生概率大

(1)天然气水合物。南海是西太平洋天然气水合物成矿带的重要组成部分,具备良好的天然气水合物成矿条件,常与石油、天然气共存。一方面,钻井作业带来的外界扰动将诱发底辟和滑坡;另一方面,天然气水合物分解导致海水密度降低,引发钻井平台倾覆、火灾等事故。

(2)浅层气。南海浅层气分布典型,仅珠江口盆地初步统计就有12处。浅层气地层抗剪强度和承载能力低，且气体导致孔隙压力增大。钻遇时，引发气体突然释放，甚至燃烧。

(3)浅水流。南海北部深水盆地等区域存在浅水流危险区，但受限于现有调查程度，分布特征尚不清楚，使南海作业风险增大。浅水流地层具有埋藏浅、超压、砂层未固结等特点，不易被发现。钻遇时易发生井喷且速度快，若未安装井口则无法正常压井；引发砂水流，破坏井口及井筒，并给邻井带来风险。浅水流灾害难以控制和处理，虽已有可用的识别、预防与控制方法，但目前尚不成熟。

### 1.2.3　离岸距离远

我国南海深水油气资源距离陆地较远，多距陆地300km以上，后勤供应要求高，遭遇台风等恶劣天气时，对作业能力要求高，且撤离和钻井设备维修所需时间长，增大了设计、施工和成本控制的难度。

引起南海深水井复杂情况的原因所占比例见表1.2。恶劣海洋环境、浅层地质灾害和地层压力窗口狭窄所引起的复杂情况比例达到了63%；设备工具原因所占比例也大，达到了25%，主要是由老旧平台设备、井下大尺寸钻具、防喷器系统和弃井工具造成的；人为原因及其他不明原因占12%。

**表1.2　南海已钻深水井复杂情况原因统计**

| 原因 | 比例(%) |
|---|---|
| 恶劣海洋环境 | 28 |
| 地层压力窗口狭窄 | 25 |
| 设备工具 | 25 |
| 浅层地质灾害 | 10 |
| 人为原因 | 5 |
| 其他 | 7 |

所有的这些特点导致深水油气勘探开发是一个高技术、高投入、高风险的领域。

## 1.3　深水完井现状和挑战

### 1.3.1　深水完井现状

完井工程是深水油气建井工程的重要环节之一，它是将一口已钻井建立储层到井筒再到井口通道的过程。表1.3是调研的国内外典型的深水井防砂完井方式的统计结果。

由于深水油气田水深较深，泥线以下实际储层埋深较浅，同时为了保证良好的投资效益，一般开发的都是高渗透储层，而这类储层一般都较疏松，极容易出砂，从表1.3中也可以看出，目前世界上主要开发的深水油气藏都要出砂，都采取了防砂完井方式。而从防砂方式分类来看，砾石充填和压裂砾石充填占比大，可以看出设计者基本采用保守的防砂策略。

表 1.3 世界部分深水油气田数据及防砂完井方式

| 油气田名称 | 地理位置 | 构造背景 | 沉积体系 | 沉积相 | 有效厚度(m) | 孔隙度(%) | 渗透率(mD) | 水深(m) | 井型 | 防砂完井方式 |
|---|---|---|---|---|---|---|---|---|---|---|
| Roncador | 巴西 | 被动大陆边缘盆地 | 下斜坡浊积体系 | 湖相 | 0~180 | 29~33 | 800 | 1750 | 水平井、直井、定向井、分支井 | 裸眼砾石充填、独立筛管 |
| Albacora | 巴西 | 被动大陆边缘盆地 | 下斜坡浊积复合体系 | 湖相 | 0~130 | 23~29 | 280~3500 | 1900 | 水平井、直井、定向井 | 裸眼砾石充填、独立筛管 |
| Ursa | 墨西哥湾 | 被动大陆边缘形成的斜坡小盆地 | 斜坡浊积体系 | 海相 | 6~18 | 17~29 | 10~625 | 1200 | 水平井、直井、定向井 | 裸眼砾石充填、套管射孔压裂充填 |
| Hoover-Diana | 墨西哥湾 | 被动大陆边缘形成的斜坡小盆地 | 斜坡浊积体系 | 海相 | 7.6~46 | 30 | 50~2000 | 1450 | 水平井、直井 | 裸眼砾石充填、套管射孔压裂充填 |
| Girassol | 安哥拉西部海域 | 被动大陆边缘斜坡 | 海底扇河道复合体 | 湖相 | 24~50 | 27 | 800~2700 | 1325 | 水平井、直井、定向井 | 裸眼砾石充填、独立筛管、套管射孔压裂充填 |
| AKPO-OML130 | 尼日利亚南部海域 | 三角洲被动大陆边缘 | 海退环境下深水浊积水道 | 海相 | 17 | 20 | 1600 | 1500 | 水平井、定向井 | 独立筛管、膨胀筛管、裸眼环空封隔器、套管射孔压裂充填 |
| West-Seno | 印度尼西亚 | 裂谷盆地 | 下斜坡浊积复合体系 | 海相 | 152~305 | 17~33 | 380 | 963 | 水平井、直井、定向井 | 套管射孔压裂充填、裸眼砾石充填、独立筛管 |
| 荔湾3-1 | 中国南海 | 受断层控制的披覆背斜 | 低位扇浊流沉积三角洲前缘相碎屑岩沉积 | 海相 | 36 | 18~26 | 216~1108 | 1500 | 水平井、定向井 | 套管射孔压裂充填 |

### 1.3.2　我国深水完井挑战

从完井的角度来看,深水油气田较浅水或陆上油气田的开发没有本质的区别。但由于作业水深的增加,导致深水油气田完井设计和作业工艺更为复杂,加上南海深水区域恶劣的作业环境和高风险、高投入,给深水油气田的开发带来更大的挑战,主要表现为以下方面:

(1)风、浪、流等自然海况环境恶劣,南海台风季节长,频繁的台风袭扰对深水完井作业影响较大。

(2)流动安全保障的影响,海底低温对井筒流体物性的负面作用,极易导致井筒水合物堵塞、结蜡、结垢。

(3)储层易出砂,深水油气田出砂后修井成本极高,采取适当稳妥的防砂方案尤为重要。

(4)深水完井设备复杂,需要技术熟练、认真负责的操作和维修人员队伍,维护代价高昂,对作业系统可靠性提出较高要求。

(5)作业费用高昂,对作业时效和作业效率的要求较高,设计和作业管理要求以保障作业安全和提高作业效率为原则。

(6)完井作业还应考虑油气井投产后面临的管柱防腐、环空圈闭压力控制及控制管线无损连接等系列技术问题。

## 1.4　深水完井设计理念

钻井工程主要解决从海平面下穿深水钻达目的层,建设油气产出通道的任务;而完井工程则要解决从地层到井筒的流体产出通道的建设任务。其中,海洋深水开发的关键点落在完井工程上:如果完井没有做好,生产时将会出现各种各样的问题,严重影响深水油气的高效开发。因此,海洋深水油气井的完井,要贯彻以下理念。

### 1.4.1　深水油气井完井优化设计要有预见性

(1)首先,海洋深水油气田往往都是高渗透地层,生产时要出砂,必须防砂完井,现有防砂标准和防砂思路已经不适合深水油气田。如何控制出砂量、出砂颗粒的大小,研究不同出砂量、出砂颗粒大小对生产产量、对井筒的流动及对海底长输管线流动的影响,如何形成以生产最安全、海底长输最安全和井筒举升最有效为前提的深水油气田完井、生产、集输一体化系统,协调与系统优化理论将对深水油气资源的有效开发具有重大的影响。因此,在完井优化设计时,首先需要考虑合理防砂的问题:如果防砂过度(挡砂精度设计太小),将极大地限制产量,达不到深水油气高效、经济开发的目的;反之,如果任由地层出砂(挡砂精度设计太大),将造成井筒砂沉积,导致井下泵的频繁换泵、油管的冲蚀损害、海底长输管线的沉砂和堵塞,同样达不到深水油气高效、经济开发的目的。

(2)其次,深水开发总是绕不开海底低温的问题。无论采用平台类干式开发的模式,还是海底水下井口湿式开发的模式,油气都会经受从高温到低温,再到相对高温的转化过程。

① 采用平台类干式开发的模式时,海洋深水地层原油从地层—井底—经过下部井筒—泥线—经过海洋深水低温段—平台;采用海底水下井口湿式开发的模式时,海洋深水地层原油从

地层—井底—经过下部井筒—水下井口—海洋深水低温长输。油井产出物(原油、地层水、天然气、固相)受压力和温度剧烈波动影响非常大,多相复杂管流更加复杂,如果完井没有设计好,由此支撑而形成的举升工艺和举升参数优化以及海底长输显得困难。

② 采用平台类干式开发的模式时,海洋深水地层天然气从地层—井底—经过下部井筒—泥线—经过海洋深水低温段—平台;采用海底水下井口湿式开发的模式时,海洋深水地层天然气从地层—井底—经过下部井筒—水下井口—海洋深水低温长输。气井产出物(天然气凝析油、地层水、天然气、固相)受压力和温度剧烈波动影响非常大,特别是通过海底低温段可能会出现相态变化,从而在生产井筒内或长输管线内形成天然气水合物,如果完井没有设计好,将极大地影响气井的高效和经济开采。

完井设计需要预先考虑今后生产时,地层原油或天然气从地层—井底—经过下部井筒—泥线—经过海洋深水低温段—平台或从地层—井底—下部井筒—水下井口—海洋深水低温长输这样的复杂过程中会出现什么问题。

### 1.4.2 深水油气井完井优化设计需要考虑高可靠性和低风险性

深水油气开发成本太高,所有的完井设计都要考虑高可靠性和低风险性,在诸多完井方法可以选择的前提下,宁可选择操作简单、高可靠、工程施工低风险的完井方法以及配套完井工艺。

### 1.4.3 深水油气井完井优化设计需要考虑高产量和长期稳产性

深水油气开发成本太高,后期修井、二次完井、三次完井的费用也太高,所有的完井设计都要考虑高产量以求高回报。更要考虑长期稳产性,以求减少二次完井、三次完井的概率。在诸多完井方法可以选择的前提下,宁可选择先期完井一劳永逸,也不要像陆上油田一样,幻想通过二次完井、三次完井来解决问题。

基于以上设计思想,本书不讨论具体的完井施工工艺和施工过程,专注于分析完井及测试过程防砂完井中的关键理论和技术,主要包括以下几个方面:

(1)为了保证完井方式的有效性和可靠性,介绍深水油气田常用的完井方法,阐述深水储层全生命周期出砂预测的各种模型。

(2)为了保证尽可能高产和同时尽量减少修井作业,介绍油气井产能计算模型,阐述深水储层各种防砂理念下的挡砂精度设计方法,阐述油管防冲蚀计算。

(3)由于海底低温,油气生产过程中温度变化大,阐述深水流动保障,水合物和结蜡预测技术以及总结最近几年兴起的海底可燃冰的开发与开采技术。

## 参考文献

[1] 吴林强,张涛,徐晶晶,等. 全球海洋油气勘探开发特征及趋势分析[J]. 国际石油经济,2019,27(3):29-36.

[2] 刘正礼. 南海深水钻完井技术挑战及对策[J]. 石油钻采工艺,2015(1):8-12.

[3] 潘继平,张大伟,岳来群,等. 全球海洋油气勘探开发状况与发展趋势[J]. 中国矿业,2006(11):1-4.

[4] 江文荣,周雯雯,贾怀存. 世界海洋油气资源勘探潜力及利用前景[J]. 天然气地球科学,2010(6):

989 - 995.
[5] 刘朝全,姜学峰. 2018 年国内外油气行业发展报告[M]. 北京:石油工业出版社,2019.
[6] 熊友明,张伟国,罗俊丰,等. 番禺 30 - 1 气田水平井精细防砂研究与实践[J]. 石油钻采工艺,2011,33(4):34 - 37.
[7] 白小明,子衿. 拉美进入油气竞争新时代[EB/OL]. 中国石化报,(2018 - 09 - 21). http://enews.sinopecnews.com.cn/zgshb/html/2018 - 09/21/content_807188.htm? div = - 1.
[8] WoodMackenize. Revisiting the deepwater cost curve[EB/OL]. (2018 - 11 - 27). https://www.woodmac.com/news/opinion/revisiting - the - deepwater - cost - curve/.
[9] 侯明扬. 深水油气资源成为全球开发主热点[J]. 中国石化,2018(9):66 - 69.
[10] 何保生,张钦岳. 巴西深水盐下钻完井配套技术与降本增效措施[J]. 中国海上油气,2017,29(5):96 - 101.
[11] 深水油气或遇“拦路虎”,行业准备好了吗? [EB/OL]. 石油圈,(2018 - 11 - 28). https://mp.weixin.qq.com/s? _biz = MzU1MTkwNDAwOA = = &mid = 2247490949&idx = 1&sn = 3a12f7d8c0c24774cae83bebaa3ae117&chksm = fb8b6be2ccfce2f44b84894d72d6dd255ffbecf4274081f152234c138047102b47bf8b4ceff4&scene = 0&xtrack = 1&pass_ticket = K%2FmVb7%2BghjITUOW%2FGFKWPmO5iHp4X8%2FNe98OQaZ-PWy8%3D#rd.
[12] RystadEnergy. Offshore oil and gas investments expected to grow starting in 2019[EB/OL]. (2018 - 02 - 02). https://www.offshore - mag.com/articles/print/volume - 78/issue - 1/market - outlook/offshore - oil - and - gas - investments - expected - to - grow - starting - in - 2019.html.
[13] Eni to invest $1.8b in offshore Mexican oilfields by 2040[EB/OL]. Reuterd, (2018 - 07 - 31). https://www.rigzone.com/news/wire/eni_to_invest_18b_in_offshore_mexican_oil_fields_by_2040 - 31 - jul - 2018 - 156470 - article/.
[14] 投身数字化转型浪潮正当时[EB/OL]. 中国海洋石油官网, (2018 - 10 - 08). http://www.cnooc.com.cn/art/2018/10/8/art_201_15261158.html.
[15] 中海油公布 2019 年发展计划:美国墨西哥湾等 6 个新项目将投产[EB/OL]. 中国新闻网,(2019 - 01 - 23). http://www.sohu.com/a/291024197_123753.
[16] 窦玉玲,管志川,徐云龙. 海上钻井发展综述与展望[J]. 海洋石油,2006,26(2):64 - 67.
[17] 周守为. 海上油田高效开发技术探索与实践[J]. 中国工程科学,2009,11(10):55 - 60.
[18] UK offshore association looking toun lock marginal fields[EB/OL]. Offshore, (2017 - 08 - 02). https://www.offshore - mag.com/articles/2017/02/uk - offshore - association - looking - to - unlock - marginal - fields.html.
[19] 周守为. 中国海洋工程与科技发展战略研究:海洋能源卷[M]. 北京:海洋出版社,2014.
[20] 赵文智,胡永乐,罗凯. 边际油田开发技术现状、挑战与对策[J]. 石油勘探与开发,2006(4):393 - 398.

# 第2章　海洋深水油气田常用完井方法

目前,从全球来看,深水油气田由于投入大,一般主要开发高渗透砂岩地层,出砂和防砂是主题。采用的完井方法主要包括裸眼完井、衬管完井、筛管完井、砾石充填完井、压裂砾石充填完井等,核心是各种防砂完井方法。

## 2.1　裸眼完井方法

裸眼完井,顾名思义,就是建好的油气井井眼是完全裸露的,油气层段不下套管(或尾管),也不固井。

### 2.1.1　裸眼完井适用的条件

一般情况而言,裸眼完井应满足以下几个条件:

(1)岩性坚硬致密,井壁稳定不坍塌。

(2)无气顶、无底水、无含水夹层及易塌夹层。

(3)单一厚储层,或压力、岩性基本一致的多储层。

(4)不准备实施分隔层段进行选择性处理的储层。

(5)对砂岩地层,还要求不出砂。

其中,条件(1)和(5)属于力学条件,条件(2)和(3)属于地质条件,条件(4)则是工艺技术要求。

裸眼完井适用的地层类型主要有:

(1)碳酸盐岩地层、变质岩地层和火山喷发岩地层。对于碳酸盐岩地层、变质岩地层和火山喷发岩地层,在选择完井方法时,必须计算井眼的力学稳定性,只有判断地层是稳定的,才能选择裸眼完井。有不少盲目使用裸眼完井失败的例子。

(2)部分硬质砂岩地层。对于硬质砂岩地层,必须计算井眼的力学稳定性和判断地层是否出砂。只有判断生产过程中井眼是稳定的,同时又判定地层不出砂,才能选择裸眼完井;否则,只能选择其他完井方法。

### 2.1.2　裸眼完井施工程序和完井工艺

裸眼完井分为先期裸眼完井和后期裸眼完井。先期裸眼的施工程序与完井工艺为:钻头钻至油气层顶界附近后,下技术套管、注水泥固井。水泥浆上返至预定的设计高度后,再从技术套管中下入直径较小的钻头,钻穿水泥塞,钻开油气层至设计井深,然后完井,如图2.1和图2.2所示。

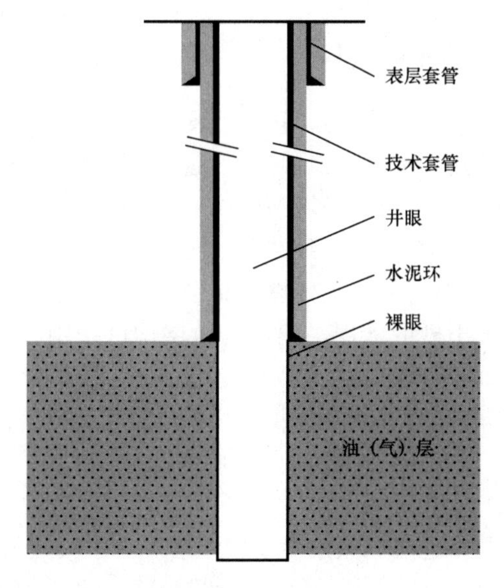


图 2.1　垂直井先期裸眼完井示意图

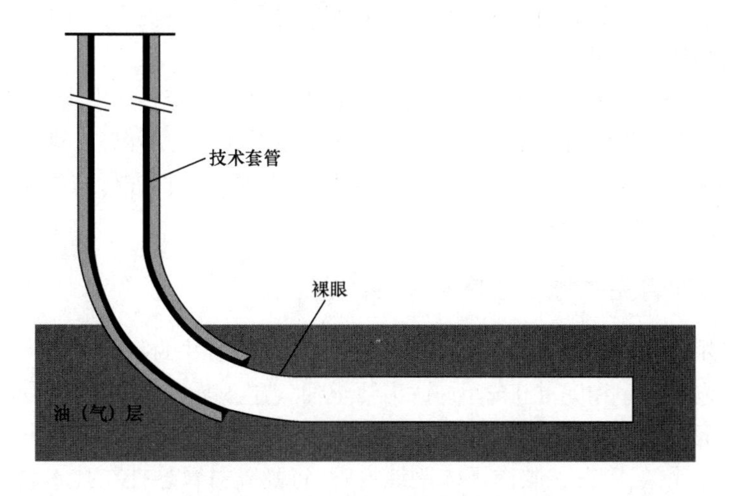


图 2.2　水平井先期裸眼完井示意图

从图 2.1 和图 2.2 中以及完井施工程序和完井工艺来看，裸眼完井是成本最低、施工最方便、产能也比较高的一种完井方法，只要条件许可，都要尽量采用裸眼完井。裸眼完井在直井、定向井、水平井中都可采用。

后期裸眼完井的施工程序和完井工艺为：不更换钻头，直接钻穿油气层至设计井深，然后下技术套管至油气层顶界附近，注水泥固井。在深水油气井中，为了后期治理以及修井的方便，不提倡采用后期裸眼完井。

## 2.2　割缝衬管完井方法

割缝衬管完井，就是在已钻的裸眼内下入割缝衬管后完井，油气层段不下套管（或尾管），也不固井。

### 2.2.1 割缝衬管完井适用的条件

一般情况而言,割缝衬管完井应满足以下几个条件:

(1)担心井壁不稳定、可能会坍塌的地层,用割缝衬管来支撑井壁。

(2)无气顶、无底水、无含水夹层及易塌夹层。

(3)单一厚储层,或压力、岩性基本一致的多储层。

(4)不准备实施分隔层段进行选择性处理的储层。

(5)对砂岩地层来说,不出砂的地层与出砂的地层均可采用。但是对于出砂和不出砂的砂岩地层,在设计割缝衬管的缝隙宽度时有很大的差异。

其中,条件(1)和(5)属于力学条件,条件(2)和(3)属于地质条件,条件(4)则是工艺技术要求。

割缝衬管完井适用的地层类型主要有:

(1)碳酸盐岩地层、变质岩地层和火山喷发岩地层。对于碳酸盐岩地层、变质岩地层和火山喷发岩地层,在选择完井方法时,必须计算井眼的力学稳定性。如果研究表明生产过程中井眼不稳定或生产过程中井眼有可能会坍塌,则采用割缝衬管完井是最佳的选择。对于防砂还是不防砂,设计的缝隙宽度是不一样的。

(2)砂岩地层。对于砂岩地层,也必须计算井眼的力学稳定性。如果研究表明生产过程中井眼不稳定或生产过程中井眼有可能会坍塌,同时砂岩地层也不出砂,则采用割缝衬管完井最好。但是,对于中—粗砂粒的砂岩地层,仍然可以采用割缝衬管进行防砂完井。对于防砂还是不防砂,设计的缝隙宽度是不一样的。

### 2.2.2 割缝衬管完井施工程序和完井工艺

割缝衬管完井也分为先期固井的割缝衬管完井和后期固井的割缝衬管完井。先期固井的割缝衬管完井的施工程序和完井工艺为:钻头钻至油气层顶界附近后,下技术套管、注水泥固井。水泥浆上返至预定的设计高度后,再从技术套管中下入直径较小的钻头,钻穿水泥塞,钻开油气层至设计井深,然后在裸眼内下入割缝衬管,将割缝衬管悬挂在技术套管上完井。后期固井的割缝衬管完井的施工程序和完井工艺为:不更换钻头,直接钻穿油气层至设计井深,然后下技术套管(技术套管下部油气层部位采用与技术套管外径一样的割缝衬管)至油气层顶界附近,注水泥固井,然后完井。提倡采用先期固井的割缝衬管完井。垂直井先期固井的割缝衬管完井如图2.3和图2.4所示,水平井先期固井的割缝衬管完井如图2.5和图2.6所示。

### 2.2.3 不防砂的割缝衬管参数设计

采用割缝衬管完井,不防砂时需要设计的割缝衬管的技术参数有5个,具体如下。

#### 2.2.3.1 缝眼的形状

缝眼的剖面应该呈梯形,梯形两斜边的夹角与衬管的承压大小及流通量有关,一般设计为12°左右。梯形大的底边应为衬管内表面,小的底边应为衬管外表面。这种缝眼的形状可以避免砂粒卡死在缝眼内而堵塞衬管,如图2.7所示。

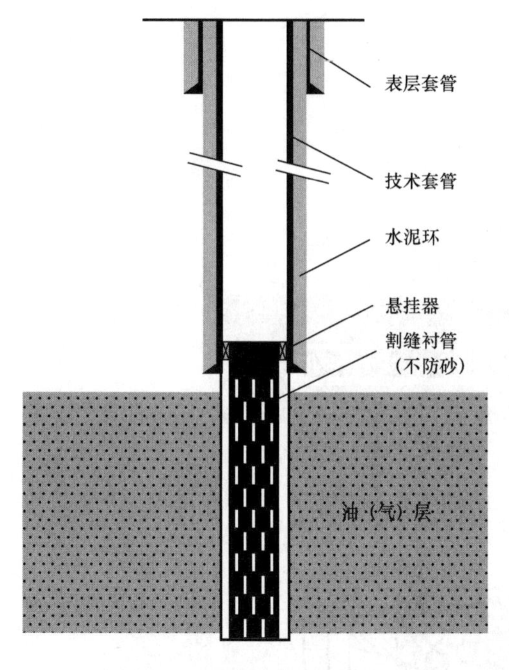


图2.3　垂直井先期固井的割缝衬管完井(不防砂)示意图

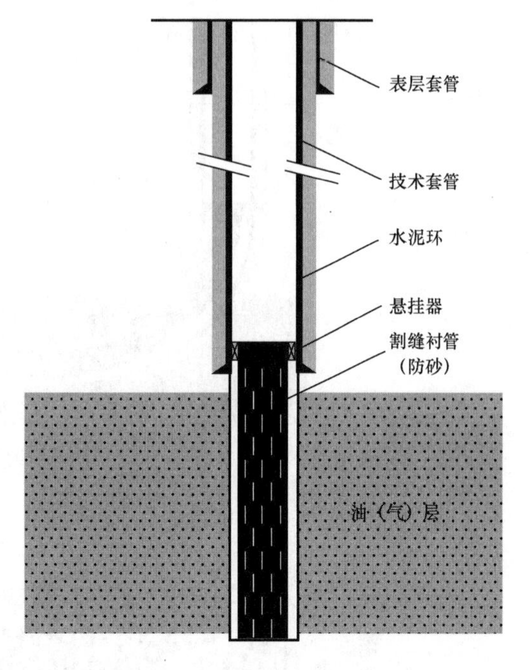


图2.4　垂直井先期固井的割缝衬管完井(防砂)示意图

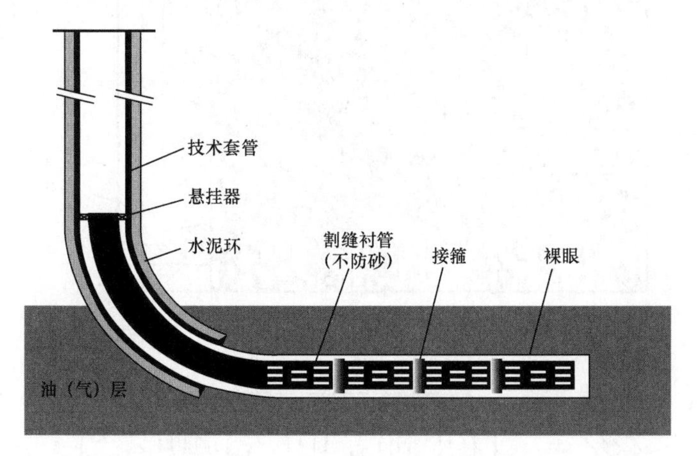


图2.5　水平井先期固井的割缝衬管完井(不防砂)示意图

2.2.3.2　缝眼的排列形式

缝眼的排列形式有沿着衬管轴线的平行方向割缝[图2.8(b)]和沿着衬管轴线的垂直方向割缝[图2.8(a)]两种。一般广泛采用平行缝,衬管强度更高,下井过程中不易被折断。

2.2.3.3　缝眼的长度

缝眼的长度应根据衬管外径的大小和缝眼的排列形式而定,通常为20~300mm。由于垂向割缝衬管的强度低,因此垂向割缝的缝长较短,一般为20~50mm。平行向割缝的缝长一般为50~300mm。设计时,一般依据经验,小直径衬管(强度高)取高值,大直径衬管(强度低)取低值。

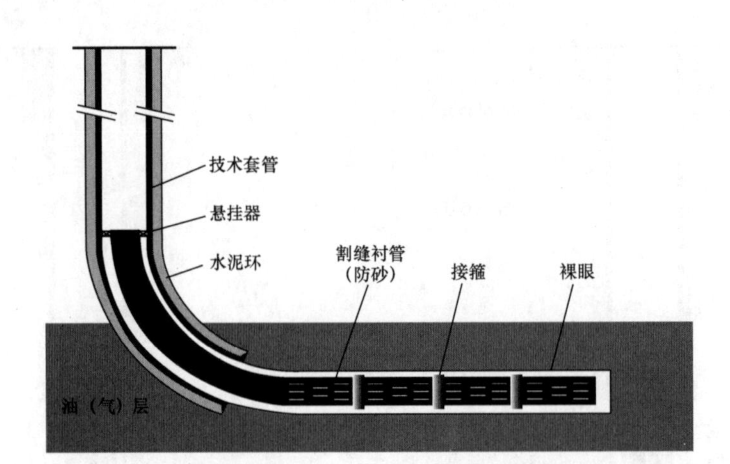


图 2.6　水平井先期固井的割缝衬管完井(防砂)示意图

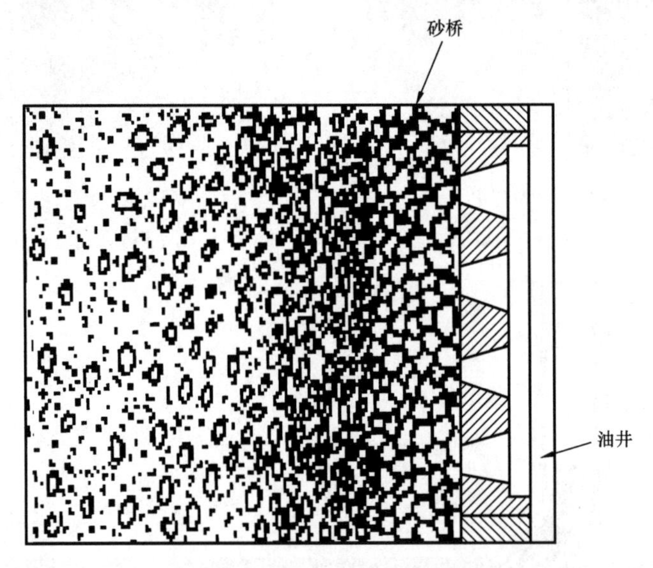


图 2.7　衬管外所形成的砂桥以及割缝形状示意图

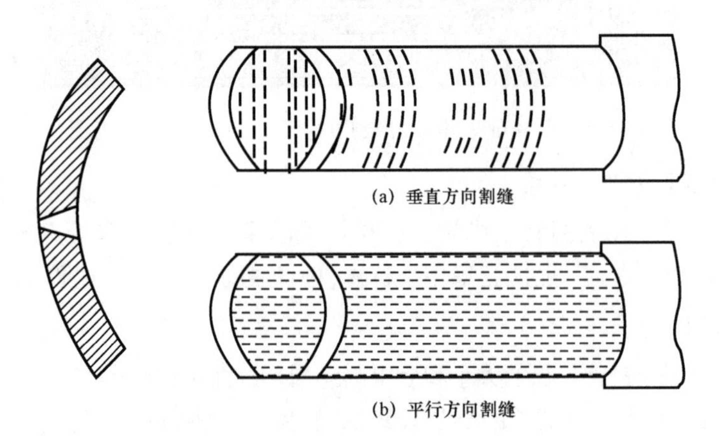


图 2.8　割缝衬管缝眼的排列形式

2.2.3.4　缝眼的数量

缝眼的数量决定了割缝衬管的流通面积。在确定割缝衬管流通面积时,既要考虑产液量的要求,又要顾及割缝衬管的强度。

缝眼的数量可由式(2.1)确定:

$$n = \frac{\alpha F}{el} \tag{2.1}$$

式中　$n$——缝眼的数量,条/m;

$\alpha$——缝眼总面积占衬管总外表面积的百分数,一般取2%;

$F$——每米衬管外表面积,$mm^2/m$;

$e$——缝口宽度,mm;

$l$——缝眼长度,mm。

2.2.3.5　缝口宽度

对于不需要防砂的地层,如果采用割缝衬管完井,则梯形缝眼小底边的宽度称为缝口宽度,缝口宽度设计公式为:

$$e \leqslant 2d_{10} \tag{2.2}$$

式中　$e$——缝口宽度,mm;

$d_{10}$——地层砂粒度组成累积曲线上,占累积质量10%所对应的砂粒直径,mm。

式(2.2)表明,占砂样总质量90%的细小砂粒被允许通过割缝缝眼,而占砂样总质量10%的大直径承载骨架砂不能通过缝眼,被阻挡在衬管外面形成具有较高渗透率的砂桥,如图2.7所示。

例如,某地层的砂粒度参数$d_{10}$为0.22mm,地层不出砂,则采用割缝衬管完井时,可设计缝口宽度小于0.44mm(取整为0.4mm)。

### 2.2.4　出砂对生产的危害以及出砂的原因

2.2.4.1　出砂对生产的危害

油井出砂是砂岩油层开采过程中常见的问题。胶结疏松的砂岩油层,松散的砂粒有可能随同油气一起流入井筒。如果油气的流速不足以将砂粒带至地面,砂粒就会逐渐在井筒内堆积,砂面上升至掩盖射孔层段,阻碍油气流入井筒甚至使油井停产。出砂严重时,也有可能引起井眼坍塌、套管毁坏。

油井出砂后,随着油层孔隙压力逐步降低,上覆地层的重量逐渐传递到承载骨架砂上,最终引起上覆地层下沉,致使套管变形和毁坏。

油井出砂也将增加井下工具和地面设备的磨损,因而需要经常更换,增加了生产成本。

2.2.4.2　出砂的原因

油层出砂是由于井底地带岩石结构被破坏所引起的。它与岩石的胶结强度、应力状态和开采条件有关。岩石的胶结强度主要取决于胶结物的种类、数量和胶结方式。砂岩的胶结物主要是黏土、碳酸盐和硅质三类，其中硅质胶结物的强度最大，碳酸盐次之，黏土最差。对于同一类型的胶结物，其数量越多，胶结强度越大。胶结方式不同，岩石的胶结强度也不同。

砂岩的胶结方式可分为基底胶结、接触胶结和孔隙胶结三种，如图 2.9 所示。

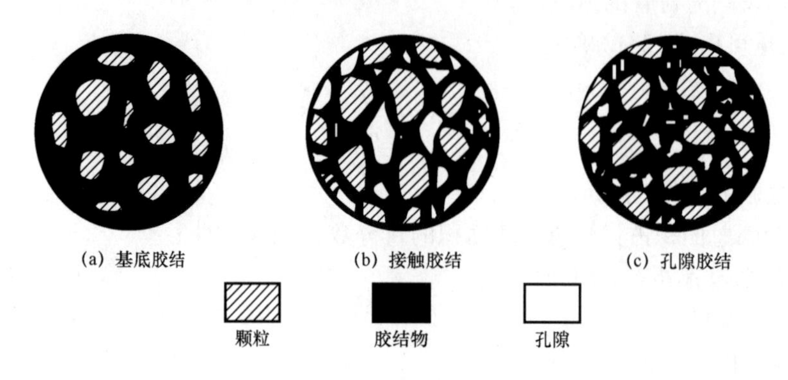


图 2.9 砂岩胶结方式

(1)基底胶结。当胶结物的数量大于岩石颗粒数量时，颗粒被完全浸没在胶结物中，彼此互不接触或很少接触。这种砂岩的胶结强度最大，但孔隙度和渗透率均很低。

(2)接触胶结。胶结物数量不多，仅存在于颗粒接触的地方。这种砂岩的胶结强度最低。

(3)孔隙胶结。胶结物数量介于上述两种胶结方式之间。胶结物不仅在颗粒接触处，还充填于部分孔隙之中。其胶结强度也介于上述两种方式之间。

易出砂的油层大多以接触胶结为主，其胶结物数量少，且含有黏土胶结物。此外，也有胶质沥青胶结的疏松油气层。

地应力是决定岩石应力状态及其变形破坏的主要因素。钻井前，油层岩石在垂向和侧向地应力作用下处于应力平衡状态。钻井后，井壁岩石的原始应力平衡状态遭到破坏，井壁岩石将承受最大的切向地应力。因此，井壁岩石将首先发生变形和破坏。显然，油层埋藏越深，井壁岩石所承受的切向地应力越大，越易发生变形和破坏。

原油黏度高、密度大的油层容易出砂，这是因为高黏度原油对岩石的冲刷力和携砂能力强。

上述是油层出砂的内在因素，开采过程中生产压差的大小及建立压差的方式是油层出砂的外在原因。生产压差越大，渗流速度越快，井壁处液流对岩石的冲刷力就越大。再加上地应力所引起的最大应力也在井壁附近。因此，井壁将成为岩层中的最大应力区，当岩石承受的剪切应力超过岩石抗剪切强度时，岩石即发生变形和破坏，造成油井出砂。

所谓建立生产压差的方式，是指缓慢地建立生产压差还是突然急剧地建立生产压差(图 2.10)。在相同的压差下，二者在井壁附近油层中所造成的压力梯度不同。

突然建立压差时，压力波尚未传播出去，压力分布曲线很陡，井壁处的压力梯度很大，易破坏岩石结构而引起出砂；缓慢建立压差时，压力波可以逐渐传播出去，井壁处压力分布曲线比较平缓，压力梯度小，不至于影响岩石结构。有些井强烈抽汲或气举之后引起出砂，就是压差过大或建立压差过猛之故。

出砂机理、地层出砂的影响因素及出砂判断方法将在第 3 章详细讲述。

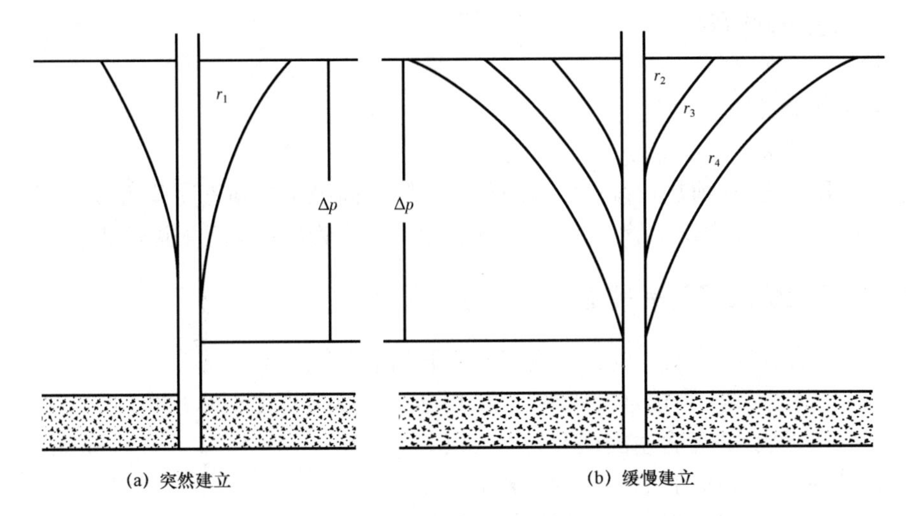


图2.10　不同建压方式下井筒周围压力分布示意图

$r_1$,$r_2$,$r_3$,$r_4$—压力降落半径;$\Delta p$—生产压差

### 2.2.5　割缝衬管防砂缝隙宽度设计

对于需要采用割缝衬管防砂的地层,割缝衬管前4个参数的设计与2.2.3节相同,但是缝隙宽度的设计是完全不一样的,需要按照防砂来设计,详见第4章。

## 2.3　高级优质筛管完井方法

### 2.3.1　高级优质筛管的类型

目前,除了对于中砂、粗砂以及特粗砂地层采用割缝衬管防砂以外,我国绝大多数的地层是在细砂、粉砂地层之列,其中细砂地层最多。泥质含量高的粉砂、细砂地层一般采用砾石充填完井(见2.5节),而泥质含量不高的粉砂、细砂地层一般采用高级优质筛管完井最为有效和可靠。当然,对于中砂、粗砂以及特粗砂地层也可采用高级优质筛管防砂,只是其成本略高于割缝衬管,但是防砂寿命更长,各油田可以综合取舍。高级优质筛管是油田上一个比较笼统的称呼,实际上包括如下一些类型:

(1)绕丝筛管。

(2)精密微孔复合防砂筛管。

(3)精密微孔网布筛管。

(4)加强型自洁防砂筛管。

(5)梯形广谱多层变精度防砂筛管。

(6)螺旋不锈钢网滤砂管。

(7)星形孔金属纤维防砂筛管。

(8)金属纤维防砂筛管。

(9)烧结陶瓷防砂筛管。

(10)金属毡防砂筛管。

(11)粉末冶金滤砂管。

(12)环氧树脂滤砂管。

(13)陶瓷滤砂管。

不论哪一种筛管,目前均可统称为高级优质筛管。高级优质筛管完井,就是在已钻的裸眼内下入经过优选的高级优质筛管后完井,油气层段不下套管(或尾管),也不固井。

### 2.3.2 高级优质筛管完井适用的条件

一般情况而言,高级优质筛管完井应满足以下几个条件:

(1)担心井壁不稳定、可能会坍塌的地层,用高级优质筛管来支撑井壁。

(2)无气顶、无底水、无含水夹层及易塌夹层。

(3)单一厚储层,或压力、岩性基本一致的多储层。

(4)不准备实施分隔层段进行选择性处理的储层。

(5)主要用于出砂的砂岩地层。

其中,条件(1)和(5)属于力学条件,条件(2)和(3)属于地质条件,条件(4)则是工艺技术要求。

### 2.3.3 高级优质筛管完井施工程序和完井工艺

高级优质筛管完井也分为先期固井的高级优质筛管完井和后期固井的高级优质筛管完井。先期固井的高级优质筛管完井的施工程序和完井工艺为:钻头钻至油气层顶界附近后,下技术套管、注水泥固井。水泥浆上返至预定的设计高度后,再从技术套管中下入直径较小的钻头,钻穿水泥塞,钻开油气层至设计井深,然后在裸眼内下入高级优质筛管,将高级优质筛管悬挂在技术套管上完井。后期固井的高级优质筛管完井的施工程序和完井工艺为:不更换钻头,直接钻穿油气层至设计井深,然后下技术套管(技术套管下部油气层部位采用与技术套管外径一样的高级优质筛管)至油气层顶界附近,注水泥固井,然后完井。提倡采用先期固井的高级优质筛管完井。垂直井和水平井先期固井的高级优质筛管完井分别如图 2.11 和图 2.12 所示。

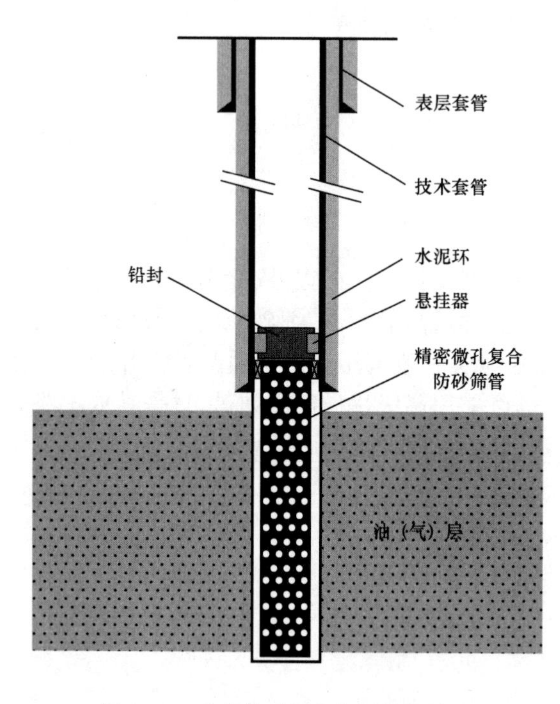


图 2.11 垂直井采用先期固井的精密微孔复合防砂筛管完井示意图

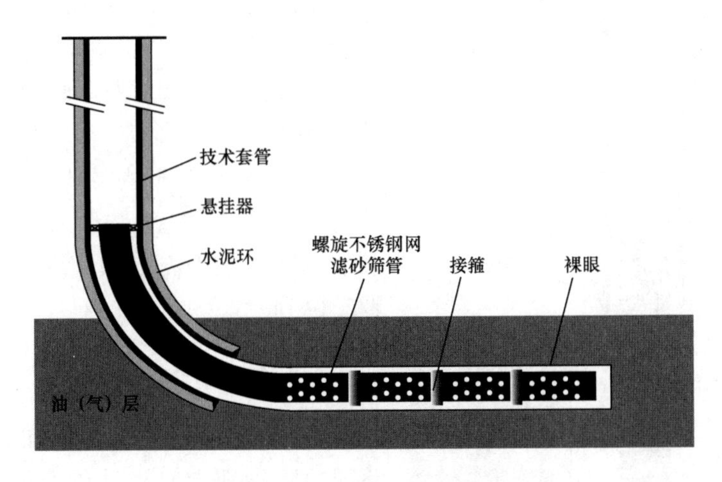


图2.12　水平井采用先期固井的螺旋不锈钢网滤砂管完井示意图

### 2.3.4　高级优质筛管防砂挡砂精度设计

挡砂精度指高级优质筛管防砂时的综合网孔直径。挡砂精度设计详见第4章。

## 2.4　裸眼砾石充填完井方法

### 2.4.1　裸眼砾石充填完井适用的条件

一般情况而言，裸眼砾石充填完井应满足以下几个条件：

(1)担心井壁不稳定、可能会坍塌的地层，用筛管来支撑井壁，筛管与裸眼的环形空间填满砾石。

(2)无气顶、无底水、无含水夹层及易塌夹层。

(3)单一厚储层，或压力、岩性基本一致的多储层。

(4)不准备实施分隔层段进行选择性处理的储层。

(5)主要用于胶结疏松、出砂严重的地层以及泥质含量高的粉砂、细砂地层。

其中，条件(1)和(5)属于力学条件，条件(2)和(3)属于地质条件，条件(4)则是工艺技术要求。

砾石充填防砂时，砾石和筛管共同起作用达到防砂的目的，但主要是砾石堆积形成的孔隙起防砂作用，筛管起支撑和辅助防砂的作用。

### 2.4.2　裸眼砾石充填完井施工程序和完井工艺

裸眼砾石充填完井具体的施工程序为：钻头钻达油气层顶界以上约3m后，下技术套管注水泥固井。再用小一级的钻头钻穿水泥塞，钻开油气层至设计井深。然后，更换扩张式钻头将油气层部位的井径扩大到技术套管外径的1.5～2倍(以确保充填砾石时有较大的环形空间，

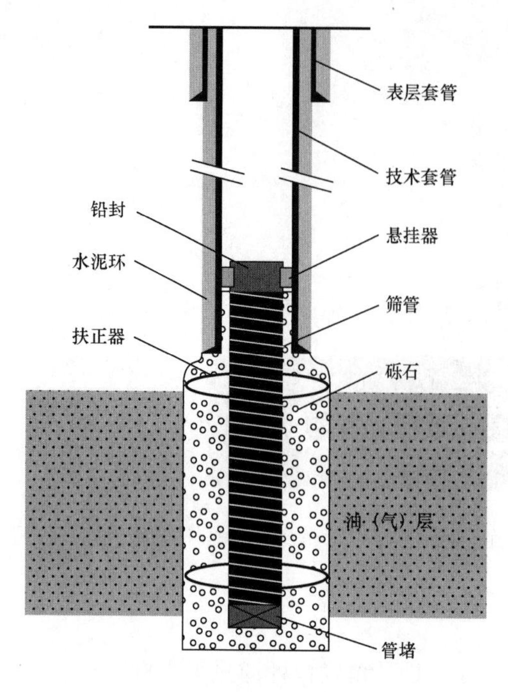


图2.13 垂直井裸眼砾石充填完井示意图

增加防砂层的厚度，提高防砂效果）。将绕丝筛管或高级优质筛管下入井内油气层部位，然后用充填液将在地面上预先选好的砾石泵送至绕丝筛管（或高级优质筛管）与井眼之间的环形空间内，构成一个砾石充填层，以阻挡油气层砂流入井筒，达到保护井壁、防砂入井的目的。垂直井和水平井裸眼砾石充填完井分别如图2.13和图2.14所示。

### 2.4.3 砾石参数设计

砾石参数包括砾石粒径和砾石类型。按照不同的防砂理念来设计砾石的粒径，详见第4章。一般情况下，浅油井可选用石英砂作为砾石。中深油井、深油井以及气井最好都选用陶粒作为砾石。在同样的目数下，陶粒的渗透率远高于石英砂。但是，石英砂便宜，密度低；而陶粒价格更贵，密度更高，详见第4章。

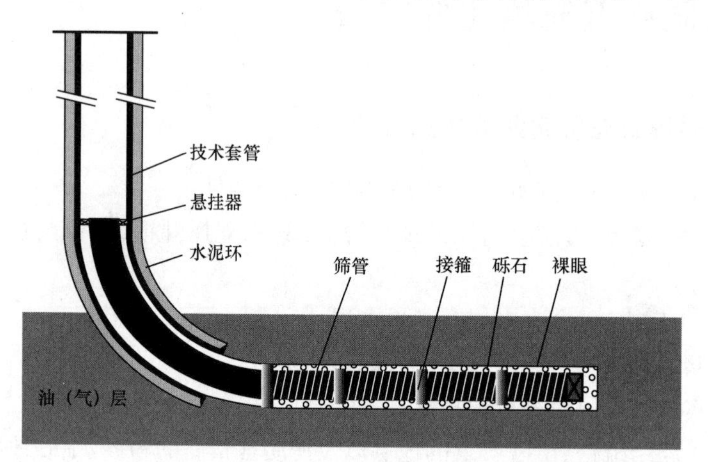


图2.14 水平井裸眼砾石充填完井示意图

### 2.4.4 砾石与筛管缝隙宽度（挡砂精度）配合关系

砾石充填无论是采用绕丝筛管还是其他高级优质筛管，都要能保证砾石充填层的完整。故其缝隙应小于砾石充填层中最小的砾石尺寸，一般取为最小砾石尺寸的1/2～2/3。例如，根据油层砂粒度中值，确定砾石粒径为16～30目，其砾石尺寸的范围是0.584～1.190mm，所选的筛管缝隙宽度（挡砂精度）应为0.29～0.39mm，最佳的筛管缝隙宽度（挡砂精度）为0.35mm（表2.1）。

表 2.1　砾石与筛管缝隙宽度(挡砂精度)配合关系

| 砾石尺寸 | | 筛管缝隙宽度(挡砂精度) | |
|---|---|---|---|
| 目 | mm | mm | in |
| 40 ~ 60 | 0.419 ~ 0.249 | 0.15 | 0.006 |
| 20 ~ 40 | 0.834 ~ 0.419 | 0.30 | 0.012 |
| 16 ~ 30 | 1.190 ~ 0.584 | 0.35 | 0.014 |
| 10 ~ 20 | 2.010 ~ 0.834 | 0.50 | 0.020 |
| 10 ~ 16 | 2.010 ~ 1.190 | 0.50 | 0.020 |
| 8 ~ 12 | 2.390 ~ 1.680 | 0.75 | 0.030 |

### 2.4.5　裸眼砾石充填扩径尺寸与筛管尺寸配合关系

一般要求砾石层的厚度不小于50mm。裸眼砾石充填扩径尺寸与筛管尺寸匹配见表2.2。

表 2.2　裸眼砾石充填扩径尺寸与筛管尺寸匹配表

| 套管尺寸(mm) | 小井眼尺寸(mm) | 扩眼尺寸(mm) | 筛管尺寸(mm) |
|---|---|---|---|
| 139.7 | 120.6 | 305 | 87 |
| 168.3 ~ 177.8 | 149.2 ~ 155.5 | 305 ~ 407 | 117 ~ 142 |
| 193.7 ~ 219.1 | 165.1 ~ 200 | 355.6 ~ 457.2 | 155 |
| 244.5 | 222.2 | 407 ~ 508 | 184 |
| 273.1 | 241.3 | 457.2 ~ 508 | 194 |

### 2.4.6　砾石充填液设计与选择

砾石充填液也称携砂液,是将砾石携带到筛管和井壁(或筛管和套管)环形空间的液体。由于在砾石充填过程中部分充填液将进入油气层,因此对充填液的性能应严格要求。

从携带砾石的角度考虑,要求其携砂能力强,即含砂比高以节省用量。并希望砾石在充填液中不沉降,使之形成紧密的砾石充填层,避免在砾石层内产生洞穴,以致在生产过程中发生砾石的再沉降,而使筛管出露失去防砂作用。还要求充填液在井底温度的影响下,或在某些添加剂的影响下,能自动降黏稀释而与砾石分离,以免在砾石表面包裹一层较厚的胶膜,使砾石堆积不实而影响填砂质量。

从保护油层的角度考虑,则要求充填液无固相颗粒,并尽可能防止液相侵入后引起油气层黏土的水化膨胀或收缩剥落。因此,理想的充填液应具备下列性能:

(1)黏度适当(500 ~ 700mPa · s),有较强的携砂能力。

(2)有较强的悬浮能力,使砾石在其中的沉降速率小。

(3)可通过某些添加剂或受井底温度的影响而自动降黏稀释。

(4)无固相颗粒,对油层伤害小。

(5)与油层岩石相配伍,不诱发水敏、盐敏、碱敏。

(6)与油层中流体相配伍,不发生结垢、乳化堵塞。

(7)来源广泛,配制方便,可回收重复使用。

目前,国内外在砾石充填作业中主要使用的携砂液有以下几种类型:

(1)清盐水或过滤海水。其中加入适当的黏土稳定剂及其他添加剂,施工时的携砂比为 50~100kg/m$^3$。

(2)低黏度携砂液。黏度为 50~100mPa·s,由清盐水或过滤海水中加入适当的水基聚合物[1]和黏土稳定剂及其他添加剂组成,施工时的携砂比为 200~400kg/m$^3$。

(3)中黏度携砂液。黏度为 300~400mPa·s,由清盐水或过滤海水中加入适当的水基聚合物和黏土稳定剂及其他添加剂组成,施工时的携砂比为 400~500kg/m$^3$。

(4)高黏度携砂液。黏度为 500~700mPa·s,由清盐水或过滤海水中加入适当的水基聚合物和黏土稳定剂及其他添加剂组成,施工时的携砂比可达 1000~1800kg/m$^3$。

(5)泡沫液。泡沫液可用于低压井。由于泡沫液中气相体积分数占 80%~95%,含液量少,不存在低压漏失问题。泡沫液的携砂能力强,充填后砾石沉降少,筛缝不容易堵塞,对地层造成的伤害小。

砾石充填携砂液的选用可参见表 2.3。

**表 2.3　砾石充填携砂液选用推荐表**

| 施工对象和方法 | 低黏度携砂液 | 中黏度携砂液 | 高黏度携砂液 | 泡沫液 |
| --- | --- | --- | --- | --- |
| 裸眼井 | 适用 | 可用 | | |
| 长井段 | 适用 | | | |
| 低压漏失井 | | | | 适用 |
| 高斜井 | 适用 | | | 适用 |
| 振动充填 | 适用 | | | |
| 两步法 | 可用 | 适用 | 适用 | |
| 高密度挤压井 | | | 适用 | |
| 低渗透地层 | 适用 | | | 适用 |
| 稠油地层 | 适用 | | | 适用 |
| 流砂地层 | | | 适用 | |
| 清水压裂充填 | 适用 | | | |
| 端部脱砂压裂充填 | 适用 | 可用 | | |
| 胶液压裂充填 | | | 适用 | |

[1] 所采用的水基聚合物为亚甲基聚丙烯酰胺凝胶、羟乙基纤维素和锆金属离子交联凝胶等。

### 2.4.7　砾石充填液用量的设计

对于裸眼砾石充填，环空砾石充填的砾石用量应根据裸眼井径、筛管外径、光管外径、筛管长度、光管长度以及油气层段厚度来计算。

$$V_t = V_1 + V_2 + V_3 + V_f \tag{2.3}$$

$$V_1 = \frac{\pi}{4}(D^2 - D_1^2)L_1 \tag{2.4}$$

$$V_2 = \frac{\pi}{4}(D^2 - D_2^2)L_2 \tag{2.5}$$

$$V_3 = f_1 h \tag{2.6}$$

$$V_f = (V_1 + V_2 + V_3)f_2 \tag{2.7}$$

式中　$V_t$——充填砾石总量，$m^3$；

$V_1$——筛管与环空砾石用量，$m^3$；

$D$——裸眼井径，m；

$D_1$——筛管外径，m；

$L_1$——筛管总长度，m；

$V_2$——光管与环空砾石用量，$m^3$；

$D_2$——光管外径，m；

$L_2$——光管总长度，m；

$V_3$——为保证充填系数所需的砾石量，$m^3$；

$f_1$——充填系数，新井取 $0.028m^3/m$，老井取 $0.047m^3/m$；

$h$——油气层厚度，m；

$V_f$——砾石附加量，$m^3$；

$f_2$——附加量系数，一般新井充填取 1，老井充填取 0.5。

## 2.5　裸眼压裂砾石充填防砂完井方法

压裂砾石充填防砂，也可简称压裂防砂(Fracpac)。随着油气田开采技术的发展和多种工艺技术的综合运用，压裂技术的应用范围已不再局限于低渗透层，中高渗透层也开始应用该技术，并得到了迅速发展。主要原因是中高渗透油藏在开发过程中出现了某些严重影响正常生产或高效开发的矛盾和问题，主要表现在：中高渗透层不仅在近井地带普遍存在伤害带，地层深部的渗透率因生产过程中的微粒移动也会不断下降，有的还相当严重。常规解堵方法有效期短，且不能解除和防范地层深部伤害。

为了更好地解决上述问题，适应这类油藏的压裂充填防砂技术近年来得到了系统研究和快速发展，并且作业领域已从陆上油田延伸到海上油田。压裂充填防砂结合了压裂和充填防砂两种工艺方法，将端部脱砂压裂技术运用于中高渗透油藏，能够同时达到防砂和解堵增产的目的。

## 2.5.1 压裂防砂增产原理及实施要点

### 2.5.1.1 压裂防砂增产原理

地层流体沿着阻力最小的通道向井底流动。在均质未压裂地层内,流体流入井底的模式为标准径向流。

油井压裂后(假定形成双翼对称垂直裂缝),流体沿着具有高导流能力裂缝流动,在近井地带形成双线性流。

无论是低渗透层的压裂增产,还是中高渗透层的压裂防砂,基本原理都建立在上述双线性流动机理之上。而反映裂缝对地层流体流动影响的一个重要参数为无量纲裂缝导流能力。该参数可表示为:

$$C_{fD} = \frac{K_f b_f}{K L_f} \tag{2.8}$$

式中 $C_{fD}$——无量纲裂缝导流能力;

$K_f b_f$——裂缝导流能力,D·m;

$K_f$——裂缝渗透率,D;

$b_f$——裂缝宽度,m;

$K$——地层渗透率,D;

$L_f$——裂缝半长或双翼对称裂缝之一翼长度,m。

无量纲裂缝导流能力的大小,基本能代表裂缝实际导流能力和地层自然渗透能力的差异大小。只有当 $C_{fD}$ 达到较大时,才能产生明显的双线性流动形式。当压裂层 $K$ 值较大时,限制 $L_f$ 并尽可能产生较高的导流能力 $K_f b_f$,才能获得较高的 $C_{fD}$ 值。因此,在对中高渗透层进行压裂时,要求实现短宽裂缝。压裂充填防砂的增产原理如图 2.15 所示。

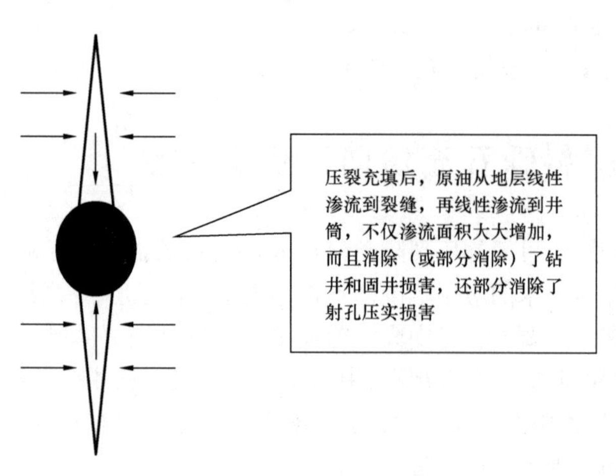


图 2.15 压裂充填防砂的增产原理

### 2.5.1.2 压裂防砂实施要点

经过多年研究,为了搞好压裂砾石充填防砂,建议按以下几个要点实施:

(1)在可以进行压裂充填的层段,压裂充填的效果很好,与常规砾石充填相比,虽然成本增加,但压裂充填的增产作用明显。这主要是形成了裂缝,改善了渗流方式,消除了(或部分消除了)钻井、固井损害,同时也破坏了射孔所形成的压实带等原因所致。同时,压裂砾石充填的防砂效果还好于常规砾石充填的防砂效果。

(2)在清水压裂充填、端部脱砂压裂充填和胶液压裂充填这三种方式中,清水压裂充填和端部脱砂压裂充填的增产效果相当,这是因为两者形成的裂缝均较短;而胶液压裂充填的增产效果最为明显,主要原因是胶液压裂充填能形成三者之中最长的裂缝,但成本最高。

(3)在采用了屏蔽式暂堵技术的井中,由于钻井污染深度浅,建议采用清水压裂充填或端部脱砂压裂充填来解堵和增产;而在未采用屏蔽式暂堵技术的井中,特别是表皮系数较高的井,由于钻井污染深度深,建议采用胶液压裂充填来解堵和增产。

(4)综合增产效果、施工成本和施工难易程度等方面来看,凡是已证明能用清水将地层压开的井,应尽量使用清水压裂充填或端部脱砂压裂充填来解堵和增产;否则,采用胶液压裂充填来解堵和增产。

### 2.5.2　压裂防砂的原理

压裂防砂的原理主要体现在以下几个方面:

(1)缓解或避免岩石破坏。岩石的破坏机理有拉伸破坏、剪切破坏、黏结破坏和孔隙坍塌,这4种破坏均与生产压差或流动压力梯度有密切关系。具有高导流能力的压裂裂缝在穿透近井伤害带的同时,将地层流体原来的径向流转变为双线性流,不但可以达到增产的目的,而且可以降低生产压差,使压力梯度大幅度下降,从而缓解或避免了岩石骨架的破坏,降低了出砂趋势和出砂程度。

(2)降低流体携带微粒的能力。基于双线性流动机理,在流体黏度不变的情况下,流体对地层微粒的冲刷携带作用主要取决于流动速度的大小。对于压裂前的径向流动,随着流体向井底的积聚,流动速度越来越大。压裂后双线性流动形式可以大大降低流体对地层微粒的冲刷携带作用。

(3)挡砂屏障的封口。地层压裂后近井地带由径向流变为双线性流,大大降低了生产压差,缓解了地层的出砂状况,但是并不意味着地层就不出砂。少量的地层砂及压裂充填入裂缝的支撑剂会随着地层流体一并进入井筒,因此必须对压裂充填层进行封口。可以根据地层砂粒径分布选择合适的涂敷砂代替支撑剂进行封口,形成二次挡砂屏障封口。

### 2.5.3　压裂防砂的选井原则

(1)近井地带存在伤害,地层渗透率较高(500~1000mD),出砂历史较短,应采用该工艺。

(2)对于特高渗透率(大于1000mD),但地层尚有一定硬度,地层岩石弹性模量大于700MPa,或当渗透率为500~1000mD、地层岩石弹性模量为700~3500MPa时,采用该工艺。

### 2.5.4　压裂防砂挡砂精度设计

根据不同的防砂理念设计挡砂精度,详见第4章。

## 2.6 管内常规砾石充填及压裂砾石充填完井方法

管内井下砾石充填完井是在套管射孔井内下入防砂筛管，并在防砂筛管与套管的环形空间和射孔孔眼内充填砾石的一种防砂完井方法。

### 2.6.1 管内井下砾石充填完井施工程序和完井工艺

管内井下砾石充填的完井工序是：钻头钻穿油层至设计井深后，下油层套管于油层底部，注水泥固井，然后对油层部位射孔，再在射孔的油层套管内下入高级优质筛管，最后以低于地层破裂压力泵压在套管与筛管的环形空间和射孔孔眼中充填砾石。要求采用高孔密(30 孔/m左右)、大孔径(20mm 左右)射孔，以增大充填流通面积，有时还把套管外的油层砂冲掉，以便于向孔眼外的周围油层填入砾石，避免砾石和地层砂混合增大渗流阻力。由于高密度充填(高黏充填液)紧实，充填效率高，防砂效果好，有效期长，故当前大多采用高密度充填。垂直井和水平井管内常规砾石充填防砂完井如图 2.16 和图 2.17 所示。

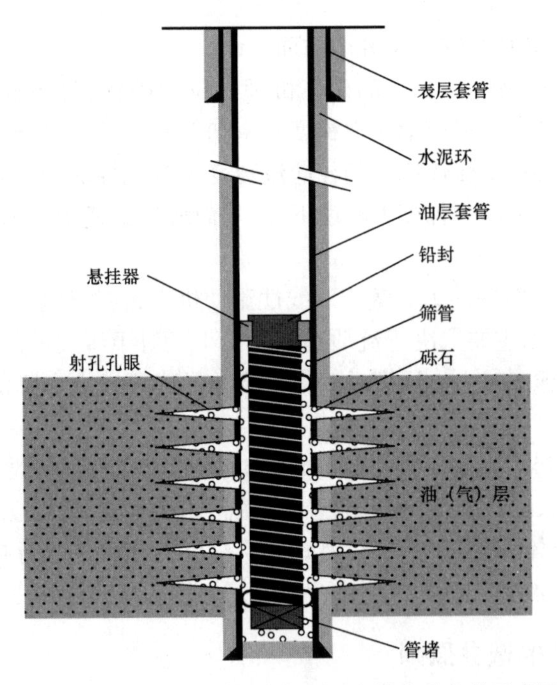


图 2.16 垂直井管内井下常规砾石充填防砂完井示意图

### 2.6.2 管内井下压裂砾石充填完井施工程序

管内压裂砾石充填完井是在射孔完井基础上，在高于地层破裂压力的施工压力下形成人工裂缝，并在筛管井筒的环形空间与裂缝中充填砾石的防砂完井。与裸眼砾石充填完井不同的是，管内砾石充填完井可以实现选择性层段改造，并有利于更好地保证井眼的稳定性和防止地层出砂，从而提高油井产能以及完井的可靠性和寿命。

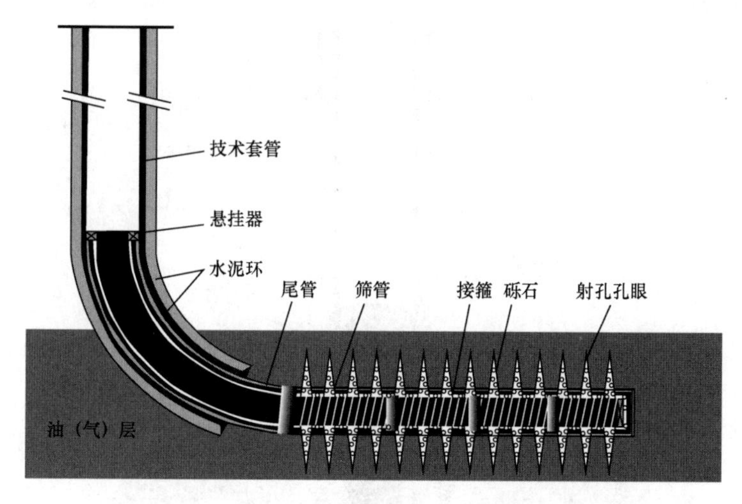

图2.17　水平井管内井下常规砾石充填防砂完井示意图

首先射孔，下入筛管系统，然后在高于地层破裂压力的施工压力下向地层中泵入前置液，起裂地层继续泵入前置液，使裂缝在产层中延伸，再泵入低砂比携砂液，当低砂比携砂液到达裂缝端部时，由于携砂液在中高渗透地层的高滤失性或支撑剂在缝端的桥堵，使携砂液开始在裂缝端部脱砂，阻止了裂缝面积的进一步增加，紧接着泵入砂比逐渐升高的携砂液，使裂缝开始膨胀，即增加裂缝宽度以提高裂缝的导流能力，同时支撑剂从缝端到缝口逐渐充填裂缝；当裂缝宽度即裂缝导流能力达到设计要求时，停止压裂施工；最后，采用常规砾石充填方法充填筛管和套管之间的环空。也可以将压裂充填分为端部脱砂压裂和裂缝膨胀与充填两个阶段：将携砂液在裂缝端部脱砂以前的部分称为端部脱砂阶段，简称TSO（Tip screen - out）；将裂缝膨胀与充填以及筛套环空充填称为裂缝膨胀与充填阶段，简称FIP（Fracture Inflation and Packed），这里强调裂缝充填，以防止形成“瓶颈”裂缝，造成对裂缝的伤害。

具体施工程序如下：

（1）井筒准备：探冲（填）砂（距管鞋3m左右）、通井、刮管，油管与套管试压合格。

（2）下施工管柱：按设计要求下入施工管柱。

（3）反循环洗井：清洗掉施工管柱内的污物。

（4）坐封、开启通道：投钢球，装井口，憋压坐封、验封，开启压裂充填通道。

（5）地层预处理：挤入油层保护剂溶液，关井平衡压力。

（6）压裂充填：正挤前置液、无砂携砂液，记录压力、排量，当排量稳定、压力达到或超过地层破裂压力且逐渐下降时开始加砂，砂比由小到大逐渐提高，至设计砂量后打开套管阀门进行循环充填，至设计停泵压力后结束。

（7）反洗井：反洗至返出液中无砂为止，排量0.5$m^3$/min。

（8）丢手起管柱：正转施工管柱倒扣丢手，并起出丢手后管柱。

（9）探冲砂：下入等径冲管＋油管组合，下探，冲砂至丝堵位置。

（10）投产：按设计要求下入完井管柱，装好井口，及时投产。投产初期要控制产液量，由低到高逐步增大产量，以避免流速过快刺破绕丝筛管，导致地层吐砂。

垂直井和水平井管内压裂砾石充填防砂完井如图2.18和图2.19所示。

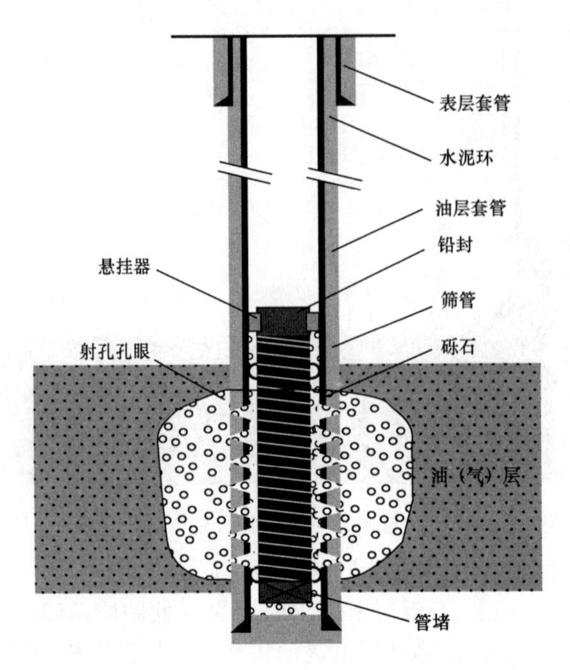


图 2.18　垂直井管内压裂砾石充填防砂完井示意图

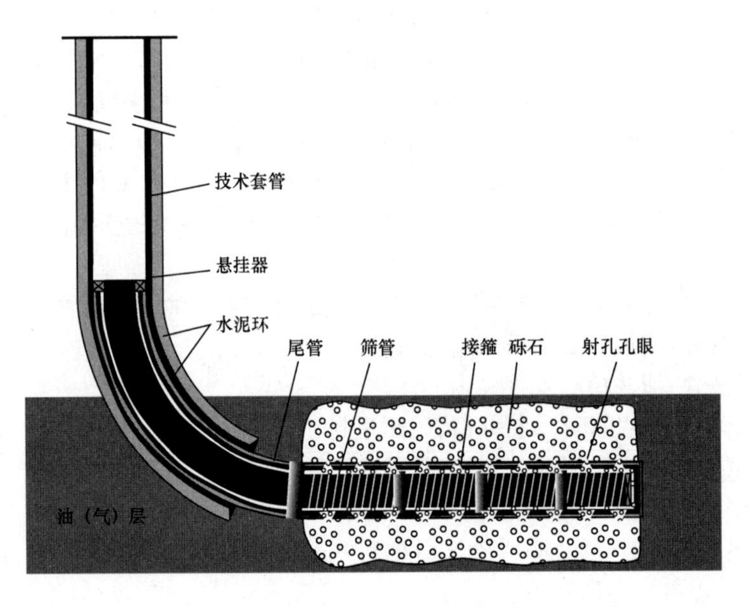


图 2.19　水平井管内压裂砾石充填防砂完井示意图

### 2.6.3　射孔设计

管内砾石充填防砂井射孔参数的选择主要是为砾石充填施工服务，同时保证充填完毕后套管和水泥环处充填孔眼内的流动压力损失很低。

一般来讲，此时射孔设计的目标是采用大孔径射孔弹，尽量提高井筒可供流动的面积，又保证砾石充填的效率。射孔相位一般采用 60°或 45°低相位。孔密常用高孔密，如 36 孔/m、48 孔/m，甚至更高的 64 孔/m。

### 2.6.4　砾石充填防砂设计

根据不同的防砂理念设计挡砂精度，详见第 4 章。

# 第3章　深水油气田出砂预测理论与技术

世界上近70%的油藏出现在弱胶结地层中，油气开采过程中砂粒随着流体从油层中运移出来是一个带有普遍性的复杂问题。青海第四系气田、胜利稠油油藏、吐哈吐玉克稠油油藏、新疆高温高压油气藏、渤海稠油油藏、南海砂岩油气藏等都遇到严重的出砂问题，不防砂无法正常生产；甚至传统认为不会出砂的碳酸盐岩储层也出现了出砂现象，如塔里木哈拉哈塘碳酸盐岩稠油油藏。而深水油气藏，为了获得良好的经济效益，通常选择高渗透储层进行开发，储层具有上覆岩层压力低、成岩性差、胶结强度低的特点，而这类储层普遍要出砂。不幸的是，某些油气井可能生产初期不出砂，但是生产中后期要出砂，比如南海惠州油田、东方13－2气田某些井；另外，少数岩石强度较高的储层整个生产过程都不出砂。而油井出砂与否采取的完井策略完全不同，因此在深水油气井完井设计时必须进行出砂预测。

## 3.1　出砂机理

储层产出的砂有两种类型，即未胶结的游离砂和通过黏土矿物胶结在一起的骨架砂。游离砂在超过砂粒运移的门限速度后就会产出，而骨架砂在井壁和孔眼周围岩石发生破坏时就会逐渐形成游离砂，从而在流体带动下产出。这里主要阐述岩石骨架被破坏失效机理。

油层出砂是非常复杂的现象，从宏观上看，油层出砂是井筒不稳定和射孔孔眼不稳定造成的；从微观上看，其与岩石强度、胶结状况、变形特征、所受外力（地应力、孔隙中流体压力、毛细管压力等）及外力施加过程等因素有关。

钻井打开储层后，由于井筒应力集中，在井壁附近产生了一个应力集中区域，如图3.1所示。而这个应力集中区域的岩石所受到的应力可能超过岩石的强度而被破坏。

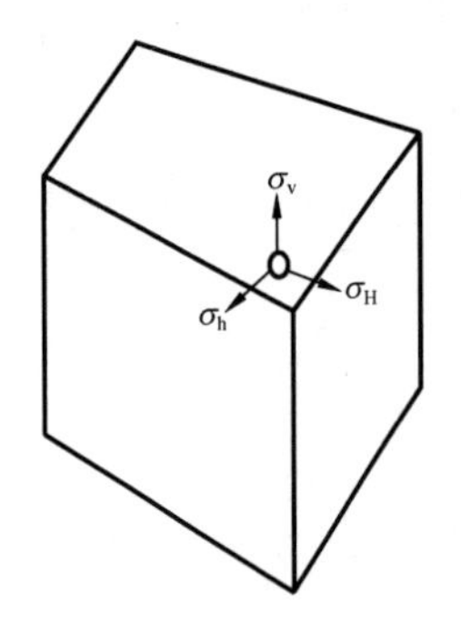


(a) 未钻井岩石的应力状态

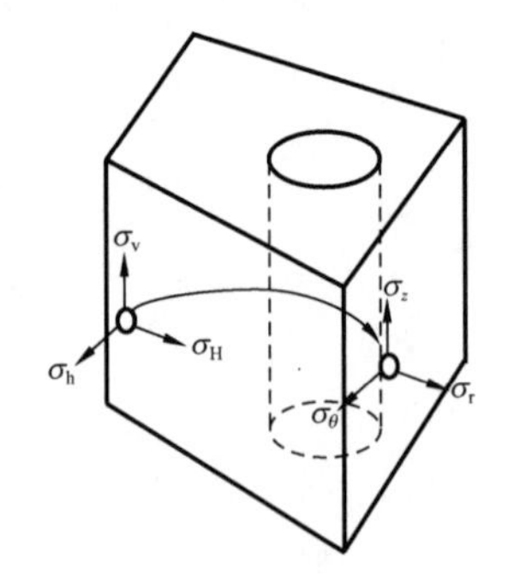


(b) 钻开井眼后应力状态发生改变的岩层

图3.1　钻井导致应力集中示意图

$\sigma_v$—垂向主应力；$\sigma_H$—水平最大主地应力；$\sigma_h$—水平最小主地应力；$\sigma_r$—径向应力；$\sigma_z$—垂向应力；$\sigma_\theta$—周向应力

射孔后,首先在井筒周围形成较细长的圆柱形孔眼。根据材料力学理论,在孔眼周围的壁面上产生应力集中,且形成一层塑性变形区。在流体力作用下,该区中单个颗粒开始脱落,并随流体带入井底。随着单个颗粒脱落并带走,孔眼趋于变成一个较大且较稳定的球形。颗粒会在球形孔腔壁附近聚集并形成一层较稳定的砂拱,这与建筑上所用的拱形牢固原理相类似。若孔腔周围液体径向压力梯度较大(如流量较大)或地应力较大(如油藏亏空较大),都会引起该砂拱坍塌,且会产生新的塑变区,继而又会形成一个扩大的新砂拱。砂拱的渗透率和孔隙度都较大,T. K. Perkins 等对其进行了定量描述。

国内外学者对骨架砂的出砂机理进行了大量研究,普遍认为目前骨架砂产出的机理为物理作用、化学作用及物理和化学联合作用。

### 3.1.1　力学机理

如图 3.2 所示,岩石失效造成出砂的力学机理分为剪切破坏、拉伸破坏、黏结破坏和孔隙坍塌破坏 4 种情况。

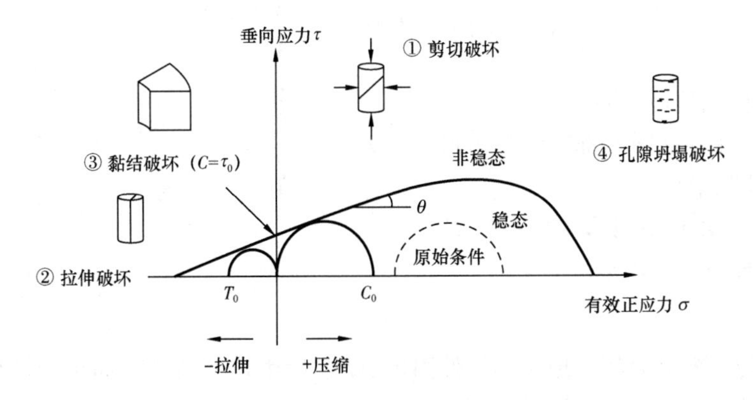


图 3.2　4 种出砂机理示意图

#### 3.1.1.1　剪切破坏

Mohr - Coulomb 失效准则将抗剪强度与接触力、内摩擦力与岩石砂粒之间存在的物理黏结作用建立关系,该准则的线性关系近似如下:

$$\tau = \sigma_{coh} + \sigma_n \tan\theta \tag{3.1}$$

式中　$\tau$——剪应力;

$\sigma_{coh}$——内聚强度;

$\theta$——内摩擦角;

$\sigma_n$——作用在剪切面上的有效法向应力。

基于 Mohr - Coulomb 失效准则,如图 3.3 所示,图中半圆线为应力 Mohr 圆,直线为 Mohr 圆的包络线,包络线下方为稳定区域,包络线以上为岩石失效区域。Mohr 圆与包络线相切表示正好处在临界受力状态。根据 Mohr 圆与包络线的关系,可判断井壁和孔眼的稳定性。该准则在脆性岩石出砂预测中应用广泛,且具有较好的适应性。但是对于塑性等其他岩石中运用要考虑岩石强度的软化现象。

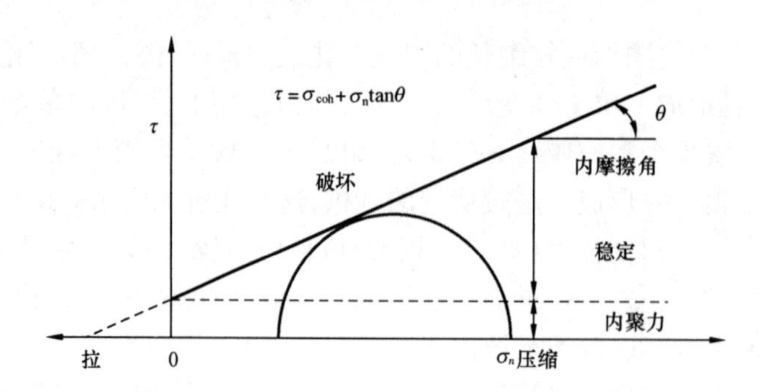


图 3.3 Mohr - Coulomb 失效机理示意图

#### 3.1.1.2 拉伸破坏

如图 3.3 所示，当岩石中所受最小主应力为负值，岩石受张性作用，拉伸破坏发生在射孔孔眼周围，径向应力由井筒压力和油藏压力控制。如果应力的突变超过地层的极限强度，导致岩石结构发生破坏而使骨架砂成为松散砂，被地层流体带入井中引起出砂。这种破坏表示为：

$$S_r = S_h\left(1-\frac{a^2}{r_p^2}\right)-(p_w-p_r)\frac{a^2}{r_p^2} \tag{3.2}$$

式中 $S_r$——孔眼径向应力；

$S_h$——作用在孔眼端部球面上的水平应力；

$r_p$——孔眼半径；

$a$——作用在孔眼端部球心的距离。

在射孔壁面，$a=r_p$，所以

$$S_r = p_r - p_w \tag{3.3}$$

如果井筒的有效应力超出地层的拉伸强度，就会发生拉伸破坏。如果塑性地层的压降超过膨胀地层的拉伸强度，就会发生拉伸破坏并出砂。

$$p_r - p_w = T \tag{3.4}$$

式中 $p_r$——油藏压力；

$p_w$——井筒压力；

$T$——抗拉强度。

#### 3.1.1.3 黏结破坏

当流体流动所产生的拖曳力超过颗粒间的黏结强度时，颗粒脱离母岩。在采油中后期，油层含水率上升，大量的注入水浸泡油层，使砂岩层的某些胶结物强度降低，粉化脱落而不能胶结砂粒，造成出砂。例如，黏土胶结物经水浸泡会使胶结强度降低很多，在较高的侧向应力或冲刷力下，黏土胶结物不能有效连接砂粒，就会形成出砂。在钻井过程中砂岩层受污染越严重，水侵入后的出砂越严重。黏结破坏多发生在胶结不好的砂岩，胶结强度是影响发生在任何地层表面的侵蚀的主要因素，包括射孔孔眼、裸眼完井的井筒表面、水力压裂裂缝或剪切面等。胶结应力的两个主要因素是胶结物和毛细管压力。

当流体流动产生的拖曳力超过地层的胶结强度时，也会发生出砂现象。剪切应力在射孔壁定义为：

$$\tau = 78.54D_p \frac{dp}{dl} = 39.37r_p \frac{dp}{dl} \tag{3.5}$$

式中　$dp$——射孔孔眼附近地层压降；

$dl$——射孔孔眼附近地层流体流经的径向位移；

$D_p$——射孔孔眼直径，mm；

$r_p$——孔眼半径，mm。

地层岩石发生剪切破坏的剪切应力临界值为：$\tau_c = c + \sigma_n \tan\theta$。

射孔壁为非限制性条件，$\sigma_n = 0$，所以

$$\frac{dp}{dl} = \frac{c}{39.37r_p} \tag{3.6}$$

式中　$c$——地层单轴抗压强度。

在胶结疏松的砂岩地层，黏结强度接近0。因此，在胶结疏松的砂岩地层，发生黏结破坏是主要的出砂机理。

3.1.1.4　孔隙坍塌破坏

有效孔隙压力定义为：

$$\sigma = \sigma_T - \alpha p \tag{3.7}$$

式中　$\sigma_T$——总应力；

$\sigma$——骨架有效应力；

$\alpha$——Biot 系数。

如图3.4所示，Mohr 圆向右移动，与包络线相交，岩石发生孔隙坍塌破坏，导致出砂。

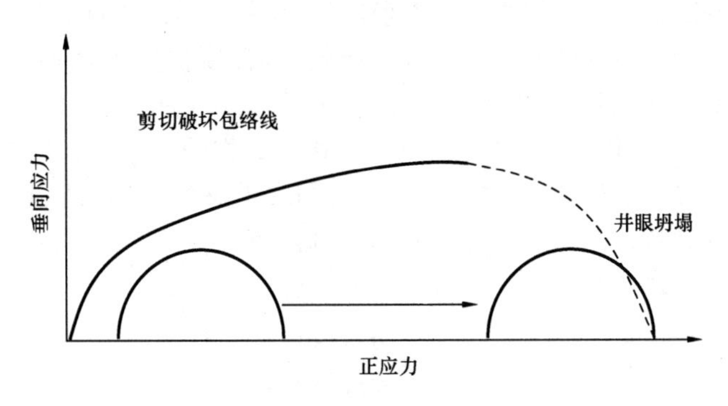


图3.4　孔隙坍塌破坏机理示意图

### 3.1.2　化学机理

水与岩石接触将造成以下影响。

3.1.2.1　表面能减少

岩石内含水饱和度增加将使表面能降低，同时颗粒间黏聚力也将减小，因此岩石单轴抗压强度降低。石英是砂岩油藏最常见的矿物，若砂岩内富含石英，从而使 $SiO_2$ 含量聚集，当地层出现水突破或水浸，有可能发生石英的水解反应：

$$Si—O—Si + H_2O \longrightarrow Si—OH + HO—Si \tag{3.8}$$

Si—OH 键的能量数量级要小于 Si—O 数量级,石英水解作用使硅氧键被能量小的氢键替代,因此表面能和内聚力减小。

#### 3.1.2.2 毛细管压力

砂岩表面与两种互不相溶的孔隙流体接触,会产生毛细管压力,毛细管压力是砂岩颗粒之间的一种内聚力,也是岩石强度的组成部分。毛细管压力使砂粒之间产生毛细管压力黏结,对部分饱和岩石来说,孔隙水处于受拉状态。毛细管压力的大小取决于储层孔隙度和含水饱和度。室内可以通过半渗透隔板法绘制典型的毛细管力压力曲线,含水饱和度越大,毛细管压力越小。

#### 3.1.2.3 化学作用

黏土矿物表面携带负电荷,这些负电荷能够吸附水分子层和孔隙中的自由水携带阳离子,这些阳离子和岩石颗粒结合并不牢固,当地层水性质改变后,可能发生离子交换,使阳离子被其他阳离子替代。岩石颗粒和地层水常见的化学反应包括石英水解、碳酸盐分解和黏土膨胀。石英的水解反应如同式(3.8),对于钙质胶结物,出水以后有可能发生下列碳酸盐分解反应:

$$CaCO_3 + H^+ \rightleftharpoons Ca^{2+} + HCO_3^- \tag{3.9}$$

流体中含有 $H^+$ 可能来源:

$$\begin{gathered} H_2O + CO_2 \rightleftharpoons H_2CO_3 \\ H_2CO_3 \rightleftharpoons HCO_3^- + H^+ \\ HCO_3^- \rightleftharpoons H^+ + CO_3^{2-} \end{gathered} \tag{3.10}$$

影响岩石强度的因素主要是岩性、孔隙度和黏土矿物含量。不同岩性的岩石,对水含量的敏感性越强,它的强度越低,这意味着岩石强度越弱,其强度损失也就越大。孔隙度一直被广泛用作单轴抗压强度指标,实验结果表明,孔隙度大的地层流体和岩石组分相互作用越剧烈,岩石强度下降也就越明显,化学反应侵蚀岩石,导致岩石物理、力学特性改变。黏土矿物具有水化膨胀的性质。富含黏土矿物的砂岩对含水饱和度敏感性更强,其强度损失也就更明显。黏土和水接触,其水化膨胀行为极大地影响岩石的稳定性。

一般用式(3.11)表示水对岩石的软化作用:

$$S_{soft} = \frac{\sigma_{coh}(dry)}{\sigma_{coh}(wet)} \tag{3.11}$$

式中 $F_{soft}$——岩石的软化系数;

$\sigma_{coh}(dry)$——干岩样内聚力;

$\sigma_{coh}(wet)$——湿岩样内聚力。

## 3.2 全生命周期出砂预测模型

影响储层出砂的因素众多,比如原地应力状态、孔隙压力、流体性质、泥质含量、生产压差、含水率、完井方式、射孔参数、压力亏空等,具体可分为地质因素、开采因素和工程因素三大类。

这些因素相互影响和作用,使得出砂问题的研究十分复杂,仅凭经验难以确定各影响因素的主次,因此建立多因素综合出砂预测新方法更有意义。研究表明,各影响因素中,含水率、泥质含量、生产压差、压力亏空等因素是影响储层全生命周期出砂的关键因素。下面主要阐述全生命周期出砂预测模型的建立过程。

### 3.2.1　坐标及应力变换基本原理

#### 3.2.1.1　CauChy 公式(斜截面应力公式)

设 $O$ 为受力物体内任意一点,且已知该点的一组6个独立应力分量 $x$、$y$、$z$、$xy$、$yz$、$zx$。为了求过 $O$ 点外法线为 $n$ 的任意斜截面上的应力,在 $O$ 点处截取一个微小的四面体单元,建立 $(x,y,z)$ 坐标系,其基矢量为 $\{\boldsymbol{e}_x,\boldsymbol{e}_y,\boldsymbol{e}_z\}$,如图3.5所示。

假定不计四面体 $OABC$ 的体积力,且斜截面外法线 $n$ 的方向余弦分别记为:

$$l = \cos(\hat{n},x),m = \cos(\hat{n},y),n = \cos(\hat{n},z) \tag{3.12}$$

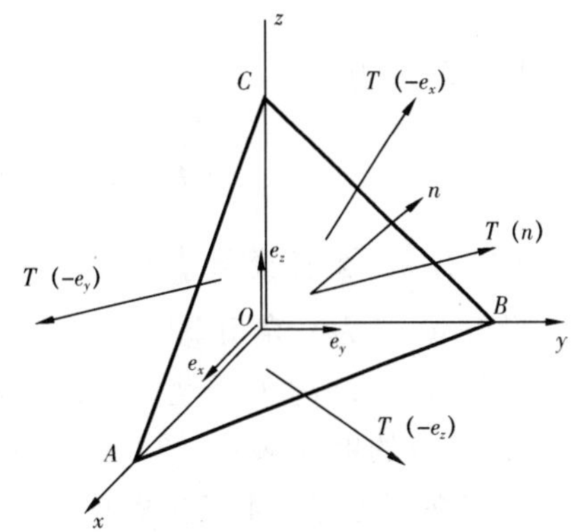

图3.5　四面体上的应力分布

若设斜截面 $ABC$ 的面积为 $\mathrm{d}S$,$O$ 点与 $ABC$ 距离的为 $\mathrm{d}h$,体积力为 $F$,则可知 $OBC$、$OCA$ 和 $OAB$ 三截面的面积分别为 $l\mathrm{d}S$、$m\mathrm{d}S$ 和 $n\mathrm{d}S$,四面体 $OABC$ 的体积为 $\mathrm{d}h\mathrm{d}S/3$,从而根据四面体平衡条件导出:

$$\boldsymbol{T}(\boldsymbol{n})\mathrm{d}S + \boldsymbol{T}(-\boldsymbol{e}_x)l\mathrm{d}S + \boldsymbol{T}(-\boldsymbol{e}_y)m\mathrm{d}S + \boldsymbol{T}(-\boldsymbol{e}_z)n\mathrm{d}S + \boldsymbol{F}\mathrm{d}h\mathrm{d}S/3 = 0 \tag{3.13}$$

由于 $\boldsymbol{T}(-\boldsymbol{n}) = -\boldsymbol{T}(\boldsymbol{n})$,由于体积力 $\boldsymbol{F}\mathrm{d}h\mathrm{d}S/3$ 是比面力高阶的小量,故忽略体积力可得:

$$\boldsymbol{T}(\boldsymbol{n}) = \boldsymbol{T}(\boldsymbol{e}_x)l + \boldsymbol{T}(\boldsymbol{e}_y)m + \boldsymbol{T}(\boldsymbol{e}_z)n \tag{3.14}$$

这就是著名的 CauChy 公式,又称斜截面应力公式,其实质是微小四面体的平衡条件。

将斜面应力矢量 $\boldsymbol{T}(\boldsymbol{n})$ 沿坐标轴方向分解即得到:

$$\boldsymbol{T}(\boldsymbol{n}) = \boldsymbol{T}_x\boldsymbol{e}_x + T_y\boldsymbol{e}_y + T_z\boldsymbol{e}_z \tag{3.15}$$

而笛卡尔坐标系下的3个应力矢量(共9个分量)为:

$$\begin{cases} \boldsymbol{T}(\boldsymbol{e}_x) = \sigma_{xx}\boldsymbol{e}_x + \tau_{yx}\boldsymbol{e}_y + \tau_{zx}\boldsymbol{e}_z \\ \boldsymbol{T}(\boldsymbol{e}_y) = \tau_{xy}\boldsymbol{e}_x + \sigma_{yy}\boldsymbol{e}_y + \tau_{zy}\boldsymbol{e}_z \\ \boldsymbol{T}(\boldsymbol{e}_z) = \tau_{xz}\boldsymbol{e}_x + \tau_{yz}\boldsymbol{e}_y + \sigma_{zz}\boldsymbol{e}_z \end{cases} \tag{3.16}$$

从而由式(3.14)和式(3.15)可得斜截面公式的分量形式为:

$$\begin{cases} \boldsymbol{T}_x = \sigma_{xx}l + \tau_{yx}m + \tau_{zx}n \\ \boldsymbol{T}_y = \tau_{xy}l + \sigma_{yy}m + \tau_{zy}n \\ \boldsymbol{T}_z = \tau_{xz}l + \tau_{yz}m + \sigma_{zz}n \end{cases} \tag{3.17}$$

将式(3.17)写为矩阵形式为：

$$\begin{bmatrix} \boldsymbol{T}_x \\ \boldsymbol{T}_y \\ \boldsymbol{T}_z \end{bmatrix} = \begin{bmatrix} \sigma_{xx} & \tau_{xy} & \tau_{xz} \\ \tau_{yx} & \sigma_{yy} & \tau_{yz} \\ \tau_{zx} & \tau_{zy} & \sigma_{zz} \end{bmatrix} \begin{bmatrix} l \\ m \\ n \end{bmatrix} \tag{3.18}$$

此时，斜截面上的法向正应力为：

$$\sigma_{\mathrm{n}} = \boldsymbol{T}(\boldsymbol{n}) \cdot n = \boldsymbol{T}_x l + \boldsymbol{T}_y m + \boldsymbol{T}_z n = \sigma_{xx} l^2 + \sigma_{zz} m^2 + \sigma_{zz} n^2 + \tau_{xy} lm + \tau_{yz} mn + \tau_{zx} nl \tag{3.19}$$

切向剪应力为：

$$\tau_{\mathrm{n}} = \sqrt{\| \boldsymbol{T}(\boldsymbol{n}) \|^2 - \sigma_{\mathrm{n}}{}^2}，其中，\| \boldsymbol{T}(\boldsymbol{n}) \| = \sqrt{\boldsymbol{T}_x{}^2 + \boldsymbol{T}_y{}^2 + \boldsymbol{T}_z{}^2} \tag{3.20}$$

3.2.1.2　坐标变换基本原理

设$(x,y,z)$为一直角坐标系，$(x',y',z')$是旋转$(x,y,z)$坐标系后得到的新坐标系，则旧坐标系为$(x,y,z)$，新坐标系为$(x',y',z')$，旧坐标系$(x,y,z)$的单位基矢量为$\{\boldsymbol{e}_{\mathrm{x}},\boldsymbol{e}_y,\boldsymbol{e}_z\}$，新坐标系$(x',y',z')$的单位基矢量为$\{\boldsymbol{e}'_x,\boldsymbol{e}'_y,\boldsymbol{e}'_z\}$。

设$\boldsymbol{e}'_x$在旧坐标系下各坐标轴的投影(即三个方向余弦)分别为$l_1$、$m_1$和$n_1$，$\boldsymbol{e}'_x$在旧坐标系下各坐标轴的投影为$l_2$、$m_2$和$n_2$，$\boldsymbol{e}'_z$在旧坐标系下各坐标轴的投影为$l_3$、$m_3$和$n_3$，则新、旧坐标系单位基矢量具有如下关系：

$$\begin{bmatrix} \sigma'_x \\ \sigma'_y \\ \sigma'_z \end{bmatrix} = \begin{bmatrix} l_1 & m_1 & n_1 \\ l_2 & m_2 & n_2 \\ l_3 & m_3 & n_3 \end{bmatrix} \begin{bmatrix} \sigma_x \\ \sigma_y \\ \sigma_z \end{bmatrix} \tag{3.21}$$

式(3.21)中，$l_1$、$m_1$、$n_1$、$l_2$、$m_2$、$n_2$、$l_3$、$m_3$和$n_3$所组成的矩阵为坐标变换矩阵。

将新坐标系中的3个平面($O_{xy}$，$O_{yz}$，$O_{xz}$)分别看作旧坐标系中的斜面，再利用CauChy公式即可推导出新旧坐标系下中应力分量的变换关系。下面将根据上述的变换原理对斜井坐标变换及应力分量变换进行推导。

### 3.2.2　任意井斜井眼坐标变换及应力分量变换推导

在地层钻井之前，地层岩石介质处于原地应力的作用下。通常认为原地应力的三个主应力方向分别是沿着垂直方向和水平方向，实际上真实地应力不一定为地球坐标系(GCS)方向，因此需要将地应力坐标系(ICS)地应力变换到地球坐标系下。如图3.6所示，原地应力系统用三个相互垂直的应力形式，即沿垂直方向的应力$\sigma_{\mathrm{v}}$、两个相互垂直的沿水平方向的最大应力$\sigma_{\mathrm{H}}$和最小应力$\sigma_{\mathrm{h}}$，这三个应力称为原地主应力。地球坐标系坐标轴分别为$X_{\mathrm{e}}$(正北方向)、$Y_{\mathrm{e}}$、$Z_{\mathrm{e}}$(垂直向下)，为右手系。最大水平主应力与$X_{\mathrm{e}}$的逆时针夹角方向为$\alpha_{\mathrm{s}}$，最大垂直主应力与$Z_{\mathrm{e}}$逆时针方向夹角为$\beta_{\mathrm{s}}$，则有旋转矩阵为：

$$
\boldsymbol{E} = \begin{Bmatrix} \cos\beta_s & 0 & \sin\beta_s \\ 0 & 1 & 0 \\ -\sin\beta_s & 0 & \cos\beta_s \end{Bmatrix} \begin{Bmatrix} \cos\alpha_s & \sin\alpha_s & 0 \\ -\sin\alpha_s & \cos\alpha_s & 0 \\ 0 & 0 & 1 \end{Bmatrix}
= \begin{bmatrix} \cos\alpha_s\cos\beta_s & \sin\alpha_s\cos\beta_s & \sin\beta_s \\ -\sin\beta_s & \cos\alpha_s & 0 \\ -\cos\alpha_s\cos\beta_s & -\sin\alpha_s\cos\beta_s & \cos\beta_s \end{bmatrix} \tag{3.22}
$$

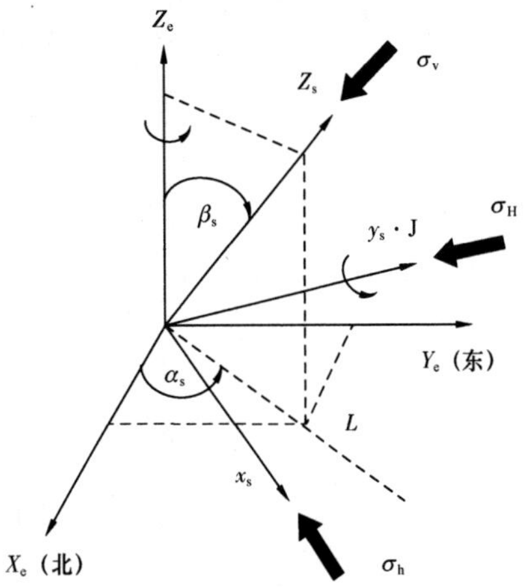

图3.6　地球坐标系和地应力之间的关系

根据3.2.1节,则转换关系为:

$$
\boldsymbol{\sigma}_{\text{ics2ecs}} = \boldsymbol{E}^{\mathrm{T}} \times \boldsymbol{\sigma}_{\text{ics}} \times \boldsymbol{E} = \begin{Bmatrix} \sigma_{xx}^{e} & \tau_{xy}^{e} & \tau_{xz}^{e} \\ \tau_{yz}^{e} & \sigma_{yy}^{e} & \tau_{yz}^{e} \\ \tau_{zx}^{e} & \tau_{zy}^{e} & \sigma_{zz}^{e} \end{Bmatrix} \tag{3.23}
$$

对于斜井,井筒轴线方向与地球坐标系垂直方向不一致,因此需要将转换到地球坐标系的地应力转化到井筒坐标系(BCS),坐标轴为 $X_b$、$Y_b$ 和 $Z_b$,井筒井斜角为 $\beta_b$(井眼轴线与地球坐标系垂直方向的夹角),方位角为 $\alpha_b$(井斜方位与地球坐标系水平最大主地应力方向的夹角),如图3.7所示。则有旋转矩阵为:

$$
\boldsymbol{B} = \begin{Bmatrix} \cos\beta_b & 0 & \sin\beta_b \\ 0 & 1 & 0 \\ -\sin\beta_b & 0 & \cos\beta_b \end{Bmatrix} \begin{Bmatrix} \cos\alpha_b & \sin\alpha_b & 0 \\ -\sin\alpha_b & \cos\alpha_b & 0 \\ 0 & 0 & 1 \end{Bmatrix} = \begin{bmatrix} \cos\alpha_b\cos\beta_b & \sin\alpha_b\cos\beta_b & \sin\beta_b \\ -\sin\alpha_b & \cos\alpha_b & 0 \\ -\cos\alpha_b\cos\beta_b & -\sin\alpha_b\cos\beta_b & \cos\beta_b \end{bmatrix} \tag{3.24}
$$

可得井筒坐标下的地应力转换关系为:

$$
\boldsymbol{\sigma}_{\text{ecs2ocs}} = \boldsymbol{B} \times \boldsymbol{\sigma}_{\text{ics2ecs}} \times \boldsymbol{B}^{\mathrm{T}} = \begin{Bmatrix} \sigma_{xx}^{b} & \tau_{xy}^{b} & \tau_{xz}^{b} \\ \tau_{yx}^{b} & \sigma_{yy}^{b} & \tau_{yz}^{b} \\ \tau_{zx}^{b} & \tau_{zy}^{b} & \sigma_{zz}^{b} \end{Bmatrix} \tag{3.25}
$$

假设地应力坐标系与地球坐标系一致,且井斜角为 $\alpha$,方位角为 $\beta$,则转换为井筒坐标下的地应力分量为:

$$
\begin{cases}
S_{xx} = (\sigma_H \cos^2\beta + \sigma_h \sin^2\beta)\cos^2\alpha + \sigma_v \sin^2\alpha \\
S_{yy} = \sigma_H \sin^2\beta + \sigma_h \cos^2\beta \\
S_{zz} = (\sigma_H \cos^2\beta + \sigma_h \sin^2\beta)\sin^2\alpha + \sigma_v \cos^2\alpha \\
S_{xy} = \cos\alpha\cos\beta\sin\beta(\sigma_h - \sigma_H) \\
S_{yz} = \sin\alpha\sin\beta\cos\beta(\sigma_h - \sigma_H) \\
S_{zx} = \sin\alpha\cos\alpha(\sigma_H \cos^2\beta + \sigma_h \sin^2\beta - \sigma_v)
\end{cases}
\tag{3.26}
$$

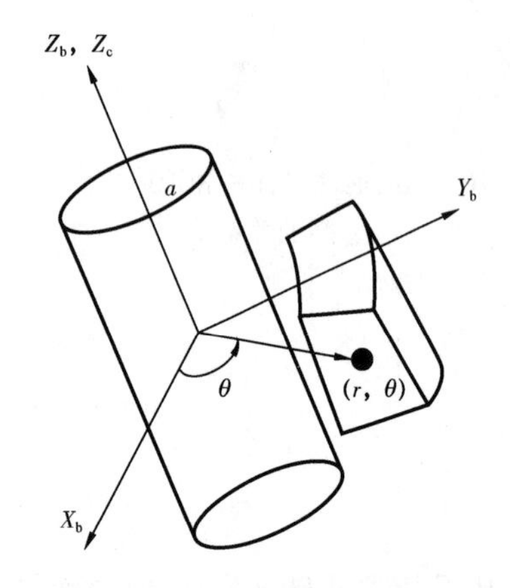

图 3.7 井眼与柱坐标系之间的关系
($Z_b,X_b,Y_b$)表示井眼直角坐标系三个坐标轴；
($Z_c,r,\theta$)表示柱坐标系三个坐标轴

式中 $\alpha$——井斜角，(°)；
$\beta$——方位角，(°)；
$\sigma_H$——水平最大主地应力，MPa；
$\sigma_h$——水平最小主地应力，MPa；
$\sigma_v$——垂向主应力，MPa；
$S_{xx}$——横切面内 $x$ 轴方向的应力，MPa；
$S_{yy}$——横切面内 $y$ 轴方向的应力，MPa；
$S_{xy}$——横切面内 $xy$ 平面内的应力，MPa；
$S_{xz}$——$xz$ 平面内面外剪切应力，MPa；
$S_{yz}$——$yz$ 平面内面外剪切应力，MPa；
$S_{zz}$——轴向应力，MPa。

基于平面应变假设，Bradley 建立了井筒柱坐标系下(图 3.7)井周应力分布计算模型，该模型可以准确计算出井眼应力模型为：

$$
\sigma_r = \frac{1}{2}(\sigma_x + \sigma_y)\left(1 - \frac{a^2}{r^2}\right) + \frac{1}{2}(\sigma_x - \sigma_y)\left(1 + 3\frac{a^4}{r^4} - 4\frac{a^2}{r^2}\right)
$$

$$
\cos2\theta + \tau_{xy}\left(1 + 3\frac{a^4}{r^4} - 4\frac{a^2}{r^2}\right)\sin2\theta + \frac{a^2}{r^2}p_w
$$

$$
\sigma_\theta = \frac{1}{2}(\sigma_x + \sigma_y)\left(1 + \frac{a^2}{r^2}\right) - \frac{1}{2}(\sigma_x - \sigma_y)\left(1 + 3\frac{a^4}{r^4}\right)\cos2\theta -
$$

$$
\tau_{xy}\left(1 + 3\frac{a^4}{r^4}\right)\sin2\theta - \frac{a^2}{r^2}p_w
$$

$$
\sigma_z = \sigma_{zz} = -2\nu(\sigma_x - \sigma_y)\frac{a^2}{r^2}\cos2\theta - 4\nu\tau_{xy}\frac{a^2}{r^2}\sin2\theta
$$

$$
\sigma_z = \sigma_{zz}
$$

$$
\tau_{r\theta} = \left[\frac{1}{2}(\sigma_x - \sigma_y)\sin2\theta + \tau_{xy}\cos2\theta\right]\left(1 - 3\frac{a^4}{r^4} + 2\frac{a^2}{r^2}\right)
$$

$$\tau_{rz} = \tau_{xy}\cos\theta + \tau_{yz}\sin\theta\left(1 - \frac{a^2}{r^2}\right)$$

$$\tau_{\theta z} = -\tau_{xz}\sin\theta + \tau_{yz}\cos\theta\left(1 + \frac{a^2}{r^2}\right)$$

(3.27)

式中　$\sigma_r$——径向应力,MPa;

$\sigma_\theta$——周向应力,MPa;

$\sigma_z$——垂向应力,MPa;

$\tau_{r\theta}$——剪切应力,MPa;

$p_w$——井底流体压力,MPa;

$r_w$——井眼半径,m;

$r$——应力计算点井眼极坐标半径,m;

$\nu$——泊松比;

$\theta$——径向上最大地应力方向逆时针旋转的极坐标角度,(°)。

当 $a = r$ 时,在井壁处的应力为:

$$\sigma_r = p_w$$

$$\sigma_\theta = \sigma_x + \sigma_y - p_w - 2(\sigma_x - \sigma_y)\cos2\theta - 4\tau_{xy}\sin2\theta$$

$$\sigma_z = \sigma_{zz} - 2\nu(\sigma_x - \sigma_y)\cos2\theta - 4\nu\tau_{xy}\sin2\theta$$

$$\sigma_z = \sigma_{zz}$$

$$\tau_{r\theta} = 0$$

$$\tau_{rz} = 0$$

$$\tau_{\theta z} = 2(-\tau_{xz}\sin\theta + \tau_{yz}\cos\theta) \tag{3.28}$$

### 3.2.3　射孔孔眼周围应力分布

把井眼围岩应力分布转换到孔眼围岩应力分布上面来,将孔眼看作是一个与井筒相连的小裸眼井眼,如图3.8所示。考虑到在无限大的平面上,一个圆孔受到均匀的内压 $p_{perf}$ 的作用,同时这个平面的无限远处受到主应力 $\sigma_\theta$ 以及主应力 $\sigma_z$ 的作用,同时考虑到压裂液的渗流效应。射孔孔眼围岩总应力状态可以通过先研究各应力分量对孔眼围岩的影响,然后再用叠加的方法获得。孔眼壁面围岩所受的应力状态可以在射孔孔眼极坐标系里面用径向应力 $\sigma_s$、周向应力 $\sigma_\phi$ 和垂向应力 $\sigma_{zz}$ 以及剪切应力 $\tau_{s\phi}$ 表示出来:

$$\sigma_s = \frac{r_{hs}^2}{s^2}p_{perf} + \frac{1}{2}(\sigma_\theta + \sigma_z)\left(1 - \frac{r_{hs}^2}{s^2}\right) + \frac{1}{2}(\sigma_\theta - \sigma_z)\left(1 + \frac{3r_{hs}^2}{s^4} - \frac{4r_{hs}^2}{s^2}\right)\cos2\phi +$$

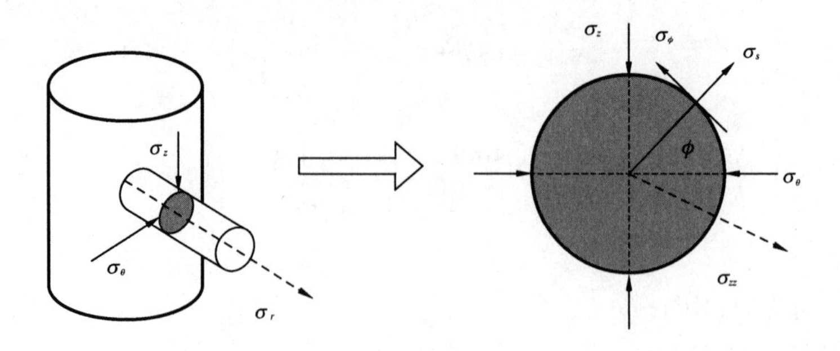


图 3.8　孔眼围岩受力及应力转换

$$\left[\frac{\alpha(1-2\nu)}{2(1-\nu)}\frac{s^2+r_{\mathrm{hs}}^2}{s^2}-\varphi\right](p_{\mathrm{perf}}-p_{\mathrm{p}}) \tag{3.29}$$

$$\sigma_\phi=\frac{r_{\mathrm{hs}}^2}{s^2}p_{\mathrm{perf}}+\frac{1}{2}(\sigma_\theta+\sigma_z)\left(1+\frac{r_{\mathrm{hs}}^2}{s^2}\right)-\frac{1}{2}(\sigma_\theta-\sigma_z)\left(1+\frac{3r_{\mathrm{hs}}^2}{s^4}\right)\cos2\phi+$$

$$\left[\frac{\alpha(1-2\nu)}{2(1-\nu)}\frac{s^2+r_{\mathrm{hs}}^2}{s^2}-\varphi\right](p_{\mathrm{perf}}-p_{\mathrm{p}}) \tag{3.30}$$

$$\sigma_{zz}=\sigma_r-2\nu(\sigma_\theta-\sigma_z)\frac{r_{\mathrm{hs}}^2}{s^2}\cos(2\phi)+\left[\frac{\alpha(1-2\nu)}{(1-\nu)}\right](p_{\mathrm{perf}}-p_{\mathrm{p}}) \tag{3.31}$$

$$\tau_{s\phi}=-\frac{1}{2}(\sigma_\theta-\sigma_z)\left(1-\frac{3r_{\mathrm{hs}}^4}{s^4}+\frac{2r_{\mathrm{hs}}^2}{s^2}\right)\sin2\phi \tag{3.32}$$

$$\tau_{zz\phi}=\tau_{r\theta}\sin\phi\left(1+\frac{r_{\mathrm{hs}}^2}{s^2}\right) \tag{3.33}$$

$$\tau_{szz}=-\tau_{r\theta}\cos\phi\left(1-\frac{r_{\mathrm{hs}}^2}{s^2}\right) \tag{3.34}$$

式中　$r_{\mathrm{hs}}$——孔眼半径，m；

$s$——应力计算点孔眼极坐标的半径，m；

$p_{\mathrm{perf}}$——孔眼内的流体压力，MPa；

$p_{\mathrm{p}}$——孔隙内流体压力，MPa；

$\varphi$——地层孔隙度；

$\alpha$——有效应力系数；

$\phi$——孔眼主应力 $\sigma_\theta$ 方向逆时针旋转的极坐标角度，(°)。

忽略流体流过孔眼的摩阻，可以认为井底流体压力等于孔眼内流体压力（即 $p_{\mathrm{perf}}=p_{\mathrm{w}}$），作用距离等于孔眼半径（$s=r_{\mathrm{hs}}$），可以得到孔眼壁面应力分布为：

$$\sigma_s=p_{\mathrm{w}}-\varphi(p_{\mathrm{w}}-p_{\mathrm{p}}) \tag{3.35}$$

$$\sigma_\phi=-p_{\mathrm{w}}+(\sigma_\theta+\sigma_z)-2(\sigma_\theta-\sigma_z)\cos2\phi+\left[\frac{\alpha(1-2\nu)}{1-\nu}-\varphi\right](p_{\mathrm{w}}-p_{\mathrm{p}}) \tag{3.36}$$

$$\sigma_{zz} = \sigma_r - 2\nu(\sigma_\theta - \sigma_z)\cos 2\phi + \left[\frac{\alpha(1-2\nu)}{1-\nu} - \varphi\right](p_w - p_p) \tag{3.37}$$

$$\tau_{zz\phi} = 2\tau_{r\theta}\sin\phi \tag{3.38}$$

$$\tau_{s\phi} = \tau_{szz} = 0 \tag{3.39}$$

### 3.2.4 完井过程中裸眼井壁失效预测力学模型

裸眼完井优化设计过出砂预测过程即为井壁稳定性判断。在出砂预测分析过程中,寻找引起井壁失稳的最小液柱压力和最大液柱压力,即液柱压力满足 $p_{wc} < p_w < p_{wf}$。

井壁有效应力的张量 $\sigma_{ij}'$ 的矩阵形式可记作:

$$\sigma_{ij}' = \begin{bmatrix} \sigma_r' & 0 & 0 \\ 0 & \sigma_\theta' & \tau_{\theta z} \\ 0 & \tau_{\theta z} & \sigma_{zz}' \end{bmatrix} \tag{3.40}$$

式(3.40)的特征根即为任意斜井井眼井壁有效主应力,可表达为:

$$\det(\sigma_{ij}' - \lambda \boldsymbol{I}) = (\sigma_r' - \lambda)[(\sigma_\theta' - \lambda)(\sigma_{zz}' - \lambda) - \tau_{\theta z}^2] \tag{3.41}$$

式中　$\lambda$——应力张量矩阵的特征值;

　　$\boldsymbol{I}$——单位矩阵。

#### 3.2.4.1 完井测试过程中井壁坍塌压力计算方法

当前多种评价井壁稳定的剪切破坏强度准则可概括为拟三轴强度准则(不考虑中间主应力 $\sigma_2$)及真三轴(多轴)强度准则两大类。Mclean 和 Addis 、 Ewy 、 Al - Ajmi 和 Zimmerman、Zhang 等认为 Mohr - Coulomb 准则未考虑中间主应力 $\sigma_2$ 对岩石强度的影响,导致预测出维持井壁稳定所需的坍塌压力过于保守,Drucker - Prager 准则高估了中间主应力 $\sigma_2$ 岩石强度的作用,计算得到的坍塌压力偏低。因此,对井壁稳定分析设计实际参考意义不大。近年来,真三轴 Mohr - Coulomb 准则的线性形式,由于其合理地评估 $\sigma_2$ 的强度效应,被广泛应用于井壁稳定和防砂分析。

然而,Moos 等及 Karstad 和 Aadnoy 认为,井眼最佳钻进轨迹主要由原地应力大小控制,而强度准则对其优化问题的制约性则不明显。因此,考虑线性 Mohr - Coulomb 准则作为 Mohr - Coulomb 准则由常规三轴应力状态向多轴应力状态的自然推广,所以仍采用最为常用且简便的 Mohr - Coulomb 准则进行优化井眼钻进轨迹的基本规律分析。

通常,实际钻进过程发生井眼坍塌的井壁围岩应力状态满足:有效径向应力 $\sigma'_r$ 为最小有效主应力。例如,井壁坍塌的典型模式为 Wide - breakout,其考虑有效应力概念的围岩受力状态对应 $\sigma_\theta' > \sigma_{zz}' > \sigma_r$。因此,任意斜井眼井壁处3个有效主应力可记作:

$$\begin{cases} \sigma_1' = \dfrac{1}{2}(\sigma_\theta' + \sigma_{zz}') + \dfrac{1}{2}\sqrt{4\tau_{\theta z}^2 + (\sigma_\theta' - \sigma_{zz}')} \\ \sigma_2' = \dfrac{1}{2}(\sigma_\theta' + \sigma_{zz}') - \dfrac{1}{2}\sqrt{4\tau_{\theta z}^2 + (\sigma_\theta' - \sigma_{zz}')} \\ \sigma_3' = \sigma_r' \end{cases} \tag{3.42}$$

考虑有效最大主应力和有效最小主应力的 Mohr - Coulomb 准则可记作：

$$\sigma_1' = \sigma_c + m\sigma_3' \tag{3.43}$$

其中：

$$\sigma_c = 2c[\cos\varphi/(1-\sin\varphi)]$$

$$m = (1+\sin\varphi)/(1-\sin\varphi)$$

式中 $c$——内聚强度。

由式(3.42)可以获得任意斜井眼的坍塌压力当量密度计算表达式：

$$\rho_c = (-B + \sqrt{B^2 - 4AC})/(2A0.00981H) \tag{3.44}$$

其中：

$$\begin{cases} A = 4m(1+m) \\ B = 2[(1+2M)(2c^* - \sigma_\theta^* - \sigma_{zz}) + \sigma_\theta^* - \sigma_{zz}] \\ C = 4[c^{*2} - c^*(\sigma_\theta^* + \sigma_{zz}) + \sigma_\theta^*\sigma_{zz} - \tau_{\theta z}^2] \end{cases}$$

$$\sigma_\theta^* = \sigma_x + \sigma_y - 2(\sigma_x - \sigma_y)\cos 2\theta - 4\tau_{xy}\sin 2\theta$$

$$c^* = \sigma_c - (m-1)\alpha p_p$$

从数值分析的计算角度出发，定义 $\alpha_i = i(i = 0°, 1°, \cdots, 90°)$，$\beta = j(j = 0°, 1°, \cdots, 360°)$。由于对称性原因，井周角 $\theta$ 变化范围为[0°,180°]，并取 $\theta_k = k(k = 0°, 0.1°, \cdots, 180°)$。对于既定$(\alpha_i, \beta_j)$，当 $\theta_k$ 以间隔 0.1°由 0°增至 180°时，结合式(3.44)，可获取坍塌压力当量密度向量 $\rho_c^{i-j,k}$。为避免井坍塌现象发生的最保守情况是，选取向量 $\rho_c^{i-j,k}$ 的最大值 $\rho_{c,\max}^{i-j,k}$ 为维持井眼安全生产的坍塌压力当量密度，即

$$\rho_{c,\max}^{i-j,k} = \max(\rho_c^{i-j,k}) \tag{3.45}$$

与之对应的井周角 $\theta_k$ 即为井眼坍塌位置角。$\alpha_i$、$\beta_j$ 及 $\theta_k$ 的间隔范围划分越小，$\rho_{c,\max}^{i-j,k}$ 精度则越高。

#### 3.2.4.2 裸眼压裂砾石充填过程中井壁破裂压力计算方法

通过增加井壁压力，周向应力减小，岩石应力由压缩状态向拉伸状态改变，最终达到岩石的拉伸强度而失效，井壁开始出现裂缝。

当最小有效主应力 $\sigma_3'$ 达到岩石拉伸强度 $\sigma_t$ 时，井壁破裂，即

$$\sigma_3' = \sigma_3 - p_o \leqslant -\sigma_t \tag{3.46}$$

将式(3.42)代入式(3.46)，经过整理，临界周向应力可以表达为：

$$\sigma_\theta = \frac{\tau_{\theta z}^2}{\sigma_z - p_o} + p_o + \sigma_t \tag{3.47}$$

将式(3.47)代入式(3.27)，重新对 $p_{wf}$(临界井壁破裂压力)进行整理，可得到：

$$p_{wf} = \sigma_x + \sigma_y - 2(\sigma_x - \sigma_y)\cos2\theta - 4\tau_{xy}\sin2\theta - \frac{\tau_{\theta z}^2}{\sigma_z - p_o} - p_o - \sigma_t \tag{3.48}$$

则破裂压力当量密度为：

$$\rho_{wf} = p_{wf}/(0.00981H) \tag{3.49}$$

与坍塌压力数值计算方法一样，定义 $\alpha_i = i(i = 0°, 1°, \cdots, 90°)$，$\beta = j(j = 0°, 1°, \cdots, 360°)$。由于对称性原因，井周角 $\theta$ 变化范围为[0°,180°]，并取 $\theta_k = k(k = 0°, 0.1°, \cdots, 180°)$。对于既定$(\alpha_i, \beta_j)$，当 $\theta_k$ 以间隔0.1°由0°增至180°时，结合式(3.49)，可获取破裂压力当量密度向量 $\rho_{wf}^{i-j,k}$。为避免井破裂现象发生的最保守情况是，选取向量 $\rho_{wf}^{i-j,k}$ 的最小值 $\rho_{wf,min}^{i-j,k}$ 为维持井眼井筒不被拉伸破坏的当量密度，即

$$\rho_{wf,min}^{i-j,k} = \min(\rho_{wf}^{i-j,k}) \tag{3.50}$$

同样，上述公式计算值即为井筒破裂压力。

### 3.2.5 射孔完井孔眼失效判断模型

#### 3.2.5.1 不考虑弱结构面射孔完井出砂预测模型

为判断射孔完井孔眼稳定性，有必要计算出各射孔孔眼壁上的最大切向有效应力，结合Mohr—Coulomb 准则进行判断，最后得到保证孔眼稳定的最小井底流压。

式(3.35)至式(3.39)构成了孔眼壁面上面任意位置的应力分布。孔眼壁面上任意一点的3个主应力为：

$$\sigma_1 = \sigma_s$$

$$\sigma_2 = \frac{1}{2}\left[(\sigma_\phi + \sigma_{zz}) + \sqrt{(\sigma_\phi - \sigma_{zz})^2 + 4\tau_{zz\phi}^2}\right]$$

$$\sigma_3 = \frac{1}{2}\left[(\sigma_\phi + \sigma_{zz}) - \sqrt{(\sigma_\phi - \sigma_{zz})^2 + 4\tau_{zz\phi}^2}\right] \tag{3.51}$$

式中　$\sigma_s$——孔周径向应力。

由前述可知，若 $\sigma_\theta > \sigma_z$，则 $w = 90°$ 时，$\sigma'_\theta$在射孔壁上取得最大值，即可得 $\sigma'_\theta$最大值表达式为：

$$\sigma'_\theta = 3\sigma_\theta - \sigma_z - p_w \tag{3.52}$$

整理得临界井底流压为：

$$p_w = \frac{3\delta(3\sigma_h - \sigma_H) - 2\eta p_p - 2(\zeta - f)p_p + 2M - \sigma_v - 2\mu(\sigma_H - \sigma_h) + \eta p_p N_\varphi + fN_\varphi p_p + F_{wp}N_\varphi - \sigma_c}{3\delta - 2\varsigma + 2f + N_\varphi + fN_\varphi} \tag{3.53}$$

若 $\sigma_\theta < \sigma_z$，则 $w=90°$时，$\sigma'_\theta$在射孔壁上取得最大值，即

$$N_\varphi = (1+\sin\varphi)/(1-\sin\xi)\delta = \sigma_\theta{}^{\mathrm{r}}/\sigma_\theta{}^{\mathrm{h}} \tag{3.54}$$

整理得到临界井底流压为：

$$p_\mathrm{w} = \frac{3\sigma_\mathrm{y} - 6\mu(\sigma_\mathrm{H} - \sigma_\mathrm{h}) - 2\eta p_\mathrm{p} + 2M - 2(\zeta - f)p_\mathrm{p} - \delta(3\sigma_\mathrm{H} - \sigma_\mathrm{h}) + \eta p_\mathrm{p} N_\varphi + fN_\varphi p_\mathrm{p} + F_\mathrm{wp}N_\varphi - \sigma_\mathrm{c}}{1 - 2\varsigma + 2f - \delta + N_\varphi + fN_\varphi} \tag{3.55}$$

其中：

$$M = \frac{\alpha_\mathrm{T} E\Delta T}{1-\mu} \tag{3.56}$$

$$N_\varphi = (1+\sin\varphi)/(1-\sin\varphi) \tag{3.57}$$

$$\delta = \sigma_\theta^\mathrm{r}/\sigma_\theta^\mathrm{h} \tag{3.58}$$

$$p = (\varsigma/2)(1+A) - f \tag{3.59}$$

式中 $\sigma_z$——垂向应力，MPa；

$\sigma_\theta$——切向应力，MPa；

$\sigma_\mathrm{c}$——岩石的抗压强度，MPa；

$\varphi$——岩石的内摩擦角，(°)；

$\delta$——应力降低系数；

$\varsigma$——系数，井壁有渗流时$\varsigma=1$，井壁没渗流时$\varsigma=0$；

$f$—地层孔隙度，%。

#### 3.2.5.2 考虑弱结构面射孔完井出砂预测模型

分析弱结构面对储层孔眼稳定性的影响时，首先假定孔眼周围不存在任何与井壁相切割的节理面和裂缝面，在一定的井筒内压下，计算孔眼周围地层中的应力分布，然后假定有一裂缝面与孔眼相切割，并将已计算得到的孔眼周围地层中的应力分解到裂缝面上，进而计算在该孔眼内压作用下裂缝面的稳定性。

首先，将原地应力转换到相应的井眼坐标系，其次在井眼坐标系下($X_\mathrm{e}, Y_\mathrm{e}, Z_\mathrm{e}$)计算井眼周围地层中的地应力分布(前面已有论述)，转换到裂缝面坐标系下($x_\mathrm{w}, y_\mathrm{w}, z_\mathrm{w}$)，如图3.9所示。然后在裂缝面上，将裂缝面坐标系下的剪切值($\tau_{xy}, \tau_{xz}$)矢量分解，计算出作用在裂缝面上的正应力$\sigma$和剪应力$\tau$(图3.10)，然后利用Mohr－Coulomb强度判别准则分析完整井壁的稳定性和裂缝面的稳定性。

假定裂缝面的抗剪强度服从Mohr－Coulomb准则：

$$\tau = \sigma\tan\varphi_\mathrm{w} + C_\mathrm{w} \tag{3.60}$$

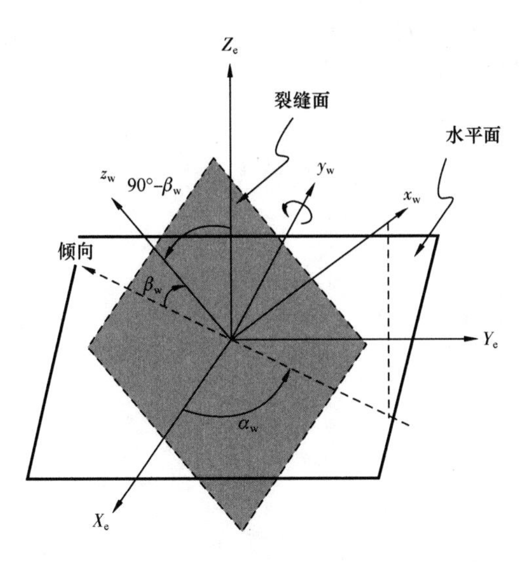


图3.9　井眼坐标系和裂缝面坐标系之间的转换

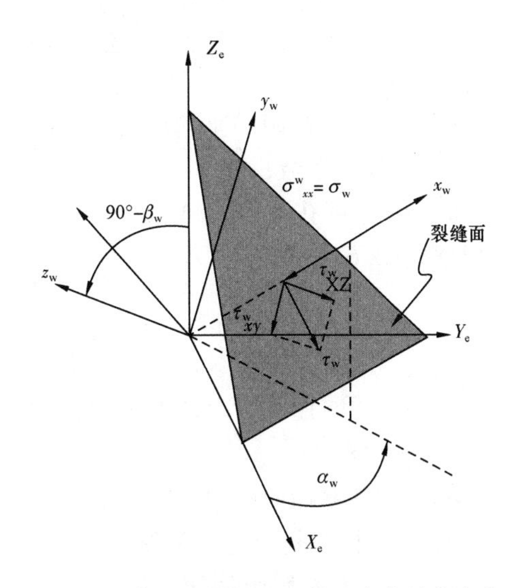


图3.10　作用于裂缝面上的正应力及剪应力

由 Mohr 应力圆理论，作用于裂缝面上的法向应力 $\sigma$ 和剪应力$\tau$ 为：

$$\begin{cases}\sigma = \dfrac{\sigma_1 + \sigma_3}{2} + \dfrac{\sigma_1 - \sigma_3}{2}\cos 2\chi \\ \tau = \dfrac{\sigma_1 - \sigma_3}{2}\sin 2\chi\end{cases} \tag{3.61}$$

将式(3.61)代入式(3.60)整理，可得到沿裂缝面产生剪切破坏的条件为：

$$\sigma_1 - \sigma_3 = \frac{2(C_w + \mu_w \sigma_3)}{(1 - \mu_w \cot\beta)\sin 2\chi} \tag{3.62}$$

式中　$\varphi_w$——裂缝面的内摩擦角，(°)；

$C_w$——裂缝面的黏聚力，MPa；

$\sigma_1$——井壁上最大主应力，MPa；

$\sigma_3$——井壁上最大主应力，MPa；

$\mu_w$——裂缝面的内摩擦系数；

$\chi$——裂缝面法向与最大有效主应力的夹角，(°)。

考虑到孔隙流体 $\eta p_p$ 的作用，可以得到射孔孔壁上的3个有效应力表达式：

$$\begin{cases}\sigma_{e1}' = p_w - \eta p_p \\ \sigma_{e2}' = \sigma_\theta' - \eta p_p \\ \sigma_{e3}' = \sigma_z' - \eta p_p\end{cases} \tag{3.63}$$

将 $\sigma'_{e1}$、$\sigma'_{e2}$和 $\sigma'_{e3}$代入式(3.63)，可以推导出得到射孔孔眼稳定的最小井底压力 $p_w'$：

$$p_w' = \frac{\sigma_z'\sin 2\chi - 2\eta p_p + \sigma_z' - \sigma_z'\cos 2\chi}{\sin 2\chi - 1 - \cos 2\chi} \tag{3.64}$$

式中 $\sigma_z'$——射孔孔眼的垂向应力,MPa;

$\eta$——Biot 系数;

$p_p$——地层孔隙压力,MPa。

根据式(3.64)可知,$\sigma_z'$为:

$$\sigma_z' = \sigma_r - 2\nu(\sigma_\theta - \sigma_z)\frac{r_p^2}{s^2}\cos 2\omega \tag{3.65}$$

式中 $\sigma_r$——井壁径向应力,MPa;

$\nu$——泊松比;

$\sigma_\theta$——井壁切向应力,MPa;

$\sigma_z$——井壁垂向应力,MPa;

$r_p$——射孔孔眼半径,m;

$\omega$——射孔孔周角。

根据前面已求得的井壁围岩应力模型,式(3.65)中的 $\sigma_r$、$\sigma_\theta$ 和 $\sigma_z$ 分别为:

$$\begin{cases}\sigma_r = p_w - \eta p_p + \xi f(p_w - p_p) - F_{wp} \\ \sigma_\theta = \delta[\sigma_H + \sigma_h + 2(\sigma_H - \sigma_h)\cos 2\theta - p_w] - \eta p_p + \dfrac{\alpha_T E\Delta T}{1-\mu} + \xi(\varsigma - f)(p_w - p_p) \\ \sigma_z = \sigma_V - 2\mu(\sigma_H - \sigma_h)\cos 2\theta - \eta p_p + \dfrac{\alpha_T E\Delta T}{1-\mu} + \xi(\varsigma - f)(p_w - p_p)\end{cases} \tag{3.66}$$

式中 $p_w$——井筒液柱压力,MPa;

$\delta$——应力降低系数;

$\xi$——系数,井壁有渗流时 $\xi=1$,井壁没渗流时 $\xi=0$;

$f$——地层孔隙度,%。

### 3.2.6 含水率对岩石强度的影响

研究表明,含水率对岩石单轴抗压强度的影响满足指数关系,即

$$\sigma_c(\text{UCS}) = Me^{NS_w} = Me^{NS_w(t)} \tag{3.67}$$

式中 $\sigma_c$——岩石单轴抗压强度,MPa;

$M$、$N$——实验拟合参数,结合实验拟合得到;

$S_w(t)$——动态含水率,%。

从含水率对生产过程中单轴强度的影响模型可以看出,生产过程中泥质含量不变,但随着含水率的上升,黏土矿物水化膨胀,降低了岩石强度。因此,对于特定区块或油井,可通过取样进行不同含水率下的强度变化测试,即可得到含水率对岩石单轴抗压强度的影响。

式(3.68)给出了含水饱和度对岩石强度影响模型,其他岩石强度可根据经验关系由单轴

抗压强度获得。至此已经建立了考虑储层压力、井筒压力(生产压差)、含水率变化对出砂影响的全生命周期出砂预测模型。

## 3.3　其他出砂预测方法

### 3.3.1　观测法

(1)邻井的出砂情况。处于同一油气田,邻井若有出砂情况,则该井可能出砂。

(2)观察岩心情况。容易出砂的疏松岩心可能出现以下情况:在常规的取心过程中往往收获率较低,而且容易从取心筒中拿出或脱落;岩心取出后易碎,易留下划痕。

(3)DST测试出砂情况。若DST测试期间出砂(或者未见出砂,但是钻井工具附近出现砂粒),则该井可能出砂。

### 3.3.2　经验公式法

(1)孔隙度法。地层孔隙度可利用测井资料求得,它体现了地层的孔隙结构和致密程度。一般情况下,地层的孔隙度大于30%,地层出砂较为严重;地层的孔隙度在20%～30%之间,地层出砂不是十分严重;地层的孔隙度小于20%,地层出砂轻微或不出砂。

(2)声波时差法。地层声波时差是纵波速度的倒数,与孔隙度成正比,声波时差越大,表明孔隙度也就越高,地层也越容易出砂。一般认为,当$\Delta t_c \geqslant 295\mu s/m$时,地层容易出砂。

(3)组合模量法。根据测井资料可计算出岩石的组合模量$E_c$:

$$E_c = \frac{9.94 \times 10^8 \rho_r}{\Delta t_c^2} \tag{3.68}$$

式中　$E_c$——组合模量,MPa;

$\rho_r$——岩石密度,$g/cm^3$;

$\Delta t_c$——纵波声波时差,$\mu s/m$。

$E_c$值越小,越容易出砂。当$E_c \geqslant 2.0 \times 10^4 MPa$时,不出砂;当$1.5 \times 10^4 MPa < E_c < 2.0 \times 10^4 MPa$时,轻微出砂;当$E_c \leqslant 1.5 \times 10^4 MPa$时,严重出砂。

(4)出砂指数法(阿科公司法)。出砂指数又称产砂指数或单向杨氏模量,根据出砂指数的大小可以确定不同层位地层的出砂程度。其计算公式为:

$$B_s = K_b + \frac{4}{3}G \tag{3.69}$$

其中:

$$K_b = \frac{E}{3(1-2\nu)} \tag{3.70}$$

$$G = \frac{\rho_r}{\Delta t_s^2} \tag{3.71}$$

式中 $B_s$——出砂指数，MPa；

$K_b$——体积弹性模量，MPa；

$E$——岩石杨氏模量，MPa；

$G$——岩石剪切模量，MPa；

$\nu$——岩石泊松比；

$\Delta t_s$——横向声波时差，μs/m。

由式(3.69)可知，$B_s$值越大，岩石强度越大，岩石越稳定。当 $B_s \geqslant 2 \times 10^4$ MPa 时，不易出砂；当 $1.4 \times 10^4 \text{MPa} < B_s < 2.0 \times 10^4$ MPa 时，轻微出砂；当 $B_s \leqslant 1.4 \times 10^4$ MPa 时，易出砂。

(5) $G/C_b$（斯伦贝谢比）法。斯伦贝谢比值大，表示岩石的强度大，稳定性较好，不容易出砂；反之，则容易出砂。其计算公式如下：

$$\frac{G}{C_b} = (9.94 \times 10^8)^2 \times \frac{(1-2\nu)(1+\nu)\rho_r^{\ 2}}{6(1-\nu)^2(\Delta t_c)^4} \tag{3.72}$$

式中 $C_b$——岩石体积压缩系数，$\text{MPa}^{-1}$。

斯伦贝谢公司的现场应用表明：当 $G/C_b > 3800 \times 10^4$ MPa 时，油井不出砂；当 $G/C_b < 3300 \times 10^4$ MPa 时，油井要出砂。

### 3.3.3 "C"公式法

根据熊友明的研究，任意角度的定向斜井井壁岩石所受的最大切向应力为：

$$\sigma_t = \frac{3-4\nu}{1-\nu}(10^{-6}\rho_r gH - p_s)\sin\alpha + \frac{2\nu}{1-\nu}(10^{-6}\rho_r gH - p_s)\cos\alpha + 2(p_s - p_{wf}) \tag{3.73}$$

由岩石破坏理论可知，当岩石的抗压强度小于最大切向应力 $\sigma_t$ 时，造成井壁岩石不稳定，破坏岩石的结构，从而导致出砂。因此，对于任意角度的定向斜井，井壁岩石的坚固程度判断公式为：

$$C \geqslant \frac{3-4\nu}{1-\nu}(10^{-6}\rho_r gH - p_s)\sin\alpha + \frac{2\nu}{1-\nu}(10^{-6}\rho_r gH - p_s)\cos\alpha + 2(p_s - p_{wf}) \tag{3.74}$$

上述公式中井斜角取0°，得到直井井壁岩石的坚固程度判断公式：

$$C \geqslant 2\left[\frac{\nu}{1-\nu}(10^{-6}\rho_r gH - p_s) + 2(p_s - p_{wf})\right] \tag{3.75}$$

上述公式中井斜角取90°，得到水平井井壁岩石的坚固程度判断公式：

$$C = \frac{3-4\nu}{1-\nu}(10^{-6}\rho_r gH - p_s) + (p_s - p_{wf}) \tag{3.76}$$

式中 $\sigma_t$——地层岩石最大切向应力，MPa；

$\alpha$——井斜角，(°)；

$C$——地层岩石的抗压强度，MPa；

$\rho_r$——上覆岩层的平均密度，kg/m³；

$g$——重力加速度,9.8m/s$^2$;

$H$——油藏深度,m;

$p_s$——地层压力,MPa;

$p_{wf}$——井底流压,MPa。

如果地层岩石的抗压强度大于岩石的最大切向应力,说明在生产压差($p_s-p_{wf}$)下的井壁岩石坚固,不会破坏岩石结构,也就不会引起出砂;相反,地层岩石的抗压强度小于岩石的最大切向应力就会破坏岩石结构,从而导致出砂。

由此可以看出,地层岩石抗压强度 $C$、生产压差($p_s-p_{wf}$)以及地层压力 $p_s$是确定油气井是否出砂的重要因素。当其他因素都不改变时,其中某个因素增加或减少,都能影响地层的出砂情况。因此,许多油气井在开采初期可能不出砂,开采后由于地层压力下降或出水造成岩石抗压强度下降等原因,造成油气井出砂。

### 3.3.4 临界产量法

存在一个临界产量,在此产量下生产可以有效控制地层出砂。如果压差接近抗拉强度或内聚强度,就会造成油气井出砂。而在生产过程中,井筒附近会产生一个很大的压差,这个压差很有可能超过塑性区的抗拉强度和内聚强度。这些颗粒将受到产出烃类拖拽而移动。由于物理伤害或机械伤害将导致射孔壁面的压力突然改变。这个突变压力可以认为是表皮所引起的压力损失。表皮包含了许多因素,如物理伤害、机械伤害、紊流以及打开程度不完善等。在油井近井筒附近,由表皮所引起的压降可表示为:

$$\Delta p_s = \left(\frac{q_{sc}\mu B_o}{0.00708Kh}\right)s \tag{3.77}$$

如果此压降达到地层的抗拉强度时,即 $\Delta p_s \geqslant T$,砂粒就会脱落,便引起地层出砂。

当 $\Delta p_s \geqslant T$ 时:

$$q_{critical} = \frac{0.00708KhT}{\mu B_o s} \tag{3.78}$$

## 3.4 岩石力学参数获取

上述模型在计算时需要输入岩石力学参数,其获取方法主要有两种:一是利用测井资料进行计算;二是利用岩心实验获得,实验时考虑温度、压力对其数据的影响,以还原真实的地层环境。利用测井资料进行计算获取相对容易,数据连续齐全,且经济高效。

### 3.4.1 岩石弹性力学参数的测井计算

利用声波测井资料可计算得到岩石的弹性参数。当已知地层密度($\rho$)、纵横波时差($\Delta t_c$、$\Delta t_s$)时,可直接求得岩石的泊松比($\mu$)和杨氏模量($E$),而其他弹性力学参数,如剪切模量($G$)、体积弹性模量($K_b$)和体积压缩系数($C_b$)则可通过杨氏模量和泊松比转换得到(表3.1)。

表 3.1 岩石动态弹性力学参数测井计算公式

| 参数名称 | 定义 | 计算公式 |
|---|---|---|
| 泊松比 | 单轴压缩下,横向应变与轴向应变之比 | $\mu=\dfrac{0.5\Delta t_s^2-\Delta t_c^2}{\Delta t_s^2-0.5\Delta t_c^2}$ |
| 杨氏模量(GPa) | 单轴压缩下,轴向应力与轴向应变之比 | $E=\dfrac{\rho_b(3\Delta t_s^2-4\Delta t_c^2)}{\Delta t_s^2(\Delta t_s^2-\Delta t_c^2)}\times 9.299\times 10^7$ |
| 剪切模量(MPa) | 剪切应力与切变角之比 | $G=\dfrac{\rho_b}{\Delta t_s^2}\times 9.299\times 10^7$ |
| 体积弹性模量(MPa) | 各方向受力下,应力与体积相对变化之比 | $K_b=\rho_b\dfrac{3\Delta t_s^2-4\Delta t_c^2}{3\Delta t_s^2\cdot\Delta t_c^2}\times 9.299\times 10^7$ |
| 体积压缩系数 | 体积弹性模量的倒数 | $C_b=\dfrac{1}{K_b}$ |

### 3.4.2 岩石强度参数的测井解释

#### 3.4.2.1 抗压强度

单轴抗压强度是指岩石在单向受压条件下整体破坏时的压应力,其值的大小间接反映了地层破坏强度。通过实验数据分析,建立了单轴抗压强度 $\sigma_c$ 与声波时差 $\Delta t_c$ 的经验公式:

$$\sigma_c = 0.0045E_d(1-V_{sh})+0.008E_dV_{sh} \tag{3.79}$$

式中 $\sigma_c$——单轴抗压强度,MPa;

$E_d$——地层的动态弹性模量,MPa;

$V_{sh}$——地层的泥质含量。

#### 3.4.2.2 抗张强度

抗张强度是指岩石在受拉伸达到破坏时的极限应力。抗张强度的大小直接影响储层的出砂参数。对于岩石的抗张强度,可由式(3.80)近似求取:

$$\sigma_t = 3.75\times 10^{-4}E_d(1-0.78V_{sh}) \tag{3.80}$$

式中 $\sigma_t$——岩石抗张强度,MPa。

#### 3.4.2.3 内聚力和内摩擦角

利用测井资料,计算内聚力的常用经验公式为:

$$C = 4.69433\times 10^7\rho_b^2\left(\frac{1+\mu_d}{1-\mu_d}\right)(1-2\mu_d)\frac{(1+0.78_{sh})}{\Delta t_c^4} \tag{3.81}$$

式中 $C$——内聚力,MPa;

$\mu_d$——动态泊松比。

大量实验研究认为,岩石的内摩擦角与岩石的内聚力有关,关系式为:

$$\begin{cases}\varphi = a\lg[M + (M^2 + 1)^{0.5}] + b \\ M = A - BC\end{cases} \tag{3.82}$$

式中　$a$、$b$、$A$、$B$——与岩石有关的常数，须由实验确定；

$\varphi$——内摩擦角，(°)。

此外，在上述各项岩石力学参数求取中还涉及泥质含量的计算，地层的泥质含量与自然伽马测井数值有着较好的对应关系，可以用自然伽马来计算泥质含量，公式为：

$$\begin{cases}V_{sh} = \dfrac{2^{GCUR \cdot I_{GR}} - 1}{2^{GCUR} - 1} \\ I_{GR} = \dfrac{GR - GR_{min}}{GR_{max} - GR_{min}}\end{cases} \tag{3.83}$$

式中　GR——目的层的自然伽马值，API；

$GR_{max}$——纯泥岩层的自然伽马值，API；

$GR_{min}$——纯砂岩层的自然伽马值，API；

GCUR——希尔奇指数，老地层取2。

### 3.4.3　动静态岩石力学参数转换

通常通过室内岩心强度实验来取得主要的岩石力学参数，但在油气井取心时，一般不可能取全所有层段的岩心，因而得出的数据不连续，鉴于这些参数在出砂预测中的重要性，需建立利用测井资料求取岩石力学参数的方法。在预测地层岩石力学参数的过程中，需要已知地层的弹性模量和泊松比，根据弹性力学的运动微分方程、几何方程及物理方程，推导出弹性模量、泊松比与纵横波速度之间的关系为：

$$E_d = \rho v_s^2(3v_p^2 - 4v_s^2)/(v_p^2 - v_s^2) \tag{3.84}$$

$$\mu_d = (v_p^2 - 2v_s^2)/(2v_p^2 - v_s^2) \tag{3.85}$$

式中　$E_d$——动态弹性模量，MPa；

$\rho$——地层密度，g/cm³；

$v_s$——横波波速，km/s；

$v_p$——纵波波速，km/s；

$\mu_d$——动态泊松比。

利用纵横波速度确定的地层动态弹性模量和动态泊松比反映的是地层在瞬间加载时的力学性质，与地层所受载荷为静态的不符，一般先求出岩石的动态弹性参数，再建立动静态参数间的相关转变关系来求取静态弹性参数。通过室内岩石力学动静态弹性参数的同步测试实验，砂岩的动静态弹性参数转换关系式为：

$$E_s = A_2 + B_2E_d \tag{3.86}$$

$$\mu_s = A_1 + B_1\mu_d \tag{3.87}$$

式中 $E_s$——静态弹性模量,MPa;

$\mu_s$——静态泊松比;

$A_1$、$A_2$、$B_1$、$B_2$——转换系数,与岩性及岩石所受应力有关。

根据以上方法,以纵波时差、横波时差、伽马值、密度和地层孔隙度等为输入参数,计算得到地层岩石力学参数,这些参数将用于出砂预测。

某区块测井解释岩石力学强度动态参数与实验室岩心测试静态力学参数拟合关系如图3.11和图3.12所示。

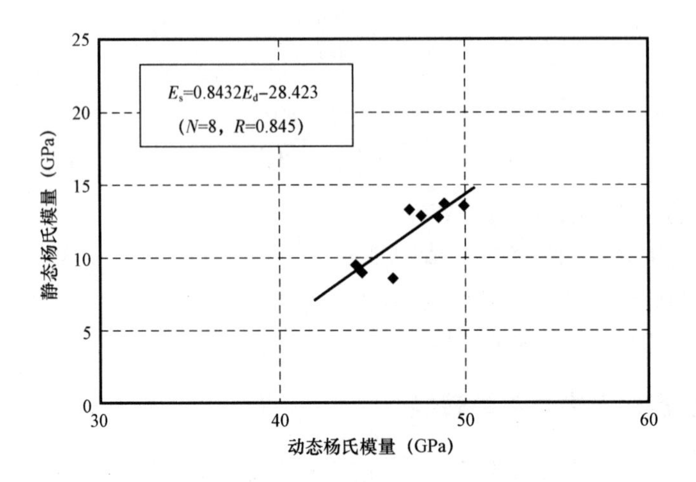


图3.11 某区块动静态弹性模量关系图版

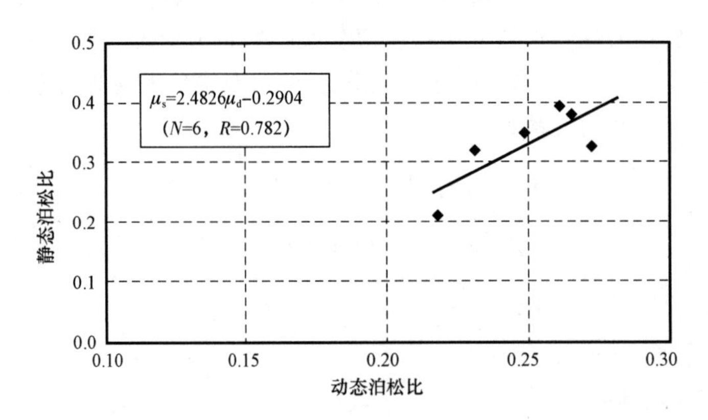


图3.12 某区块动静态泊松比关系图版

### 3.4.4 地应力计算模型

目前关于地应力的计算,现场大都采用Terzaghi模型、Anderson模型、Newberry模型、黄氏模型和组合弹簧模型,表3.2对比了5种不同的地应力计算模型。

具体地应力计算过程为:首先计算岩石力学参数泊松比及Biot弹性系数,然后采用的是等效深度法计算地层孔隙压力,将上覆岩层压力、地层孔隙压力、泊松比及Biot弹性系数代入黄氏模型中计算得到地应力的大小。由于构造应力系数$\beta_1$、$\beta_2$一般是通过破裂压力试验运用黄氏模型反算其大小,将适合某区块的构造应力系数代入黄氏模型中得到实际地层的地应力大小。

表3.2 地应力计算模型

| 模型名称 | 计算公式、模型 | 模型特征 |
| --- | --- | --- |
| Terzaghi 模型 | $S_h=[\mu/(1-\mu)](S_v-p_p)+p_p$ | 考虑垂向应力梯度随深度而变化 |
| Anderson 模型 | $S_h=[\mu/(1-\mu)](S_v-\alpha p_p)+\alpha p_p$ | 在 Terzaghi 模型基础上考虑了 $\alpha$ 为 Biot 弹性系数 |
| Newberry 模型 | $S_h=[\mu/(1-\mu)](S_v-\alpha p_p)+p_p$ | 针对低渗透且有微裂缝地层 |
| 黄氏模型 | $\begin{cases}S_h=[\mu/(1-\mu)+\beta_1](S_v-\alpha p_p)+\alpha p_p\\S_h=[\mu/(1-\mu)+\beta_2](S_v-\alpha p_p)+\alpha p_p\end{cases}$ | 黄氏模型考虑了构造应力的影响 |
| 组合弹簧模型 | $\begin{cases}S_h=\frac{\mu}{1-\mu}(S_v-\alpha p_p)+\alpha p_p+\frac{E}{1-\mu^2}\varepsilon_h+\frac{\mu E}{1-\mu^2}\varepsilon_H\\S_H=\frac{\mu}{1-\mu}(S_v-\alpha p_p)+\alpha p_p+\frac{E}{1-\mu^2}\varepsilon_H+\frac{\mu E}{1-\mu^2}\varepsilon_h\end{cases}$ | 假设岩石为均质、各向同性的线弹性体 |

注：$S_h$ 为水平最小主应力；$S_H$ 为水平最小主应力；$E$ 为弹性模量；$\mu$ 为泊松比；$p_p$ 为孔隙压力；$\xi_H$ 为最大主应变；$\xi_h$ 为最小主应变。

## 参 考 文 献


[1] 万仁溥，熊友明，等．现代完井工程[M]. 3版．北京：石油工业出版社，2008.

[2] 熊友明，刘理明．海洋完井工程[M]. 北京：石油工业出版社，2015.

[3] 万仁溥，罗英俊．采油技术手册(第七分册，防砂技术)[M]. 北京：石油工业出版社，1991.

[4] 刘小利，夏宏南，欧阳勇，等．出砂预测模型综述[J]. 断块油气田，2005，12(4)：59－61.

[5] 夏宏泉，胡南，朱荣东．基于生产压差的深层气层出砂预测[J]. 西南石油大学学报：自然科学版，2010，32(6)：79－83.

[6] 吕广忠，陆先亮，栾志安，等．油井出砂预测方法研究进展[J]. 油气地质与采收率，2002，9(6)：55－57.

[7] 左星，申军武，李薇，等．油井出砂预测方法综述[J]. 西部探矿工程，2006(12)：93－96.

[8] 曾流芳，刘建军．裸眼井出砂预测模型的解析分析[J]. 石油钻采工艺，2002，24(6)：43－44.

[9] 周建良，李敏，王双平．油气田出砂预测方法[J]. 中国海上油气(工程)，1997，9(4)：26－36.

[10] 王艳辉，刘希圣，王鸿勋．油井出砂预测技术的发展与应用综述[J]. 石油钻采工艺，1994，16(5)：79－85.

[11] 练章华，刘永刚，张元泽，等．油气井出砂预测研究[J]. 钻采工艺，2003，26(5)：30－31，36.

[12] 王小鲁，杨万萍，严焕德，等．疏松砂岩出砂机理与出砂临界压差计算方法[J]. 天然气工业，2009，29(7)：73－75.

[13] 雷征东，李相方，程时清．考虑拖曳力的出砂预测新模型及应用[J]. 石油钻采工艺，2006，28(1)：69－73.

[14] 董长银，张清华，崔明月，等．复杂条件下疏松砂岩油藏动态出砂预测研究[J]. 石油钻探技术，2015，43(6)：81－86.

[15] 祁大晟，项琳娜，裴柏林．塔里木东河油田出砂动态预测研究[J]. 新疆石油地质，2008，29(3)：341－343.

[16] 张建国，程远方，崔红英．裸眼完井出砂预测模型的建立[J]. 石油钻探技术，1999，27(6)：39－41.

[17] 伍葳，林海，谭蕊，等．压力衰竭对临界生产压差的影响及油藏产能评价[J]. 科学技术与工程，201，23(13)：6825－6834.

[18] 孙强,姜春露,朱术云,等. 饱水岩石水稳试验及力学特性研究[J]. 采矿与安全工程学报,2011,28(2):236-240.

[19] 林海,邓金根,胡连波,等. 含水率对岩石强度及出砂影响研究[J]. 科学技术与工程,2013,13(13):3710-3713.

[20] 刘向君,罗平亚. 岩石力学与石油工程[M]. 北京:石油工业出版社,2004.

# 第4章　深水防砂完井挡砂精度设计方法

目前,海洋深水防砂完井主要采用砾石充填防砂完井和高级优质筛管防砂完井。对于砾石充填防砂完井,主要设计砾石的目数。对于高级优质筛管防砂完井,主要设计挡砂的综合缝隙宽度(综合网孔直径),一般油田上约定俗成地叫作挡砂精度。本章专门论述各种防砂理念下挡砂精度的设计方法。

## 4.1　海洋深水防砂完井方法适应性分析

### 4.1.1　不同海洋深水防砂完井方法适应条件与水深

由深水完井方式调研可知,目前国内外深水油气田主要的防砂方法有砾石充填防砂(包括压裂砾石充填防砂)、膨胀筛管防砂和高级优质筛管防砂(包括高级优质筛管配合砾石充填以及压裂砾石充填进行防砂)。

以上3类防砂方法可以根据实际地层情况进行组合,海洋深水防砂完井方法适应性见表4.1。

表4.1　海洋深水防砂完井方法适应性分析

| 深水防砂方法 | 适应的地质条件 | 适应水深(m) |
| --- | --- | --- |
| 高级优质筛管防砂 | 泥质含量小于14%的粗砂、中砂、细砂地层 | 0~4000 |
| 膨胀筛管防砂 | 泥质含量小于14%的粗砂、中砂地层 | 0~4000 |
| 常规砾石充填防砂 | 泥质含量小于14%的粗砂、中砂、细砂地层,任意泥质含量的粉砂地层 | 0~4000 |
| 高级优质筛管配合常规砾石充填防砂 | 泥质含量大于14%的粗砂、中砂、细砂地层,任意泥质含量的粉砂地层 | 0~4000 |
| 压裂砾石充填防砂 | 泥质含量大于14%的粗砂、中砂、细砂地层,任意泥质含量的粉砂地层。同时要求满足:油井无底水、无顶水以及无气顶;气井无底水、无顶水 | 参见表4.2 |
| 高级优质筛管配合压裂砾石充填防砂 | 泥质含量大于14%的粗砂、中砂、细砂地层,任意泥质含量的粉砂地层。同时要求满足:油井无底水、无顶水以及无气顶;气井无底水、无顶水 | 参见表4.2 |

### 4.1.2　海洋深水压裂砾石充填防砂完井适应性分析

综合国外各油田压裂充填管柱系统,主要分为单趟管柱单层压裂砾石充填系统、单趟管柱射孔压裂砾石充填一体化完井系统、单趟管柱多层压裂砾石充填完井系统、多趟管柱多层压裂砾石充填完井系统等。

#### 4.1.2.1 单趟管柱单层压裂砾石充填系统

采用该管柱组合,需要先一趟管柱坐封沉砂封隔器,一趟管柱下封隔器及射孔。完成后下入砾石充填工具返排井液,再通过提拉工具实现工具流动通道的转换,然后注入携砂液完成砾石充填作业,再次提拉工具转换流动通道,最后循环工作液洗井。如采用该类管柱组合进行多层完井,则需要多次进行起下钻作业进行射孔和砾石充填。该套管柱完井工序简单易用,成功率高,但是施工步骤冗长,尤其是多层完井,需要反复进行起下钻作业,占井时间较长。因此,这套管柱适用于水深较浅的单层完井作业。

#### 4.1.2.2 单趟管柱射孔压裂砾石充填一体化完井系统

该套工具可将砾石充填工具与射孔枪相结合,先射孔,再丢手切断与射孔枪的连接,使其自由下落到井底,再通过转换工具实现流动通道的转换,实现封隔器的坐封与砾石充填作业。该套管柱可实现一趟起下钻射孔和砾石充填联作,极大地缩短了占井时间,操作工序也较为简单。由于要进行丢枪作业,必须具备足够长的井底口袋,同时提高了作业成本,也不能进行多层完井作业,因此该套管柱适用于深水单层完井作业。

#### 4.1.2.3 单趟管柱多层压裂砾石充填完井系统

这种完井工具可以一趟管柱对多个层位进行增产、封隔、完井作业,并且可以实现选择性开采和层间合采。每一层都具有独立的筛管和生产滑套,生产滑套可实现该段层位的砾石充填,同时在生产阶段还可实现层位的打开和关闭。所有层位的完井工具都在平台上组装,而砾石充填服务工具安装在中心内作业管柱上,并与顶部砾石充填封隔器以上的作业管柱相连。安装完成后整个工具一起下入井内作业。服务工具包含的转换工具可以打开或关闭单个生产滑套,或压裂砾石充填滑套逐层进行压裂砾石充填作业。单趟管柱多层压裂砾石充填完井系统减少起下钻次数,节省了作业时间,特别适合于水深较深的多层完井作业。

#### 4.1.2.4 多趟管柱多层压裂砾石充填完井系统

采用该套管柱可先进行一趟管柱射孔作业,打开所有层位,再通过多趟起下钻作业或采用单趟管柱多层砾石充填系统完成井下封隔器坐封与砾石充填完井作业。该套管柱工序简单,作业风险较小,但是由于要同时打开几个层位,要求几套产压力系统相近,且不能实现分层开采,作业占井时间也较长。因此,该套管柱适用于水深较浅的多层完井作业。

综合分析后,对压裂砾石充填管柱组合系统的适用范围进行归纳,见表4.2。

**表4.2 压裂砾石充填管柱组合系统适用范围**

| 压裂砾石充填管柱组合系统 | 适用充填层数 | 水深级别(m) |
| --- | --- | --- |
| 单趟管柱单层压裂砾石充填完井系统 | 单层完井作业 | 0~400 |
| 单趟管柱射孔压裂砾石充填一体化完井系统 | 单层完井作业 | 400~1500 |
| 单趟管柱多层压裂砾石充填完井系统 | 多层完井作业 | 0~3000 |
| 多趟管柱多层压裂砾石充填完井系统 | 多层完井作业 | 0~400 |

# 4.2　深水砾石充填防砂挡砂精度设计

## 4.2.1　地层砂粒度分析

对于出砂的地层，粒度分析是防砂的基础。粒度分析是指确定砂岩中不同大小地层砂颗粒的含量以及分布。地层砂粒度分布是防砂设计的重要参数。测定地层砂粒度的实验方法主要有筛析法、沉降法、薄片图像统计法和激光衍射法。各种方法都有其优点和局限，筛析法是最常用的粒度分析测定方法，也是最准确的方法。筛析前，先把样品进行清洗、烘干和颗粒分解处理，然后放入一组不同尺寸的筛子中，把这组筛子放置于声波振筛机或机械振筛机上，经振动筛析后，称量每个筛子中的颗粒质量，从而得出样品的粒度分析数据。筛析法的分析范围一般从4mm的细砾至0.0372mm的粉砂。颗粒直径小于0.0372mm的泥质、黏土，一般采用沉降法来确定。

目前，国内外按地层砂的粒径大小进行分级：粒径不大于0.1mm为特细砂或粉砂；粒径介于0.1～0.25mm为细砂；粒径介于0.25～0.5mm为中砂；粒径介于0.5～1.0mm为粗砂；粒径不小于1.0mm为特粗砂。

地层砂筛析曲线上累积质量分数所对应的地层砂粒径用$d_n$表示。例如，$d_{50}$表示地层砂筛析曲线上累积质量为50%对应的地层砂粒径，简称地层砂的粒度中值。此外，地层砂均质性指的是砂粒分选的均匀性，一般用均匀性系数$c$表示：

$$c = d_{40}/d_{90} \tag{4.1}$$

式中　$d_{40}$——地层砂筛析曲线上累积质量40%对应的地层砂粒径；

$d_{90}$——地层砂筛析曲线上累积质量90%对应的地层砂粒径；

$c$——地层砂均匀性系数，$c<3$为均匀砂；$c>5$为不均匀砂；$c>10$为很不均匀砂。

表4.3为渤海X油田4口井6个层段地层砂筛析结果，其粒度分析曲线如图4.1所示。

**表4.3　渤海X油田地层砂粒度分布主要参数**

| 井段 | $d_{40}$(mm) | $d_{50}$(mm) | $d_{80}$(mm) | $d_{90}$(mm) | 均匀性系数$c$ | 备注 |
|---|---|---|---|---|---|---|
| 层段1 | 0.087 | 0.078 | 0.057 | 0.043 | 2.02 | 均匀粉砂 |
| 层段2 | 0.077 | 0.071 | 0.044 | 0.04 | 1.93 | 均匀粉砂 |
| 层段3 | 0.079 | 0.074 | 0.052 | 0.041 | 1.93 | 均匀粉砂 |
| 层段4 | 0.075 | 0.07 | 0.05 | 0.04 | 1.88 | 均匀粉砂 |
| 层段5 | 0.078 | 0.073 | 0.052 | 0.042 | 1.86 | 均匀粉砂 |
| 层段6 | 0.2 | 0.176 | 0.14 | 0.085 | 2.35 | 均匀细砂 |
| 平均值 | 0.092 | 0.078 | 0.053 | 0.043 | 2.14 | 均匀粉砂 |

筛析结果表明，渤海X油田地层砂粒度中值$d_{50}$平均为0.078mm，均匀性系数$c$为2.14。因此，X油田地层砂可以定义为均匀粉砂。

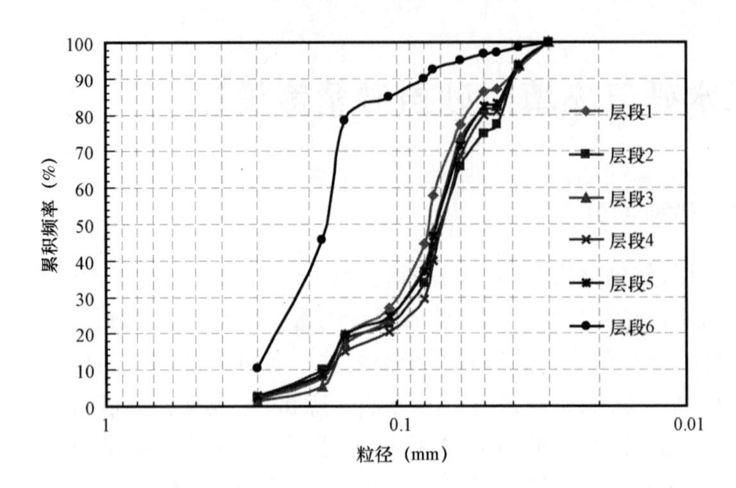


图 4.1　渤海 X 油田筛析法粒度分析曲线

### 4.2.2　砾石充填层挡砂机理

由表 4.1 可见，机械防砂主要分为砾石充填防砂和直接下入筛管防砂两大类。砾石充填防砂完井是先将绕丝筛管下入井筒油层部位，然后用充填液将在地面上预先选好的砾石泵送至绕丝筛管与井眼或绕丝筛管与套管之间的环形空间内，形成一个砾石充填层，如果砾石尺寸选择得当，被地层流体携带入井的地层砂就会被挡在砾石层之外。液流中的部分细砂被带入砾石层，地层砂中较大的砂粒在砾石层表面形成稳定的砂桥，砂桥将更细的地层砂阻挡在更外面。这样经过自然分选，在砾石层的外面形成一个由粗到细的滤砂器，既有良好的渗透能力，又能起到保护井壁、防砂入井的作用。

砾石充填完井主要分为裸眼砾石充填完井和套管砾石充填完井。

裸眼砾石充填完井具体施工程序是：钻头钻达油气层顶界以上约 3m 后，下技术套管注水泥固井。再用小一级的钻头钻穿水泥塞，钻开油气层至设计井深。然后更换扩张式钻头将油气层部位的井径扩大到技术套管外径的 1.5 至 2 倍（以确保充填砾石时有较大的环形空间，增加防砂层的厚度，提高防砂效果）。将绕丝筛管或者上节所述的高级优质筛管下入井内油气层部位，然后用充填液将在地面上预先选好的砾石泵送至绕丝筛管（或者高级优质筛管）与井眼之间的环形空间内，构成一个砾石充填层，以阻挡油气层砂流入井筒，达到保护井壁、防砂入井之目的。

在采用套管砾石充填完井时，要求采用高孔密（30 孔/m 左右）、大孔径（20mm 左右）射孔，以增大充填流通面积，有时还把套管外的油层砂冲掉，以便于向孔眼外的周围油层填入砾石，避免砾石和地层砂混和增大渗流阻力。由于高密度充填（高黏充填液）紧实，充填效率高，防砂效果好，有效期长，故当前大多采用高密度充填。

国外 20 世纪 60 年代发表的 Saucier 砾石充填防砂设计曲线如图 4.2 所示。

从图 4.2 可以看出，在不同的 $D_{50}/d_{50}$ 分布区间，砾石充填层渗透率变化趋势有所不同。在不同的 $D_{50}/d_{50}$ 分布区间，砾石层与地层砂分布如图 4.3 所示。下面根据图 4.3 分析砾石充填层挡砂机理。

（1）砾石段无地层砂侵入机理。当 $D_{50}/d_{50}<5$，即砾石直径很小时，在砾石与地层砂的交界处形成由地层细砂、泥质成分组成的低渗透带，砾石与地层砂界面清晰，能完全阻止地层细

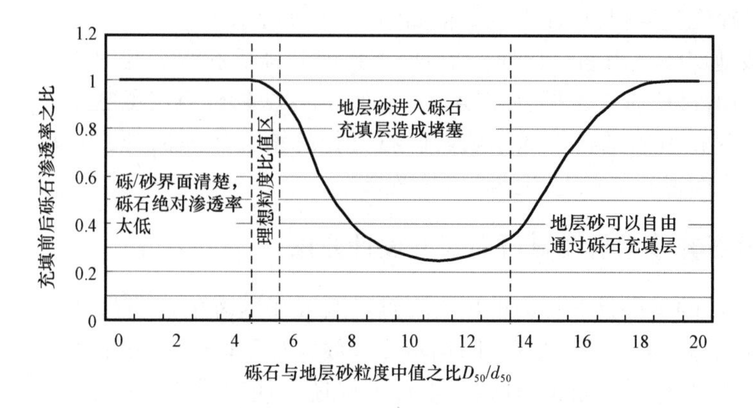


图4.2　Saucier砾石充填防砂设计曲线

$D_{50}$—砾石粒度中值；$d_{50}$—地层砂粒度中值

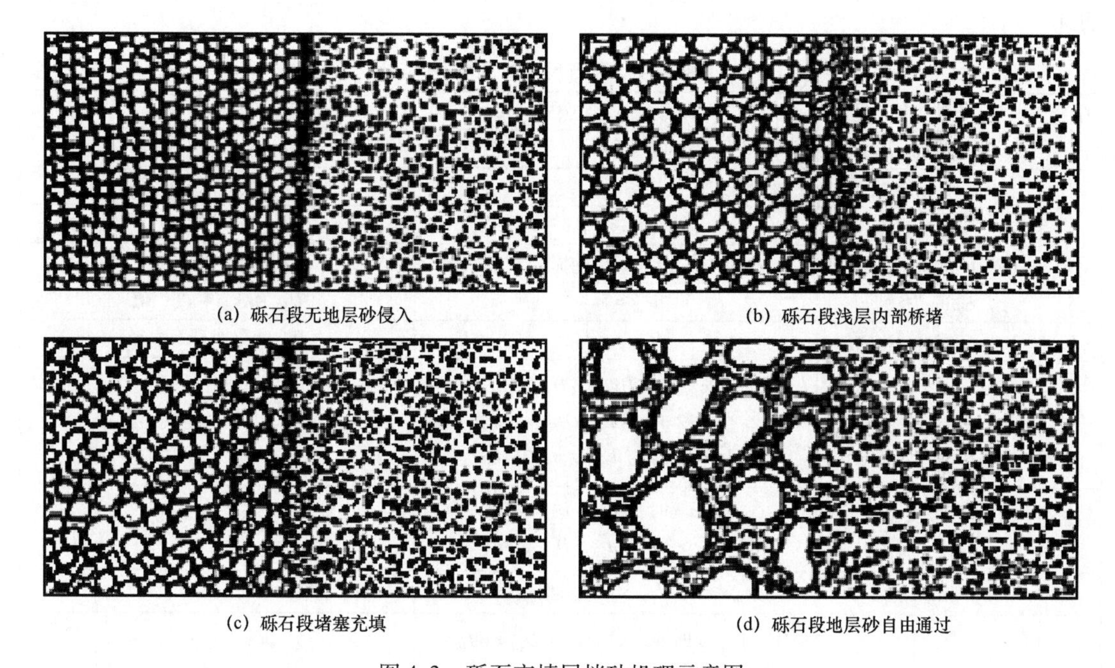


图4.3　砾石充填层挡砂机理示意图

砂侵入，如图4.3(a)所示。此时，尽管整个砾石层的渗透率基本维持原状（充填后砾石渗透率/充填前砾石渗透率接近于1），但是由于砾石直径小，整个砾石层的渗透率很低，因而降低了油井的产能。

(2)砾石段浅层内部桥堵机理。当$5 \leqslant D_{50}/d_{50} \leqslant 6$，即砾石直径偏小时，砾石充填层渗透率略有下降，地层砂在砾石层的表面形成稳定的砂桥，如图4.3(b)所示。此时，砾石层渗透率损害范围较小，既具有较高的渗透率（充填后砾石渗透率/充填前砾石渗透率在0.9以上），又能有效地阻挡地层砂，是防砂型完井理想的粒度比值区。

(3)砾石段堵塞充填机理。当$6 < D_{50}/d_{50} \leqslant 14$，即砾石层直径与地层砂直径相比略大时，地层砂部分侵入砾石充填层，造成了砾/砂互混，砾石渗透率下降（充填后砾石渗透率/充填前砾石渗透率急剧下降，当$D_{50}/d_{50}$达到10左右时最低可达0.25）。在与地层砂接触的较小砾石

层范围内，地层砂快速堆积，从而形成砂桥如图4.3(c)所示。

(4)砾石段地层砂自由通过机理。当$D_{50}/d_{50}>14$，即砾石直径与地层砂直径相比很大时，地层砂可以自由通过砾石充填层，如图4.3(d)所示。此时，砾石层虽然具有较高的渗透率(充填后砾石渗透率/充填前砾石渗透率随着砾石直径的增大快速回升，当$D_{50}/d_{50}$达到18以上时，渗透率几乎无伤害)，但已起不到防砂的效果。

### 4.2.3 砾石充填常规防砂砾石尺寸设计方法

砾石充填防砂的关键是选择与油层岩石颗粒组成相匹配的砾石尺寸。砾石直径太大，虽然有较高的渗透性能，但过滤性能差，阻挡不住多数岩石砂粒逸出；砾石直径太小，虽然挡砂效果好，但对油井产能的影响较大，有些井设计不好还会使产量大幅度下降甚至堵死油井。因此，砾石尺寸选择的原则应该是既要能阻挡油层大量出砂，又要使砾石充填层具有较高的渗透性能，以确保产量。国内外对常规砾石充填防砂砾石直径的选择有许多经验计算方法，详见表4.4。

表4.4 砾石尺寸计算方法

| 序号 | 方法名称 | 砾石直径计算公式 | 备注 |
|---|---|---|---|
| 1 | Coberly 和 Wagner 方法 | $D\leqslant 10d_{10}$ | $D$为最大砾石直径 |
| 2 | Gumpertz 方法 | $D\leqslant 11d_{10}$ | $D$为最大砾石直径 |
| 3 | Hill 方法 | $D\leqslant 8d_{10}$ | $D$为最大砾石直径 |
| 4 | Tausch 和 Corley 方法 | $D=(4\sim6)d_{10}$ | $D$为最大砾石直径 |
| 5 | Smith 方法 | $D_{50}=5d_{10}$ | $D_{50}$为砾石粒度中值 |
| 6 | Maly 和 Krueger 方法 | $D_{min}=6d_{10}$ | $D_{min}$为最小砾石直径 |
| 7 | Ahrens 方法 | ① 当$c<2$时，$10d_{50}>D_{50}>5d_{50}$；<br>② 当$c>2$时，$58d_{50}\geqslant D_{50}\geqslant 12d_{50}$，<br>$40d_{85}\geqslant D_{85}\geqslant 12d_{85}$，$D_0<12.7$mm | $D_{50}$为砾石粒度中值 |
| 8 | Karpoff 方法 | ① 当$c<3$时，$10d_{50}>D_{min}>5d_{50}$；<br>② 当$c>3$时，$8d_{50}>D_{min}\geqslant 4d_{50}$ | $D_{min}$为最小砾石直径 |
| 9 | DePriester 方法 | $D_{50}\leqslant 8d_{50}$，$D_{90}\leqslant 12d_{90}$，$D_{10}\geqslant 3d_{90}$ | |
| 10 | Schwartz 方法 | ① 当$c<5$时，$v\leqslant 0.015$m/s，$D_{10}=6d_{10}$；<br>② 当$5<c\leqslant 10$时，$v>0.015$m/s，$D_{40}=6d_{40}$；<br>③ 当$c>10$时，$v>0.03$m/s，$D_{70}=6d_{70}$ | 流速$v=2\times$产量/射孔总面积 |
| 11 | Saucier 方法 | $D_{50}=(5\sim6)d_{50}$ | $D_{50}$为砾石粒度中值，$d_{50}$为地层砂粒度中值 |

Saucier 根据图4.2的砾石充填防砂设计曲线，提出选用的工业砾石的粒度中值为防砂井地层砂粒度中值的5~6倍：

$$D_{50}=(5\sim6)d_{50} \tag{4.2}$$

式中 $D_{50}$——防砂选用的砾石的粒度中值，mm；

$d_{50}$——地层砂的粒度中值，mm。

但是，采用式(4.2)计算砾石充填常规防砂砾石尺寸不一定完全满足防砂标准(表4.5)。

因此,即使是砾石充填防砂,也不能完全仅采用式(4.2)计算砾石充填常规防砂砾石尺寸,最好还要进行室内模拟实验,必须选择满足防砂出砂量的砾石尺寸。

特别需要指出的是,在防砂设计阶段,可以采用行业标准 SY/T 5183—2000 中含砂量指标来设计挡砂精度(表4.5)。新版防砂效果评价行业标准 SY/T 5183—2016(表4.6)无出砂量指标(只有生产有效期和防砂前后产量对比,适合于现场防砂井的评价),对新井防砂设计不具有操作指导性。

**表4.5　油井防砂效果评价指标**(行业标准 SY/T 5184—2000)

| 序号 | 项目 | 指标 | 评价(分) |
|---|---|---|---|
| 1 | 防砂后日产油量比防砂前日产油量(%) | >70 | 30 |
| | | 50～70 | 20 |
| | | <50 | 0 |
| 2 | 含砂量(%) | <0.03 | 30 |
| | | 0.08～0.03 | 20 |
| | | >0.08 | 0 |
| 3 | 有效生产时间(d) | >180 | 30 |
| | | 30～180 | 20 |
| | | <30 | 0 |
| 4 | 防砂后采油指数比防砂前采油指数(%) | ≥80 | 10 |

**表4.6　新版防砂效果评价指标**(行业标准 SY/T 5183—2016)

| 序号 | 项目 | 指标 | | | 分值 |
|---|---|---|---|---|---|
| | | 化学防砂 | 机械防砂 | 压裂防砂 | |
| 1 | $t(d)$ | $t<90$ | $t<180$ | $t<180$ | 0 |
| | | $90\leqslant t<210$ | $180\leqslant t<330$ | $180\leqslant t<330$ | 2 |
| | | $210\leqslant t<330$ | $330\leqslant t<480$ | $330\leqslant t<480$ | 4 |
| | | $330\leqslant t<450$ | $480\leqslant t<600$ | $480\leqslant t<600$ | 6 |
| | | $450\leqslant t<540$ | $600\leqslant t<720$ | $600\leqslant t<720$ | 8 |
| | | $t\geqslant540$ | $t\geqslant720$ | $t\geqslant720$ | 10 |
| 2 | $R_1$(%) | $R_1<40$ | $R_1<50$ | $R_1<60$ | 2 |
| | | $40\leqslant R_1<50$ | $50\leqslant R_1<60$ | $60\leqslant R_1<70$ | 5 |
| | | $50\leqslant R_1<60$ | $60\leqslant R_1<70$ | $70\leqslant R_1<80$ | 8 |
| | | $R_1\geqslant60$ | $R_1\geqslant70$ | $R_1\geqslant80$ | 10 |

注:表中 $t$ 表示有效天数;$R_1$ 表示防砂后日产油量与日配产油量的比值。

从新旧版本行业标准可以看出,与防砂设计直接相关的指标是含砂量。其次,此行业指标适用于陆上油田。在海上油田由于受到工作场所(海上平台)空间限制,也就是产出砂处理方式的限制,含砂量的确定将会与陆上油田不同。因此,确定海上油田适度出砂的含砂量需要综合考虑多种因素。

### 4.2.4 砾石充填适度出砂防砂砾石尺寸设计方法

#### 4.2.4.1 常规防砂与适度出砂防砂的主要区别

常规防砂与适度出砂防砂的主要区别体现在设计的砾石直径 $D_{50}$ 与地层砂直径 $d_{50}$ 的比值大小不一样,见表4.7。

表4.7 常规防砂与适度出砂防砂的主要区别

| 项目 | 砾石材料差异 | 砾石充填防砂设计准则差异 | 产量差异 | 出砂量的差异 | 对举升设备要求上的差异 |
| --- | --- | --- | --- | --- | --- |
| 常规防砂 | 以前砾石充填主要采用石英砂作为砾石。目前,基本上采用陶粒作为砾石 | $D_{50}=(5\sim6)d_{50}$ | 同样情况下产量低 | 绝大多数情况下,出砂量满足防砂标准(出砂浓度小于 $3t/10^4m^3$) | 对举升泵要求不是很严格,不强行要求能抗砂 |
| 适度出砂防砂 | 采用陶粒作为砾石 | $D_{50}=(5\sim8)d_{50}$ | 同样情况下产量高 | 出砂量高于防砂标准(出砂浓度大于 $3t/10^4m^3$) | 对举升泵要求比较严格,要求能抗砂卡的各种泵为好 |

#### 4.2.4.2 现代防砂采用陶粒替代石英砂的原因

首先分析石英砂类砾石的原始渗透率,即在0.0MPa闭合应力下(松散堆积)的渗透率,见表4.8。

表4.8 工业砾石(石英砂)参数

| 砾石美国标准筛目(目) | 砾石粒度中值(mm) | 砾石层渗透率(D) |
| --- | --- | --- |
| 10~20 | 1.42 | 325 |
| 10~30 | 1.30 | 191 |
| 16~30 | 0.89 | — |
| 20~40 | 0.64 | 121 |
| 30~40 | 0.50 | 110 |
| 40~50 | 0.36 | 66 |
| 40~60 | 0.33 | 45 |
| 50~60 | 0.28 | 43 |
| 60~70 | 0.23 | 31 |

从表4.8可以看出,砾石直径越大,渗透率越高。

西南石油大学通过实测给出了国内40~60目6个陶粒和40~60目兰州石英砂的参数综合评价结果(表4.9)。从表4.9可以看出,对于40~60目的陶粒和石英砂(表中以兰州石英砂为例)来说,0.0MPa闭合应力下(松散堆积)陶粒渗透率与兰州砂渗透率之比达到7.11~8.59倍。6.9MPa闭合应力下陶粒渗透率与兰州砂渗透率之比仍然达到5.14~6.62倍。这

就是目前砾石充填防砂强烈推荐采用陶粒替代石英砂的主要原因。

**表4.9　40～60目6种陶粒和40～60目兰州石英砂评价结果对比(熊友明实测)**

| 厂家编号 | 陶粒1 | 陶粒2 | 陶粒3 | 陶粒4 | 陶粒5 | 陶粒6 | 兰州石英砂 |
|---|---|---|---|---|---|---|---|
| 规格(目) | 40～60 | 40～60 | 40～60 | 40～60 | 40～60 | 40～60 | 40～60 |
| 规格(mm) | 0.25～0.42 | 0.25～0.42 | 0.25～0.42 | 0.25～0.42 | 0.25～0.42 | 0.25～0.42 | 0.25～0.42 |
| 筛析合格率(%) | 98.81 | 98.68 | 97.64 | 98.71 | 99.97 | 99.12 | 97.92 |
| 体积密度($g/cm^3$) | 1.76 | 1.68 | 1.62 | 1.63 | 1.66 | 1.76 | 1.53 |
| 视密度($g/cm^3$) | 4.27 | 4.35 | 4.23 | 4.25 | 4.29 | 4.28 | 2.65 |
| 圆度 | 0.9 | 0.9 | 0.9 | 0.9 | 0.9 | 0.9 | 0.65 |
| 球度 | 0.9 | 0.85 | 0.9 | 0.9 | 0.9 | 0.9 | 0.65 |
| 6.9MPa下的破碎率(%) | 0.39 | 2.23 | 0.89 | 0.43 | 0.27 | 0.39 | 2.78 |
| 0.0MPa闭合应力下(松散堆积)的渗透率(D) | 320.8 | 314.9 | 333.5 | 345.6 | 380.5 | 356.7 | 44.3 |
| 0.0MPa闭合应力下(松散堆积)陶粒渗透率与兰州砂渗透率之比 | 7.24 | 7.11 | 7.53 | 7.80 | 8.59 | 8.05 | — |
| 6.9MPa闭合应力下的渗透率(D) | 194.18 | 189.23 | 199.71 | 210.23 | 274.19 | 218.98 | 36.78 |
| 6.9MPa闭合应力下陶粒渗透率与兰州砂渗透率之比 | 5.25 | 5.14 | 5.43 | 5.72 | 6.61 | 5.95 | — |

注:陶粒1至陶粒6为国内6个生产陶粒厂家的产品。

#### 4.2.4.3　适度出砂防砂设计采用更高倍数的$D_{50}/d_{50}$的原因

从表4.9可以看出,同样目数的陶粒与石英砂相比,陶粒作为砾石的充填层渗透率要比石英砂作为砾石的充填层的渗透率至少高5倍。再从图4.2来看,如果采用陶粒作为砾石,即使砾石直径$D_{50}$与地层砂直径$d_{50}$的比值达到9,即$D_{50}/d_{50}=9$,此时充填后砾石渗透率/充填前砾石渗透率大约为0.3,采用表4.9中6.9MPa闭合应力下的渗透率(选取陶粒6作为计算依据)进行计算对比,结果表明,陶粒砾石层充填后的渗透率仍然达到65.694D。反之,如果采用兰州石英砂作为砾石,即使砾石直径$D_{50}$与地层砂直径$d_{50}$的比值只取5.5,即$D_{50}/d_{50}=5.5$,此时充填后砾石渗透率/充填前砾石渗透率大约为0.95,采用表4.9中6.9MPa闭合应力下的渗透率(取兰州砂)进行计算对比,结果表明,兰州石英砂砾石层充填后的渗透率只有34.941D。由此可知,即使是采用同样40～60目的陶粒与石英砂对比,陶粒砾石层充填后的渗透率要比石英砂砾石层充填后的渗透率高1倍。由于砾石直径越大,渗透率越高,如果按照适度出砂防砂采用$D_{50}/d_{50}=6～9$来设计陶粒砾石直径,那么陶粒砾石层充填后的渗透率还要远远高于65.694D,陶粒砾石层充填后的渗透率会比石英砂砾石层充填后的渗透率高1倍以上。这就是适度出砂防砂设计采用更高倍数$D_{50}/d_{50}$的主要原因。

那么,砾石充填适度出砂防砂砾石尺寸如何设计?下面专门介绍西南石油大学的研究成果。

4.2.4.4　砾石充填适度出砂防砂模拟实验方法与数据处理技术

本节介绍西南石油大学熊友明团队研究多年的通过砾石充填防砂模拟实验，确定海上油田适度出砂的类似 Saucier 的砾石充填设计曲线，目的是回答下述问题：

(1)在砾石的粒度中值 $D_{50}=(5\sim6)d_{50}$ 情况下，出砂量是多少，是否满足海上油田适度出砂规定的出砂量要求？

(2)在满足海上油田适度出砂规定的出砂量要求情况下，砾石与地层砂粒度中值的比例 $D_{50}/d_{50}$ 到底是多少最为合适？

(3)不同的砾石尺寸与地层砂的粒度中值的比例条件下对应的出砂量是多少？

(4)不同类型地层砂、不同原油黏度下适度出砂防砂的设计准则是什么？

4.2.4.4.1　实验流程

实验流程如图 4.4 所示。表 4.10 是国外测量的石英砂充填层与西南石油大学熊友明团队测定的国产某陶粒 7 充填层原始渗透率的对比结果。对比两种材料砾石充填层渗透率测量结果可知，砾石充填最好采用陶粒，以保证砾石充填层有更高的渗透率。实验所用筛网，根据对应砾石的目数按照行业标准选取，见表 4.11。

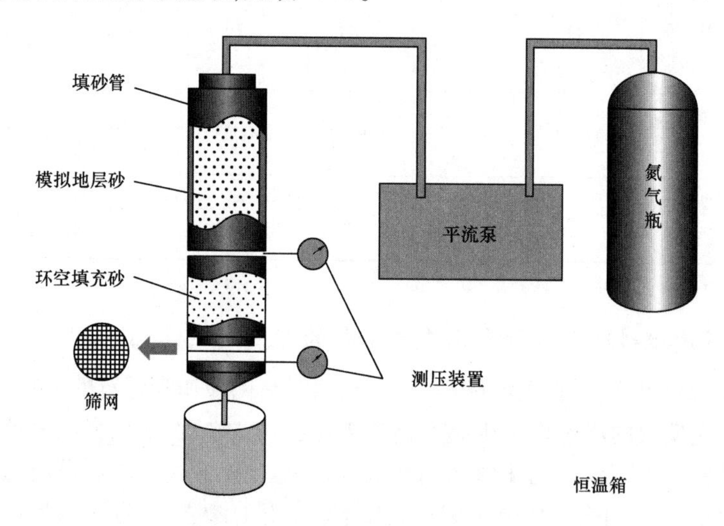


图 4.4　砾石充填实验方案流程

表 4.10　各种目数石英砂/圣戈班陶粒充填层的原始渗透率测量结果

| 标准筛目(目) | 近似粒度中值 | | 原始渗透率(D) | |
|---|---|---|---|---|
| | in | mm | 石英砂 | 国产陶粒 7(熊友明实测) |
| 6 ~ 8 | 0.113 | 2.87 | 1900 | 2100.5 |
| 8 ~ 10 | 0.0865 | 2.2 | 1150 | 1350.9 |
| 10 ~ 14 | 0.0675 | 1.71 | 800 | 680.7 |
| 10 ~ 20 | 0.056 | 1.42 | 325 | 450.9 |
| 10 ~ 30 | 0.051 | 1.295 | 191 | 268.8 |
| 20 ~ 40 | 0.025 | 0.635 | 121 | 252.2 |

续表

| 标准筛目(目) | 近似粒度中值 | | 原始渗透率(D) | |
|---|---|---|---|---|
| | in | mm | 石英砂 | 国产陶粒7(熊友明实测) |
| 30~40 | 0.0198 | 0.503 | 110 | 235.7 |
| 40~50 | 0.014 | 0.356 | 66 | 210.5 |
| 40~60 | 0.013 | 0.33 | 45 | 190.5 |
| 50~60 | 0.0108 | 0.274 | 43 | 172.7 |
| 60~70 | 0.009 | 0.229 | 31 | 140.6 |

**表4.11　砾石目数与尺寸及配套筛管缝隙的对应表**

| 砾石尺寸 | | 筛管缝隙尺寸 | |
|---|---|---|---|
| 目 | mm | mm | in |
| 40~60 | 0.249~0.419 | 0.15 | 0.006 |
| 30~50 | 0.297~0.595 | 0.2 | 0.008 |
| 30~40 | 0.419~0.595 | 0.25 | 0.01 |
| 20~40 | 0.419~0.841 | 0.3 | 0.012 |
| 16~30 | 0.595~1.19 | 0.35 | 0.014 |
| 10~30 | 0.595~2.00 | 0.4 | 0.016 |

4.2.4.4.2　实验步骤

适度出砂砾石充填挡砂实验步骤如下：

(1)将砾石、地层砂分别充填于岩心填砂管中。

(2)按照图4.4连接实验流程。

(3)使流体以设定的恒定速度通过岩心填砂管，同时测量砾石层两端的压力及通过砾石层流体流量、总出砂量。

4.2.4.4.3　渗透率计算与数据处理

在模拟实验中，砾石层渗透率的计算公式为：

$$K = \frac{Q\mu L}{A\Delta p} \times 10^{-1} \tag{4.3}$$

式中　$K$——砾石层渗透率，D；

$\Delta p$——砾石层两端压力差，MPa；

$Q$——通过砾石层的流量，$cm^3/s$；

$\mu$——通过砾石层的流体黏度，mPa·s；

$L$——砾石层的长度，cm；

$A$——砾石层截面积，$cm^2$。

主要通过测定砾石充填层的渗透率、出砂量、产出液的含砂浓度来推出设计准则。

#### 4.2.4.5 砾石充填适度出砂防砂模拟实验结果与设计准则

为了研究各种情况下适度出砂防砂的设计准则,模拟粗、中、细、粉 4 种地层砂的挡砂精度设计,考虑均匀砂、不均匀砂、极不均匀砂 3 种情况;考虑原油黏度高、中、低 3 种情况,形成了海上油田适度出砂 36 个挡砂精度设计原则和经验公式。

为了进行科学的实验,采用不同目数的陶粒作为模拟的地层砂,由于模拟的是地层骨架砂的出砂,因此不添加黏土,模拟实验参数见表 4. 12。模拟实验所用砾石技术参数见表 4. 13。

**表 4. 12 模拟的地层砂和原油的技术参数**

| 砂型 | 序号 | 粒度(mm) | | | $c$ | 定义 |
|---|---|---|---|---|---|---|
| | | $d_{40}$ | $d_{50}$ | $d_{90}$ | | |
| 粗砂 | 1 – 1 | 1. 19 | 0. 841 | 0. 42 | 2. 83 | 均匀砂 |
| 粗砂 | 1 – 2 | 1. 19 | 0. 841 | 0. 21 | 5. 67 | 不均匀砂 |
| 粗砂 | 1 – 3 | 1. 19 | 0. 841 | 0. 105 | 11. 33 | 极不均匀砂 |
| 中砂 | 2 – 1 | 0. 42 | 0. 297 | 0. 149 | 2. 822 | 均匀砂 |
| 中砂 | 2 – 2 | 0. 42 | 0. 297 | 0. 053 | 7. 92 | 不均匀砂 |
| 中砂 | 2 – 3 | 0. 42 | 0. 297 | 0. 037 | 11. 35 | 极不均匀砂 |
| 细砂 | 4 – 1 | 0. 297 | 0. 177 | 0. 105 | 2. 83 | 均匀砂 |
| 细砂 | 4 – 2 | 0. 297 | 0. 177 | 0. 044 | 6. 75 | 不均匀砂 |
| 细砂 | 4 – 3 | 0. 42 | 0. 177 | 0. 037 | 11. 35 | 极不均匀砂 |
| 特细砂或粉砂 | 4 – 1 | 0. 105 | 0. 088 | 0. 044 | 2. 39 | 均匀砂 |
| 特细砂或粉砂 | 4 – 2 | 0. 25 | 0. 088 | 0. 044 | 5. 68 | 不均匀砂 |
| 特细砂或粉砂 | 4 – 3 | 0. 42 | 0. 088 | 0. 037 | 11. 35 | 极不均匀砂 |

注:模拟原油黏度分别为 150mPa · s、30mPa · s 和 3mPa · s。

**表 4. 13 模拟实验所用砾石技术参数**

| 序号 | 砂型 | 模拟砂粒度中值(mm) | 实验所用砾石近似粒度中值(mm) | $D_{50}/d_{50}$ | 砾石层原始渗透率(D) |
|---|---|---|---|---|---|
| 1 | 粗砂 | 0. 841 | 2. 2 | 2. 62 | 1350. 9 |
| | | | 2. 87 | 3. 41 | 2100. 5 |
| | | | 4. 06 | 4. 83 | 4200. 1 |
| | | | 5. 74 | 6. 83 | 9500. 3 |
| 2 | 中砂 | 0. 297 | 1. 295 | 4. 36 | 268. 8 |
| | | | 1. 42 | 4. 78 | 450. 9 |
| | | | 1. 71 | 5. 76 | 680. 7 |
| | | | 2. 2 | 7. 41 | 1350. 9 |
| | | | 2. 87 | 9. 66 | 2100. 5 |
| | | | 4. 06 | 13. 67 | 4200. 1 |
| | | | 5. 74 | 19. 33 | 9500. 3 |

续表

| 序号 | 砂型 | 模拟砂粒度中值(mm) | 实验所用砾石近似粒度中值(mm) | $D_{50}/d_{50}$ | 砾石层原始渗透率(D) |
|---|---|---|---|---|---|
| 3 | 细砂 | 0.177 | 0.635 | 3.59 | 252.2 |
| | | | 1.016 | 5.74 | 260.2 |
| | | | 1.295 | 7.32 | 268.8 |
| | | | 1.42 | 8.02 | 450.9 |
| | | | 1.71 | 9.66 | 680.7 |
| | | | 2.2 | 12.43 | 1350.9 |
| | | | 2.87 | 16.21 | 2100.5 |
| 4 | 粉砂 | 0.088 | 0.33 | 3.75 | 190.5 |
| | | | 0.356 | 4.05 | 210.5 |
| | | | 0.503 | 5.72 | 235.7 |
| | | | 0.635 | 7.22 | 252.2 |
| | | | 1.295 | 14.72 | 268.8 |
| | | | 1.42 | 16.14 | 450.9 |

低黏度原油、模拟细砂挡砂精度实验研究结果如图4.5所示。

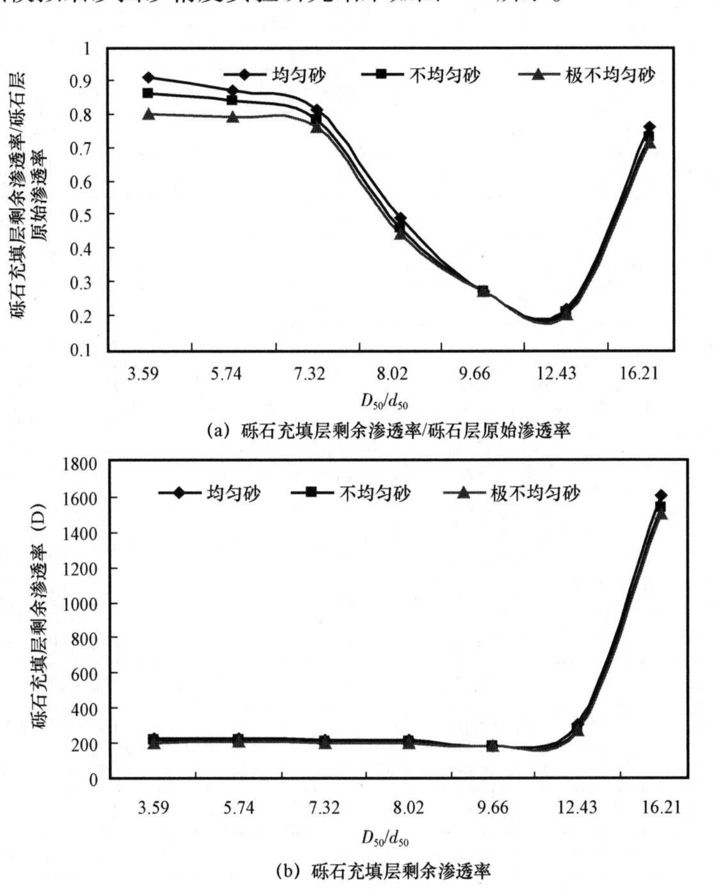

(a) 砾石充填层剩余渗透率/砾石层原始渗透率

(b) 砾石充填层剩余渗透率

图4.5　低黏度原油、模拟细砂挡砂精度实验研究结果

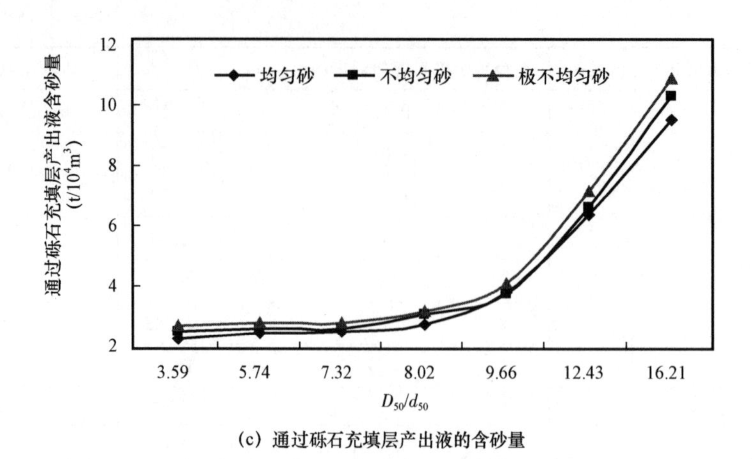


(c) 通过砾石充填层产出液的含砂量

图 4.5　低黏度原油、模拟细砂挡砂精度实验研究结果(续图)

西南石油大学熊友明团队通过上述216组实验,获得了适度出砂条件下砾石充填防砂的挡砂精度设计原则和经验公式,见表4.14。

**表 4.14　适度出砂条件下砾石充填防砂的挡砂精度设计原则和经验公式**

| 序号 | 砂型 | 分选性 | 原油黏度 | 适度出砂的砾石充填设计原则和公式 |
| --- | --- | --- | --- | --- |
| 1 | 粗砂 | 均匀砂 | 高 | $D_{50}=(6\sim7)d_{50}$ |
| 2 | 粗砂 | 不均匀砂 | 高 | $D_{50}=(6\sim7)d_{50}$ |
| 3 | 粗砂 | 极不均匀砂 | 高 | $D_{50}=(6\sim7)d_{50}$ |
| 4 | 中砂 | 均匀砂 | 高 | $D_{50}=(7\sim8)d_{50}$ |
| 5 | 中砂 | 不均匀砂 | 高 | $D_{50}=(7\sim8)d_{50}$ |
| 6 | 中砂 | 极不均匀砂 | 高 | $D_{50}=(7\sim8)d_{50}$ |
| 7 | 细砂 | 均匀砂 | 高 | $D_{50}=(5\sim7)d_{50}$ |
| 8 | 细砂 | 不均匀砂 | 高 | $D_{50}=(5\sim7)d_{50}$ |
| 9 | 细砂 | 极不均匀砂 | 高 | $D_{50}=(5\sim7)d_{50}$ |
| 10 | 特细砂或粉砂 | 均匀砂 | 高 | $D_{50}=(5\sim7)d_{50}$ |
| 11 | 特细砂或粉砂 | 不均匀砂 | 高 | $D_{50}=(5\sim7)d_{50}$ |
| 12 | 特细砂或粉砂 | 极不均匀砂 | 高 | $D_{50}=(5\sim7)d_{50}$ |
| 13 | 粗砂 | 均匀砂 | 中 | $D_{50}=(6\sim7)d_{50}$ |
| 14 | 粗砂 | 不均匀砂 | 中 | $D_{50}=(6\sim7)d_{50}$ |
| 15 | 粗砂 | 极不均匀砂 | 中 | $D_{50}=(6\sim7)d_{50}$ |
| 16 | 中砂 | 均匀砂 | 中 | $D_{50}=(7\sim8)d_{50}$ |
| 17 | 中砂 | 不均匀砂 | 中 | $D_{50}=(7\sim8)d_{50}$ |
| 18 | 中砂 | 极不均匀砂 | 中 | $D_{50}=(7\sim8)d_{50}$ |
| 19 | 细砂 | 均匀砂 | 中 | $D_{50}=(5\sim7)d_{50}$ |
| 20 | 细砂 | 不均匀砂 | 中 | $D_{50}=(5\sim7)d_{50}$ |

续表

| 序号 | 砂型 | 分选性 | 原油黏度 | 适度出砂的砾石充填设计原则和公式 |
|---|---|---|---|---|
| 21 | 细砂 | 极不均匀砂 | 中 | $D_{50}=(5\sim7)d_{50}$ |
| 22 | 特细砂或粉砂 | 均匀砂 | 中 | $D_{50}=(5\sim7)d_{50}$ |
| 23 | 特细砂或粉砂 | 不均匀砂 | 中 | $D_{50}=(5\sim7)d_{50}$ |
| 24 | 特细砂或粉砂 | 极不均匀砂 | 中 | $D_{50}=(5\sim7)d_{50}$ |
| 25 | 粗砂 | 均匀砂 | 低 | $D_{50}=(6\sim7)d_{50}$ |
| 26 | 粗砂 | 不均匀砂 | 低 | $D_{50}=(6\sim7)d_{50}$ |
| 27 | 粗砂 | 极不均匀砂 | 低 | $D_{50}=(6\sim7)d_{50}$ |
| 28 | 中砂 | 均匀砂 | 低 | $D_{50}=(7\sim8)d_{50}$ |
| 29 | 中砂 | 不均匀砂 | 低 | $D_{50}=(7\sim8)d_{50}$ |
| 30 | 中砂 | 极不均匀砂 | 低 | $D_{50}=(7\sim8)d_{50}$ |
| 31 | 细砂 | 均匀砂 | 低 | $D_{50}=(5\sim8)d_{50}$ |
| 32 | 细砂 | 不均匀砂 | 低 | $D_{50}=(5\sim8)d_{50}$ |
| 33 | 细砂 | 极不均匀砂 | 低 | $D_{50}=(5\sim8)d_{50}$ |
| 34 | 特细砂或粉砂 | 均匀砂 | 低 | $D_{50}=(6\sim7)d_{50}$ |
| 35 | 特细砂或粉砂 | 不均匀砂 | 低 | $D_{50}=(6\sim7)d_{50}$ |
| 36 | 特细砂或粉砂 | 极不均匀砂 | 低 | $D_{50}=(6\sim7)d_{50}$ |

### 4.2.5　砾石充填宽松出砂和大量出砂防砂砾石尺寸设计方法

对于一些特殊井况的探井，为了快速试油试气，确保快速探明产量和储量，要求在探井的试油试气期间不考虑出砂，但又适当防砂，保证井眼稳定。

此时，设计的砾石粒度中值 $D_{50}$ 已经远远高于 $(5\sim6)d_{50}$。实例如下：

某油田，地层砂粒度中值 $d_{50}=0.128$mm。各种防砂理念下设计的砾石尺寸见表 4.15。

**表 4.15　某油田按照不同防砂理念设计的砾石尺寸**

| 防砂设计理念 | 地层砂粒度中值 $d_{50}$(mm) | 采用的砾石尺寸设计公式 | 计算的砾石尺寸 $D_{50}$(mm) | 推荐的砾石目数(目) |
|---|---|---|---|---|
| 常规防砂 | 0.128 | $D_{50}=(5\sim6)d_{50}$ | 0.64～0.768 | 20～40 |
| 适度出砂防砂 | 0.128 | $D_{50}=(7\sim8)d_{50}$ | 0.896－1.024 | 16－30 |
| 宽松出砂防砂 | 0.128 | $D_{50}=(8\sim12)d_{50}$ | 1.024～1.536 | 10～30 |
| 大量出砂防砂 | 0.128 | $D_{50}=(10\sim14)d_{50}$ | 1.28～1.792 | 10～20 |
| 不防砂 | 0.128 | 直接采用打孔管完井，不防砂 | | |

### 4.2.6　砾石充填精密防砂砾石尺寸设计方法

对于一些高产、出砂的油气井，为了减少出砂的绝对量又保证有比较高的产能，不采用 $D_{50}=(5\sim6)d_{50}$ 来设计，而是采用 $D_{50}=(4\sim5)d_{50}$ 来设计，这称为精密防砂。

### 4.2.7 各种防砂理念下砾石尺寸设计方法汇总

根据上述论述，将各种防砂理念下砾石尺寸设计方法汇总，见表4.16。

表4.16 各种防砂理念下砾石尺寸设计方法汇总

| 防砂设计理念 | 采用的砾石尺寸设计公式 | 地层砂粒度中值 $d_{50}$(mm) | 计算的砾石尺寸 $D_{50}$(mm) | 推荐的砾石目数(目) |
|---|---|---|---|---|
| 精密防砂 | $D_{50}=(4\sim5)d_{50}$ | 0.128 | 0.512～0.64 | 30～40 |
| 常规防砂 | $D_{50}=(5\sim6)d_{50}$ | 0.128 | 0.64～0.768 | 20～40 |
| 适度出砂防砂(按照表4.14具体计算) | $D_{50}=(7\sim8)d_{50}$(仅举一个公式说明) | 0.128 | 0.896～1.024 | 16～30 |
| 宽松出砂防砂 | $D_{50}=(8\sim12)d_{50}$ | 0.128 | 1.024～1.536 | 10～30 |
| 大量出砂防砂 | $D_{50}=(10\sim14)d_{50}$ | 0.128 | 1.28～1.792 | 10～20 |

特别需要注意的是，以上的精密防砂和常规防砂设计，均要通过实验验证出砂量是否符合防砂标准(表4.5和表4.6，小于0.03%，即小于$3t/10^4m^3$)。如果高了，则选定的砾石尺寸下降一级(比如设计是16～30目，但含砂量超标，则砾石尺寸要选用20～40目)。

## 4.3 深水高级优质筛管及膨胀筛管防砂挡砂精度设计

中国海油规定：凡是泥质含量低于14%的油气田均可采用高级优质筛管直接防砂，而泥质含量高于14%的油气田则均采用砾石充填防砂。目前，在我国各个海上油气田，采用高级优质筛管直接防砂已经是主流。由表4.1可见，凡是泥质含量低于14%的粗砂、中砂、细砂地层，均可采用高级优质筛管直接防砂。

### 4.3.1 高级优质筛管的类型

对于泥质含量高的粉砂、细砂地层一般采用砾石充填完井(见4.5节)，而泥质含量不高的粉砂、细砂地层一般采用高级优质筛管完井最为有效和可靠。当然，对于中砂以及粗砂、特粗砂地层也可采用高级优质筛管防砂，只是其成本略高于割缝衬管，但是防砂寿命更长，各油田可以综合取舍。

### 4.3.2 计算法高级优质筛管防砂挡砂精度设计

挡砂精度指高级优质筛管防砂时的综合网孔直径。高级优质筛管适度出砂防砂挡砂精度设计步骤如下：

(1)根据地层砂的粒度中值设计砾石的粒度中值。根据地层砂的砂型、分选性、地下原油黏度的高低，从表4.14和表4.16中选择公式进行计算，计算出砾石的粒度中值$D_{50}$。

(2)根据设计的砾石的粒度中值$D_{50}$设计高级优质筛管挡砂精度。根据计算的砾石粒度中值$D_{50}$，查表4.17，确定高级优质筛管挡砂精度。

表 4.17　高级优质筛管综合挡砂精度设计表

| 砾石目数(目) | 砾石粒度中值(mm) | 高级优质筛管综合挡砂精度(μm) |
|---|---|---|
| 粒度小于 40 ~ 60 | <0.249 | 统一取 60 |
| 40 ~ 60 | 0.35 | 60 |
| 30 ~ 50 | 0.45 | 90 |
| 30 ~ 40 | 0.5 | 105 |
| 20 ~ 40 | 0.65 | 125 |
| 16 ~ 30 | 0.9 | 149 |
| 16 ~ 30 | 1.1 | 177 |
| 10 ~ 30 | 1.3 | 210 |
| 10 ~ 20 | 1.4 | 250 |
| 10 ~ 14 | 1.7 | 300 |
| 8 ~ 10 | 2.2 | 350 |
| 6 ~ 8 | 2.9 | 400 |
| 4 ~ 6 | 3.6 | 450 |
| 粒度大于 4 ~ 6 | >3.6 | 统一取 500 |

(3)计算举例。根据上述论述,将各种防砂理念下高级优质筛管综合挡砂精度设计方法汇总,见表 4.18。

表 4.18　各种防砂理念下高级优质筛管综合挡砂精度设计方法汇总

| 防砂设计理念 | 采用的砾石尺寸设计公式 | 地层砂粒度中值 $d_{50}$(mm) | 计算的砾石尺寸 $D_{50}$(mm) | 砾石充填防砂的砾石目数(目) | 高级优质筛管防砂的挡砂精度(μm) |
|---|---|---|---|---|---|
| 精密防砂 | $D_{50}=(4\sim5)d_{50}$ | 0.128 | 0.512 ~ 0.64 | 30 ~ 40 | 105 |
| 常规防砂 | $D_{50}=(5\sim6)d_{50}$ | 0.128 | 0.64 ~ 0.768 | 20 ~ 40 | 125 |
| 适度出砂防砂(按照表 4.14 具体计算) | $D_{50}=(7\sim8)d_{50}$<br>(仅举一个公式说明) | 0.128 | 0.896 ~ 1.024 | 16 ~ 30 | 149 |
| 宽松出砂防砂 | $D_{50}=(8\sim12)d_{50}$ | 0.128 | 1.024 ~ 1.536 | 10 ~ 30 | 210 |
| 大量出砂防砂 | $D_{50}=(10-14)d_{50}$ | 0.128 | 1.28 ~ 1.792 | 10 ~ 20 | 250 |

### 4.3.3　实验法高级优质筛管防砂挡砂精度设计

由于不同油田地层砂的分选性不同,地层砂颗粒大小不一样,再加上各类高级优质筛管的防砂层结构不一样,以及产出流体是原油(还有原油黏度的差异)还是天然气,公式法的计算结果只能作为室内出砂模拟实验的依据，一般不能直接作为筛管最终选定的挡砂精度。而且，公式法设计的挡砂精度无法知道是否满足含砂量的要求。准确的高级优质筛管的挡砂精度必须通过模拟高级优质筛管的防砂层结构和具体产量以及流体特性(原油还是天然气)通过室内出砂模拟实验确定。西南石油大学采用室内实验方法在模拟筛管防砂层实际结构的情况下确定高级优质筛管的挡砂精度，已经在国内外近 80 个油气田的防砂中 100% 应用成功，且实践证明效果优异。

采用实验法设计挡砂精度是最准确的，因为采用的是实际地层砂进行出砂模拟实验。

4.3.3.1　实验流程

模拟出砂的防砂实验流程如图 4.6 所示。

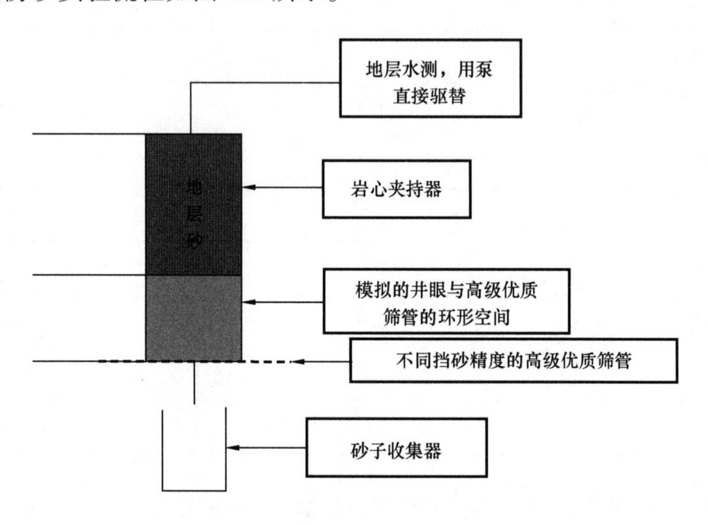


图 4.6　模拟出砂的防砂实验流程

比如，模拟某厂家提供的6⅝ in CMS 筛管从外到内详细结构及各层参数如下：

最外层为外保护套，材料为 304 不锈钢，厚 1.2mm，采用冲压加工方式，形成侧流孔通道，具有非常好的泄流作用，并为内部过滤网提供有效保护；第二层为过滤层，材料为 316L 不锈钢，采用过滤精度分别为 125μm、149μm、177μm、210μm、250μm 和 297μm 的金属编制密纹网，其开孔率高达 40%，在具有很高过滤精度的同时又拥有很高的过滤效率；第三层为泄流层，材料为 304 不锈钢，采用大孔径的方孔网(一般选择孔径 2 ~ 4mm)，能够起到很好的泄流作用；第四层为过滤层，材料和参数同第二层；第五层为泄流层，材料和参数同第三层；第六层为内保护套，材料为 304 不锈钢，冲压圆孔结构，为流体提供足够的通道，将阻力降至最低；第七层为基管，材料为 13Cr－80 合金钢，孔眼直径为 12.7mm，孔密为 36 孔/m，螺旋分布。

4.3.3.2　实验结果与挡砂精度确定

以某油田的实际防砂设计来说明这个过程。某油田地层砂样品的粒度参数为：$d_{50}=0.20$mm，$d_{40}=0.31$mm，$d_{90}=0.09$mm，均匀性系数 $c=d_{40}/d_{90}=3.44$，为非均匀细砂。采用该地层砂，按照图 4.6 的流程组装后，进行出砂模拟实验，实验结果见表 4.19、图 4.7 和图 4.8。

表4.19　模拟某厂家提供的6⅝in CMS筛管出砂实验结果

| 筛网孔径（mm） | 实测出砂量（g） | 实验最大压力降1（MPa） | 最大筛网附加压力降2（MPa） | 产液含砂量（$t/10^4m^3$） |
|---|---|---|---|---|
| 0.125 | 0.20 | 0.91 | 0.102 | 1.852 |
| 0.149 | 0.29 | 0.88 | 0.0987 | 2.685 |
| 0.177 | 0.32 | 0.79 | 0.0876 | 3.963 |
| 0.210 | 0.45 | 0.71 | 0.0812 | 4.867 |
| 0.25 | 0.65 | 0.66 | 0.0712 | 6.219 |
| 0.297 | 0.79 | 0.62 | 0.0675 | 9.315 |

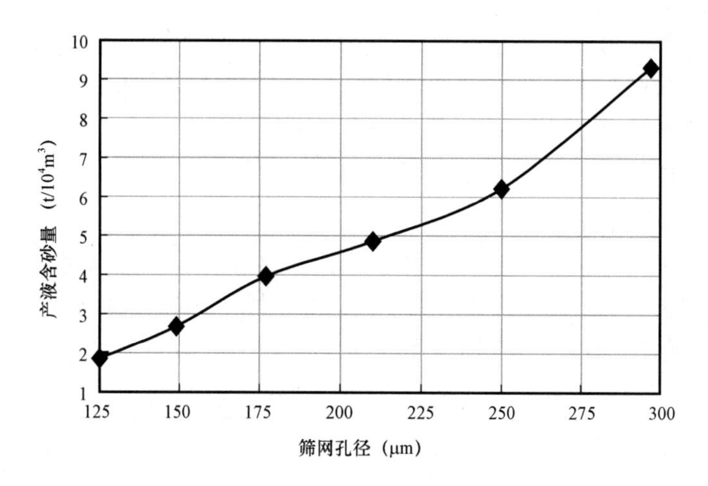


图4.7　模拟某厂家6⅝in CMS筛管不同筛网孔径与产液含砂量的关系

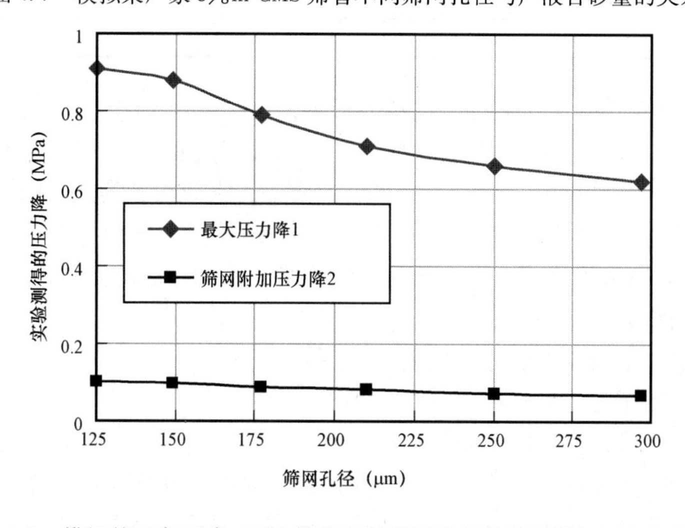


图4.8　模拟某厂家6⅝in CMS筛管不同筛网孔径与筛网附加压力降关系

从上述实验结果可以得到如下结论：

（1）参考表4.5中油井防砂效果评价指标（行业标准SY/T 5184—2000）的含砂量来评价

产液时的出砂量，当防砂后含砂量小于0.03%（$3t/10^4m^3$）时，认为防砂是完全有效的。因此，从行业指标来看，当挡砂精度小于149μm时，均满足含砂量小于$3t/10^4m^3$的要求，防砂都是有效的。

（2）筛网附加压降很小，说明地层砂在产出时，对筛网的堵塞并不严重，更说明采用高级优质筛管防砂是可行的。

4.3.3.3　计算法挡砂精度与实验法挡砂精度的对比

以某油田的实际防砂设计来说明这个对比过程。某油田地层砂样品的粒度参数为：$d_{50}=0.20mm$，$d_{40}=0.31mm$，$d_{90}=0.09mm$，均匀性系数$c=d_{40}/d_{90}=3.44$，为非均匀细砂。

在常规防砂设计中，采用公式$D_{50}=(5\sim6)d_{50}$设计：$D_{50}=(5\sim6)\times0.2=1.0\sim1.2mm$，查表4.17，则采用公式法设计的高级优质筛管的挡砂精度为177μm。

而同样的地层砂采用实验法设计的高级优质筛管的挡砂精度为149μm。如果仅仅采用公式法设计的挡砂精度实施防砂，则实施后出砂量会很大，导致防砂实效。因此，建议采用公式法初步确定挡砂精度，再采用实验方法来最终确定挡砂精度。

4.3.3.4　采用公式法和实验法进行精密防砂的实例

（1）地层砂粒度分析。

从番禺30－1气田MFS18.5层取到岩心（深度2741～2763m），以此为实验材料进行高级优质筛管的室内模拟实验。为了确保实验分析的准确性，将取得的代表性岩样按照筛分析的标准，把整个岩心混合均匀后分成两个平行的样品进行筛析，结果见表4.20。

表4.20　MFS18.5层地层砂粒度主要参数

| 样品 | $d_{40}$（mm） | $d_{50}$（mm） | $d_{90}$（mm） | 均匀性系数 | 备注 |
|---|---|---|---|---|---|
| 样品1 | 0.151 | 0.127 | 0.038 | 3.97 | 非均匀细砂 |
| 样品2 | 0.149 | 0.125 | 0.036 | 4.13 | 非均匀细砂 |
| 平均值 | 0.150 | 0.126 | 0.037 | 4.05 | 非均匀细砂 |

（2）采用公式法设计高级优质筛管的挡砂精度。

在常规防砂设计中，采用公式$D_{50}=(5\sim6)d_{50}$设计：$D_{50}=(5\sim6)\times0.126=0.63\sim0.756mm$，查表4.18，则采用公式法设计的高级优质筛管常规防砂的挡砂精度为125μm。

在精细防砂设计中，采用公式$D_{50}=(4\sim5)d_{50}$设计：$D_{50}=(4\sim5)\times0.126=0.504\sim0.63mm$，查表4.18，则采用公式法设计的高级优质筛管精细防砂的挡砂精度为105μm。

（3）气测高级优质筛管模拟实验。

模拟实验的出砂量和含砂量分别见表4.21和图4.9。

实验测得的附加压力降见表4.22和图4.10。

从上述实验结果可以得到以下结论：

① 从模拟高级优质筛管出砂结果来看，使用挡砂精度不小于105μm时，防砂后每万立方米天然气含砂量不超过0.163kg，属于精细防砂。在精细防砂范围内，井筒携砂及平台存砂空间允许等条件下，考虑到提高出砂含砂量，有利于提高气井产能，推荐采用高级优质筛管挡砂精度为105μm。

**表 4.21　MFS18.5 层筛网孔径与出砂量的实验结果(气测)**

| 筛网挡砂精度(μm) | 实测出砂量(mg) | 实测含砂量($g/10^4m^3$) | | |
|---|---|---|---|---|
| | | 模拟气产量 $77\times10^4m^3/d$ | 模拟气产量 $96\times10^4m^3/d$ | 模拟气产量 $116\times10^4m^3/d$ |
| 88 | 0.20 | 75.40 | 94.25 | 114.10 |
| 105 | 0.31 | 90.48 | 114.10 | 135.73 |
| 125 | 0.61 | 377.03 | 471.28 | 565.54 |
| 149 | 0.90 | 508.99 | 636.23 | 763.48 |
| 177 | 1.32 | 735.20 | 919.01 | 1102.81 |
| 210 | 1.71 | 961.42 | 1201.78 | 1442.14 |
| 250 | 2.01 | 1131.09 | 1413.86 | 1696.63 |

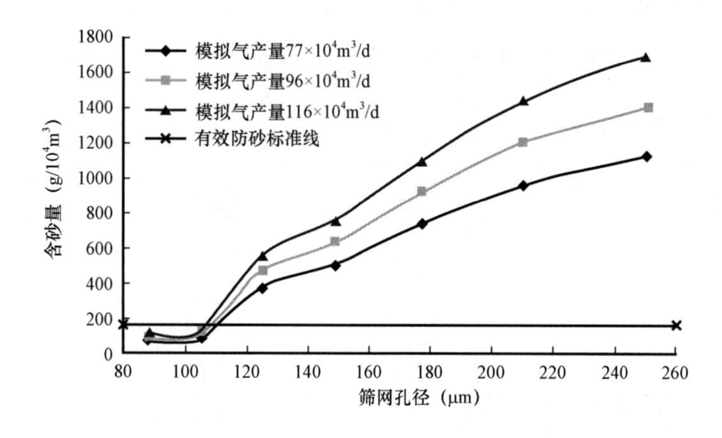


图 4.9　MFS18.5 层筛网孔径与含砂量的实验结果(气测)

**表 4.22　MFS18.5 层实验测得的附加压力降(气测)**

| 筛网目数(目) | 筛网孔径(μm) | 最大压力降 $\Delta p_1$(MPa) | 最大筛网附加压力降 $\Delta p_2$(MPa) |
|---|---|---|---|
| 170 | 88 | 0.62 | 0.041 |
| 140 | 105 | 0.59 | 0.034 |
| 120 | 125 | 0.56 | 0.031 |
| 100 | 149 | 0.54 | 0.025 |
| 80 | 177 | 0.51 | 0.021 |
| 70 | 210 | 0.49 | 0.018 |
| 60 | 250 | 0.46 | 0.014 |

注:$\Delta p_1$ = 压力表 1 − 压力表 2 = 模拟井眼附近的渗流区域产生的附加压力降;
$\Delta p_2$ = 压力表 2 − 压力表 3 = 环空填砂层与筛网本身产生的附加压力降。

② 从图 4.10 可以看出,筛网附加压降很小,说明地层砂在产出时,对筛网的堵塞并不严重,说明采用高级优质筛管进行精细防砂是行之有效的。

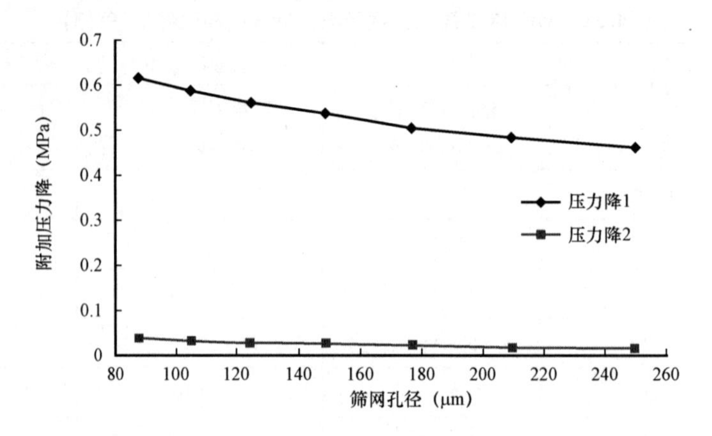


图 4.10　MFS18.5 层实验测得的附加压力降(气测)

(4)水测高级优质筛管模拟实验。

模拟实验的出砂量和含砂量分别见表 4.23 和图 4.11。

**表 4.23　MFS18.5 层筛网孔径与出砂量的实验结果(水测)**

| 筛网孔径(μm) | 实测出砂量(mg) | 实测含砂量($t/10^4m^3$) | | |
|---|---|---|---|---|
| | | 模拟产水量 361$m^3$/d | 模拟产水量 451$m^3$/d | 模拟产水量 542$m^3$/d |
| 88 | 0.09 | 0.37 | 0.46 | 0.56 |
| 105 | 0.10 | 0.41 | 0.51 | 0.61 |
| 125 | 0.25 | 1.03 | 1.28 | 1.54 |
| 149 | 0.71 | 2.88 | 3.59 | 4.31 |
| 177 | 0.90 | 3.70 | 4.62 | 5.55 |
| 210 | 1.51 | 6.16 | 7.71 | 9.25 |
| 250 | 2.00 | 8.22 | 10.28 | 12.33 |

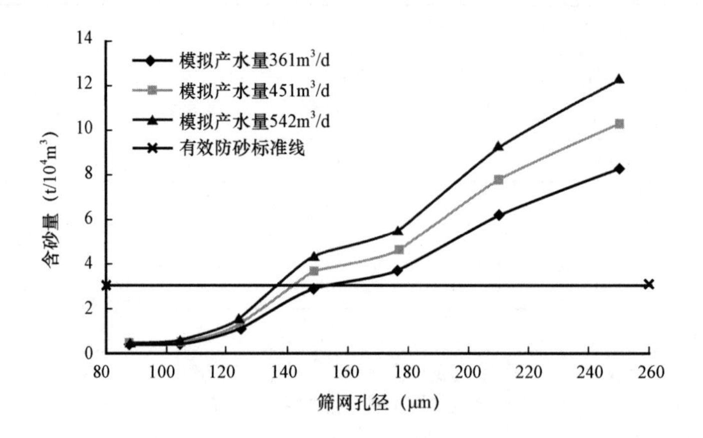


图 4.11　MFS18.5 层筛网孔径与含砂量的实验结果(水测)

实验测得的附加压力降见表4.24和图4.12。

**表4.24　MFS18.5层实验测得的附加压力降（水测）**

| 筛网目数(目) | 筛网孔径(μm) | 最大压力降 $\Delta p_1$(MPa) | 最大筛网附加压力降 $\Delta p_2$(MPa) |
| --- | --- | --- | --- |
| 170 | 88 | 0.38 | 0.059 |
| 140 | 105 | 0.36 | 0.054 |
| 120 | 125 | 0.33 | 0.05 |
| 100 | 149 | 0.31 | 0.048 |
| 80 | 177 | 0.29 | 0.045 |
| 70 | 210 | 0.27 | 0.042 |
| 60 | 250 | 0.24 | 0.039 |

注：$\Delta p_1$ = 压力表1 − 压力表2 = 模拟井眼附近的渗流区域产生的附加压力降；
$\Delta p_2$ = 压力表2 − 压力表3 = 环空填砂层与筛网本身产生的附加压力降。

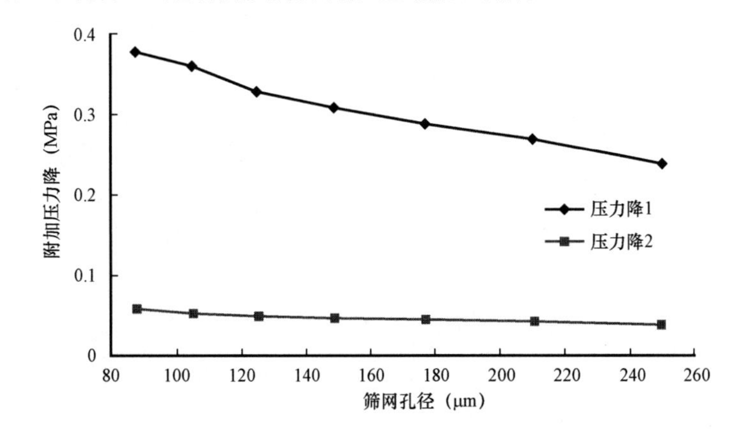


图4.12　MFS18.5层实验测得的附加压力降（水测）

从上述实验结果可以得到以下结论：

① 参考油井防砂效果评价指标的含砂量来评价产水时的出砂量，认为防砂后含砂量小于0.03%（即$3t/10^4m^3$）时，防砂是完全有效的。从模拟高级优质筛管盐水测的出砂结果来看，在挡砂精度不小于125μm时，防砂后含砂量小于0.03%（即$3t/10^4m^3$），满足行业标准，防砂是有效的。

② 从图4.12可以看出，筛网附加压力降很小，说明地层砂在产出时，对筛网的堵塞并不严重，说明采用高级优质筛管进行防砂是行之有效的。

由以上实验结果可得，对于MFS18.5层，挡砂精度应选择105μm，在此挡砂精度下，不论氮气测还是水测，均满足海上气田防砂标准。

而上述公式法计算的常规防砂的挡砂精度为125μm，精细防砂的挡砂精度为105μm。表4.25为实际应用结果。

表 4.25　番禺 30－1 气田投产井基本数据

| 井号 | 开发层号 | 公式法计算挡砂精度（μm） | 实验法确定的并实际采用的挡砂精度（μm） | 产气量（$10^4m^3/d$） | 防砂效果 |
|---|---|---|---|---|---|
| P－A1H | MFS18.5 | 125 | 105 | 50.8 | 不出砂 |
| P－A2H | MFS18.5 | 125 | 105 | 57.0 | 不出砂 |
| P－A3H | MFS18.5 | 125 | 105 | 33.0 | 不出砂 |
| P－A4H | MFS18.5 | 125 | 105 | 60.6 | 不出砂 |
| P－A5H | MFS18.5 | 125 | 105 | 41.6 | 不出砂 |
| P－A9H | MFS18.5 | 125 | 105 | 61.4 | 不出砂 |

由表 4.25 可见，按照精细防砂设计的挡砂精度能够保证番禺 30－1 气田 6 个生产井的防砂有效性。此外，各个井的高产气量说明该挡砂精度设计很好地平衡了防砂可靠性和产能之间的矛盾，证明了对某些高产出砂井采用精细防砂也是可行的。

# 第 5 章　深水不同完井方式产能预测模型

产能评价是完井方法优选和完井后效果评价的重要手段，本章首先阐述了常用的不同完井方式下产能预测模型。由于深水完井在考虑防砂的基础上还要考虑井筒控水、优化生产等，需要了解井筒的流动动态，包括沿井筒产液剖面以及压力分布，因此接着阐述了基于井筒节点网络的复杂结构井产能预测模型。

## 5.1　不同井型解析产能模型

### 5.1.1　垂直油井完井产能计算模型

对油井进行产能评价时，常采用采油指数 $J_o$ 作为评价指标。采油指数是反映油层性质、完井条件、流体参数等与产量之间关系的综合指标，用于评价油井生产能力。

采油指数的计算公式为：

$$J_o = \frac{q_o}{\Delta p} \tag{5.1}$$

根据达西定律，垂直油井裸眼完井的采油指数为：

$$J_o = \frac{q_o}{p_e - p_{wf}} = \frac{0.543Kh}{\mu_o B_o\left(\ln\frac{r_e}{r_w} - \frac{3}{4} + S\right)} \tag{5.2}$$

式中　$q_o$——油井地面产量，$m^3/d$；

$\Delta p$——生产压差，MPa；

$J_o$——采油指数，$m^3/(d \cdot MPa)$；

$p_e$——平均地层压力，MPa；

$p_{wf}$——井底流动压力，MPa；

$K$——储层有效渗透率，mD；

$h$——储层有效厚度，m；

$B_o$——原油体积系数，$m^3/m^3$；

$\mu_o$——地层油的黏度，mPa·s；

$r_e$——供给半径，m；

$r_w$——井筒半径，m；

$S$——完井总表皮系数。

其中：

$$S = S_d + S_{cm} \tag{5.3}$$

$$S_d = \left(\frac{K}{K_d} - 1\right) \times \ln\frac{r_d}{r_w} \tag{5.4}$$

式中 $S_d$——钻井污染表皮系数；

$K_d$——污染带渗透率，mD；

$r_d$——污染带半径，m；

$S_{cm}$——不同完井方法表皮系数。

### 5.1.2 定向油井完井产能计算模型

定向油井产能在垂直油井产能计算模型的基础上，考虑井斜角的影响得出定向油井完井产能计算模型。

定向油井裸眼完井的采油指数为：

$$J_o = \frac{q_o}{\Delta p} = \frac{0.543Kh}{\mu_o B_o\left(\ln\frac{r_e}{r_w} - \frac{3}{4} + S\right)} \tag{5.5}$$

$$S = S_d + S_\theta + S_{cm} \tag{5.6}$$

式中 $S_\theta$——井斜表皮系数。

井斜所引起的表皮系数可由 Cince－Lee 公式进行计算，即

$$S_\theta = -\left(\frac{\theta'}{41}\right)^{2.06} - \left(\frac{\theta'}{56}\right)^{1.865}\lg\left(\frac{h_d}{100}\right) \tag{5.7}$$

$$h_d = \frac{h}{r_w}\sqrt{\frac{K_h}{K_v}} \tag{5.8}$$

$$\theta' = \tan^{-1}\left(\sqrt{\frac{K_v}{K_H}}\tan\theta\right) \tag{5.9}$$

式中 $\theta$——井斜角，$0° \leqslant \theta \leqslant 75°$。

### 5.1.3 水平油井完井产能计算模型

对于理想裸眼水平井天然产能计算模型，20 世纪 60 年代开始已经有很多学者对其做了深入研究。苏联的 Borisov 将以前学者的研究做了较为系统的总结，并得出了水平井产能计算方程。80 年代，Giger 等根据 Borisov 得出的公式再利用电模拟进行研究并导出水平井产能计算公式。此后，Joshi、Renard 等对此不断加以完善和深化。熊友明等以 Joshi 产能模型为基础，考虑储层各向异性和井眼偏心距的影响，引入完井总表皮系数，把 Joshi 公式发展成为如下形式：

$$J_{oh} = \frac{0.543K_h h/(B_o\mu)}{\ln\left[\frac{a + \sqrt{a^2 - (L/2)^2}}{L/2}\right] + \frac{\beta h}{L}\ln\left[\frac{(\beta h/2)^2 + (\beta\delta)^2}{\beta h r_w \pi/2}\right] + S} \tag{5.10}$$

$$\beta = \sqrt{K_h/K_v} \tag{5.11}$$

$$a = \frac{L}{2}\sqrt{0.5 + \sqrt{0.25 + \left(\frac{r_{eh}}{L/2}\right)^4}} \tag{5.12}$$

式中 $J_{oh}$——水平井采油指数，$m^3/(d \cdot MPa)$；

$\beta$——油层渗透率各向异性系数（各向同性地层，$\beta=1$）；

$\delta$——井眼偏心距离（非偏心油层，$\delta=0$），m；

$S$——完井总表皮系数；

$a$——长度为 $L$ 的水平井所形成的椭球形泄流区域的长半轴，m；

$L$——水平井段长度，m；

$r_w$——水平井半径，m；

$r_{eh}$——水平井的泄流半径，m。

在系数 $\beta h/L$ 中，油层厚度 $h$、水平段长度 $L$ 和油层渗透率各向异性系数 $\beta$，这三个因素不仅区分了垂直井与水平井的油气开采，而且对水平井产能的大小影响很大。从式(5.10)可以看出，这三个因素的影响规律为：油层渗透率各向异性系数 $\beta$ 越大，将使得水平井的产能越低；油层厚度 $h$ 增加，同样会造成水平井产能降低；水平井长度 $L$ 越长，可以使其产能越高。根据刘健、练章华等分析，式(5.10)分母中的三项，总表皮系数远大于前面两项，在计算产能时，总表皮系数将抹杀前两项对产能的影响，不符合生产实际。故用 $\beta h/L$ 与 $S$ 的乘积替代 $S$ 进行计算，计算出三项值属于同一数量级，充分体现了各因素对产能的影响，则式(5.10)转化为：

$$J_{oh} = \frac{0.543K_h h/(B_o \mu)}{\ln\left[\frac{a + \sqrt{a^2 - (L/2)^2}}{L/2}\right] + \frac{\beta h}{L}\ln\left[\frac{(\beta h/2)^2 + (\beta\delta)^2}{\beta h r_w \pi/2}\right] + \frac{\beta h}{L}S} \tag{5.13}$$

### 5.1.4 垂直气井完井产能计算模型

根据考虑非达西流的 Forchheimer 方程，得到平面径向非达西稳定渗流的二项式方程：

$$p_e^2 - p_{wf}^2 = Aq_{sc} + Bq_{sc}^2 \tag{5.14}$$

$$A = \frac{1.291 \times 10^{-3} T\overline{Z}\overline{\mu_g}}{Kh}\left(\ln\frac{0.472r_e}{r_w} + S\right) \tag{5.15}$$

$$B = \frac{2.828 \times 10^{-21}\beta\gamma_g \overline{Z}T}{r_w h^2} \tag{5.16}$$

$$\beta_t = 7.644 \times 10^{10}/K^{1.5} \tag{5.17}$$

式中 $q_{sc}$——标准状况下的气井产量，$m^3/d$；

$T$——气层温度，K；

$A$——层流项系数；

$B$——紊流项系数；

$\overline{\mu_g}$——平均温度及压力下的气体黏度，mPa·s；

$\overline{Z}$——平均温度及压力下的气体偏差因子；

$\gamma_g$——天然气相对密度；

$\beta_t$——紊流速度系数，$m^{-1}$。

$$q_{sc} = \frac{-A + \sqrt{A^2 + 4B\Delta p^2}}{2B} \tag{5.18}$$

式中，$\Delta p^2$ 代表 $p_e^2 - p_{wf}^2$，这里仅为符号替代。

当 $p_{wf} = 0.101\text{MPa}$ 时，无阻流量 $p_e^2 - 0.101^2 \approx p_e^2$，可解得气井绝对无阻流量的关系式为：

$$q_{AOF} = \frac{-A + \sqrt{A^2 + 4Bp_e^2}}{2B} \tag{5.19}$$

式中　$q_{AOF}$——气井的绝对无阻流量，$m^3/d$。

### 5.1.5　定向气井完井产能计算模型

定向气井产能与定向油井的产能公式相似，即是在垂直气井产能计算模型的基础上，在表皮系数中加上井斜角的表皮系数，便可得到定向气井的产能计算模型。

$$p_e^2 - p_{wf}^2 = \frac{1.291 \times 10^{-3} q_{sc} T\overline{Z}\,\overline{\mu_g}}{Kh}\left(\ln\frac{0.472r_e}{r_w} + S\right) + \frac{2.828 \times 10^{-21}\beta\gamma_g\overline{Z}Tq_{sc}^2}{r_w h^2} \tag{5.20}$$

$$A = \frac{1.291 \times 10^{-3} T\overline{Z}\,\overline{\mu_g}}{Kh}\left(\ln\frac{0.472r_e}{r_w} + S\right) \tag{5.21}$$

$$B = \frac{2.828 \times 10^{-21}\beta\gamma_g\overline{Z}T}{r_w h^2} \tag{5.22}$$

$$S = S_d + S_\theta \tag{5.23}$$

### 5.1.6　水平气井完井产能计算模型

适合于油藏的水平井产能公式很多，但这些方法目前无法适用于气藏。根据刘志海等的研究，运用气相渗流和液相渗流的相似原理，以气相拟压力 $m(p) = \int \frac{2p}{\mu Z}dp$ 来替代油相压力 $p$，气相 $\frac{Tp_{sc}}{T_{sc}}$ 来替代油相 $\frac{\mu_o B_o}{2}$，对适用于油藏的水平井产能解析式(5.13)进行改进，可获得适用于气藏的水平井解析式。

$$q_{gh} = \frac{0.272K_h hT_{sc}/(Tp_{sc}\overline{\mu Z})(p_e^2 - p_{wf}^2)}{\ln\left[\frac{a + \sqrt{a^2 - (L/2)^2}}{L/2}\right] + \frac{\beta h}{L}\ln\left[\frac{(\beta h/2)^2 + (\beta\delta)^2}{\beta h r_w \pi/2}\right] + \frac{\beta h}{L}S} \tag{5.24}$$

式中　$q_{gh}$——水平井气井采气量，$m^3/d$；

$T_{sc}$——标准状况下的天然气温度,K;

$p_{sc}$——标准状况下的天然气压力,MPa。

## 5.2　不同完井方式表皮系数

### 5.2.1　完井表皮压降模型

对于不同的深水完井方法,在计算产能时它的总表皮系数包括不同完井方法附加压降区域所产生的表皮系数 $S_{cm}$,见表5.1。

表5.1　不同完井方法附加压降形成区域

| 完井方法 | 压降区域(近井地带至井筒) |
| --- | --- |
| 高级优质筛管 | 环空砂层+筛管 |
| 膨胀筛管 | 膨胀滤网 |
| 裸眼砾石充填 | 环空砾石层+筛管 |
| 高速水砾石充填 | 炮眼砾石层+环空砾石层+筛管 |
| 套管压裂砾石充填 | 裂缝+炮眼砾石层+环空砾石层+筛管 |

对于筛管及膨胀滤网渗透层流动假设为径向流,根据Forchheimer方程计算其附加压降,其渗透率采用筛管等效渗透率,而裸眼情况下的环空充填层(砂层与砾石层)假设为径向流,炮眼砾石充填层假设为线性流,附加压降采用同样的方法进行计算。目前,统一采用表皮系数对附加压降进行表征,因此以下对不同完井方法的表皮系数计算模型进行阐述。

### 5.2.2　高级优质筛管完井表皮

高级优质筛管完井产生的表皮系数主要为筛管外地层自然充填砂层表皮系数 $S_{ps}$ 和高级优质筛管表皮系数 $S_{sj}$。

$$S_{cm} = S_{ps} + S_{sj} \tag{5.25}$$

$$S_{ps} = \frac{K}{K_s} \times \ln \frac{r_w}{r_{s1}} \tag{5.26}$$

$$S_{sj} = \frac{K}{K_{sj}} \times \ln \frac{r_{s1}}{r_{s2}} \tag{5.27}$$

式中　$K_s$——筛管外自然充填砂层渗透率,mD;

$K_{sj}$——筛管渗透层渗透率,mD;

$r_{s1}$——筛管外径,m;

$r_{s2}$——筛管内径,m。

其中,$K_{sj}$ 由生产厂家提供;$K_s$ 值一般模拟到地层压力环境下测量。根据技术套管确定钻头尺寸及筛管尺寸,见表5.2。

表 5.2 筛管尺寸匹配表

| 裸眼井段井径 | | 筛管尺寸 | | 基管和筛网尺寸 | |
|---|---|---|---|---|---|
| in | m | in | m | 基管外径(m) | 筛网外径(m) |
| 6 | 0.152 | 4 | 0.1016 | 0.1016 | 0.117 |
| 7½ | 0.190 | 5 | 0.127 | 0.127 | 0.142 |
| 8½ | 0.216 | 5½ | 0.1397 | 0.1397 | 0.155 |
| 9⅝ | 0.2445 | 6 | 0.1524 | 0.1524 | 0.168 |

### 5.2.3 膨胀筛管完井表皮

膨胀筛管完井产生的表皮系数主要为膨胀筛管膨胀滤网表皮系数 $S_{sw}$。

$$S_{cm} = S_{sw} = \frac{K}{K_{sw}} \times \ln \frac{r_w}{r_{si}} \tag{5.28}$$

式中 $K_{sw}$——筛管膨胀滤网渗透率,mD;

$r_{si}$——膨胀筛管基管外径,m。

其中,$K_{sw}$ 和 $r_{si}$ 由生产厂家提供。

### 5.2.4 裸眼砾石充填完井表皮

裸眼砾石充填完井产生的表皮系数主要为筛管与井筒环空砾石充填层形成的表皮系数 $S_{ops}$ 和筛管表皮系数 $S_{sj}$。

$$S_{cm} = S_{ops} + S_{sj} \tag{5.29}$$

$$S_{ops} = \frac{K}{K_{grav}} \times \ln \frac{r_w}{r_s} \tag{5.30}$$

式中 $K_{grav}$——砾石充填层渗透率,mD;

$r_s$——筛管半径,m。

其中,$K_{grav}$ 与砾石尺寸关系可由表 5.3 确定。

表 5.3 工业砾石标准

| 砾石目数(美国标准筛目) | 砾石中值(mm) | 高级优质筛管综合挡砂精度(μm) |
|---|---|---|
| 粒度 <40 ~ 60 | <0.249 | 统一取 60 |
| 40 ~ 60 | 0.35 | 60 |
| 30 ~ 50 | 0.45 | 90 |
| 30 ~ 40 | 0.5 | 105 |
| 20 ~ 40 | 0.65 | 125 |
| 16 ~ 30 | 0.9 | 149 |
| 16 ~ 20 | 1.1 | 177 |
| 10 ~ 30 | 1.3 | 210 |

续表

| 砾石目数(美国标准筛目) | 砾石中值(mm) | 高级优质筛管综合挡砂精度(μm) |
|---|---|---|
| 10～20 | 1.4 | 250 |
| 10～14 | 1.7 | 300 |
| 8～10 | 2.2 | 350 |
| 6～8 | 2.9 | 400 |
| 4～6 | 3.6 | 450 |
| 粒度>4～6 | >3.6 | 统一取500 |

### 5.2.5　高速水砾石充填完井表皮

高速水砾石充填完井产生的表皮系数主要包括射孔系列表皮系数、筛管与套管环空砾石充填层形成的表皮系数 $S_{an}$、射孔孔眼砾石充填表皮系数 $S_{grav}$、高压解除部分污染表皮系数 $S_{gf}$ 和筛管表皮系数 $S_{sj}$。

$$S_{cm} = S_{pt} + S_{pf} + S_{an} + S_{grav} + S_{gf} + S_{sj} \tag{5.31}$$

其中,部分打开油层表皮系数 $S_{pt}$ 与射孔总表皮系数 $S_{pf}$ 之和为套管射孔完井表皮系数。

$$S_{pt} = \left(\frac{h}{h_p} - 1\right)\left[\ln \frac{h}{r_w}\left(\frac{K_h}{K_v}\right)^{1/2} - 2\right] \tag{5.32}$$

$$S_{pf} = S_p + S_c \tag{5.33}$$

$$S_p = S_h + S_v + S_{wb} \tag{5.34}$$

式中　$S_p$——射孔几何表皮系数;

$S_c$——射孔压实损害表皮系数;

$S_h$——径向渗流表皮系数;

$S_v$——垂向渗流表皮系数;

$S_{wb}$——井眼表皮系数。

$$S_h = \ln\left(\frac{r_w}{r_{we}}\right) \tag{5.35}$$

$$r_{we} = \alpha\left(\frac{r_w}{l_p}\right) \tag{5.36}$$

$$S_v = 10^a h_D^{b-1} r_{pD}^b \tag{5.37}$$

$$a = a_1 \lg r_{pd} + a_2 \tag{5.38}$$

$$b = b_1 r_{pD} + b_2 \tag{5.39}$$

$$h_D = \frac{1}{D_{en} l_p}\sqrt{\frac{K_h}{K_v}} \tag{5.40}$$

$$r_{pd} = \frac{r_p}{2h_{perf}}\left(\sqrt{\frac{K_v}{K_h}} + 1\right) \tag{5.41}$$

$$h_{perf} = \frac{1}{D_{en}} \tag{5.42}$$

$$S_{wb} = C_1 \exp(C_2 r_{wD}) \tag{5.43}$$

$$r_{wD} = \frac{r_w}{r_w + l_p} \tag{5.44}$$

式中 $h_p$——射开厚度,m;

$K_h$——水平向渗透率,mD;

$K_v$——垂向渗透率,mD;

$r_{we}$——有效井半径,m;

$l_p$——孔眼穿透深度(从井壁算起),m;

$\alpha$——系数,取决于相位角,见表5.4;

$a_1$、$a_2$、$b_1$、$b_2$——系数,由相位角确定,见表5.5;

$h_D$——无量纲孔眼间距;

$D_{en}$——射孔密度,孔/m;

$r_{pD}$——无量纲孔眼半径;

$r_p$——孔眼半径,m;

$h_{perf}$——孔眼间距,m;

$C_1$、$C_2$——系数,由相位角确定,见表5.6;

$r_{wD}$——无量纲井眼半径。

**表5.4 系数 $\alpha$ 值**

| 相位角(°) | $\alpha$ | 相位角(°) | $\alpha$ |
|---|---|---|---|
| 0 | 0.250 | 90 | 0.726 |
| 180 | 0.500 | 60 | 0.813 |
| 120 | 0.648 | 45 | 0.860 |

**表5.5 $a_1$、$a_2$、$b_1$和$b_2$的确定**

| 相位角(°) | $a_1$ | $a_2$ | 相位角(°) | $b_1$ | $b_2$ |
|---|---|---|---|---|---|
| 0 | -2.091 | 0.0453 | 0 | 5.1313 | 1.8672 |
| 180 | -2.025 | 0.0943 | 180 | 3.0373 | 1.8115 |
| 120 | -2.018 | 0.0634 | 120 | 1.6136 | 1.7770 |
| 90 | -1.905 | 0.1038 | 90 | 1.5674 | 1.6935 |
| 60 | -1.898 | 0.1028 | 60 | 1.3654 | 1.6490 |
| 45 | -1.788 | 0.2398 | 45 | 1.1915 | 1.6392 |

表5.6　$C_1$、$C_2$的确定

| 相位角(°) | $C_1$ | $C_2$ | 相位角(°) | $C_1$ | $C_2$ |
|---|---|---|---|---|---|
| 0 | $1.6\times10^{-1}$ | 2.675 | 90 | $1.9\times10^{-3}$ | 6.155 |
| 180 | $2.6\times10^{-2}$ | 4.532 | 60 | $3.0\times10^{-4}$ | 7.509 |
| 120 | $6.6\times10^{-3}$ | 5.320 | 45 | $4.6\times10^{-5}$ | 8.791 |

当$l_p \geq r_d$时：

$$S_c = \frac{1}{D_{en} l_p}\left(\frac{K_h}{K_c} - 1\right)\ln\frac{r_c}{r_p} \tag{5.45}$$

当$l_p < r_d$时：

$$S_c = \frac{1}{D_{en} l_p}\left(\frac{K_h}{K_c} - \frac{K_h}{K_d}\right)\ln\frac{r_c}{r_p} \tag{5.46}$$

式中　$K_c$——压实带渗透率，mD，取值见表5.7；

$K_d$——污染带渗透率，mD；

$r_c$——压实带半径，m。

表5.7　$K_c$的取值推荐表

| $l_p \geq r_d$ | | $l_p < r_d$ | |
|---|---|---|---|
| 正压射孔 | $K_c = K_h/10$ | 正压射孔 | $K_c = K_d/10$ |
| 负压射孔 | $K_c = 0.4K_h$ | 负压射孔 | $K_c = 0.4K_d$ |

如果地层的非均质性比较严重，在计算前需要修正孔眼半径和孔密，以下为孔眼半径和孔密的修正公式：

$$D_{en}^{*} = D_{en}\left(1 + \sqrt{\frac{K_v}{K_h}}\right) \tag{5.47}$$

$$r_p^{*} = \frac{r_p}{2}\left(1 + \sqrt{\frac{K_v}{K_h}}\right) \tag{5.48}$$

式中　$D_{en}^{*}$——非均质地层修正射孔孔密；

$r_p^{*}$——非均质地层修正孔眼半径。

$$S_{an} = \frac{K}{K_{grav}}\ln\frac{r_c}{r_s} \tag{5.49}$$

$$S_{grav} = \frac{2Kl_p}{K_{grav} D_{en} r_p^2} \tag{5.50}$$

式中 $K_{grav}$——砾石充填层渗透率,mD;

$r_c$——套管内半径,m。

### 5.2.6 套管压裂砾石充填完井表皮

套管压裂砾石充填完井产生的表皮系数主要包括射孔系列表皮系数、筛管与套管环空砾石充填层形成的表皮系数 $S_{an}$、射孔孔眼砾石充填表皮系数 $S_{grav}$、裂缝表皮系数 $S_f$、瓶颈裂缝表皮系数 $S_{ck}$、裂缝面伤害表皮系数 $S_{fl}$ 和筛管表皮系数 $S_{sj}$。

$$S_{cm} = S_{pt} + S_{pf} + S_{am} + S_{grav} + S_f + S_{ck} + S_{fl} + S_{sj} \tag{5.51}$$

$$S_{an} = \frac{K}{K_{grav}} \ln \frac{r_c}{r_s} \tag{5.52}$$

$$S_{grav} = \frac{2Kl_p}{K_{grav} D_{en} r_p^2} \tag{5.53}$$

$$S_f = -\ln(r_{we}/L_f) - \ln(L_f/r_w) \tag{5.54}$$

式中 $L_f$——单翼裂缝长度(裂缝半长),m;

$r_w$——井筒半径,m;

$r_{we}$——水力压裂后有效井筒半径,m。

$r_{we}$的确定:当 $F_{CD} < 0.1$ 时,$r_{we} = 0.2807K_f w_f/K$;当 $0.1 < F_{CD} < 1$ 时,$r_{we} = 0.3048L_f \times 10^{(0.173\lg F_{CD} + 0.4429)}$;当 $1 < F_{CD} < 10$ 时,$r_{we} = 0.3048L_f \times 10^{(0.253\lg F_{CD} + 0.2)}$;当 $F_{CD} > 10$ 时,$r_{we} = 0.3048L_f \times 10^{(0.025\lg F_{CD} + 0.4425)}$。

$$S_{ck} = \frac{\pi A}{F_{CD}} \tag{5.55}$$

$$A = [(L_{ck}/L_f)/(K_f/K_{ck})]/(w_f/w_{ck}) \tag{5.56}$$

式中 $L_{ck}$——瓶颈裂缝长度,m;

$w_{ck}$——瓶颈裂缝宽度,m;

$K_{ck}$——瓶颈裂缝的渗透率,mD;

$K_f$——裂缝的渗透率,mD;

$F_{CD}$——裂缝无量纲导流能力。

其中:

$$F_{CD} = \frac{w_f K_f}{L_f K}$$

$$S_{fl} = (\pi/2)(L_{fl}/L_f)[(K/K_{fl}) - 1] \tag{5.57}$$

式中 $L_{fl}$——滤失带厚度,m;

$K_{fl}$——滤失带渗透率,mD。

# 5.3 基于井筒节点网络的复杂结构井产能预测模型

虽然复杂结构井在油气田开发中具有很多优点，但是在生产过程中仍然会出现一些不可避免的问题。为了建立最佳油气流入或流出井筒的通道，完井结构变得越来越复杂。解析模型和现有的耦合模型都不能对于考虑完井结构的复杂结构井的井筒流动动态进行有效的模拟。基于此，本节首先对复杂结构井的基本网络结构进行了介绍，接着介绍了黑油模型，在此基础上对三相完井井筒网络模型的控制方程进行了推导，最后给出了三相完井井筒网络模型求解方法。

## 5.3.1 基本网络结构

在网络模型中，将复杂结构井的完井系统离散成如图5.1所示的由节点和桥连接的网络系统。在图5.1中有三类节点：最上层代表的油藏节点，中层代表的环空节点，下层代表的油管节点。所有的这些节点代表了油藏、环空、完井管柱基管的一个具体位置。连接每两个相连节点的流动通道称作桥，共有油藏环空桥、环空桥、环空油管桥和完井管柱基管桥4类流动桥。不同桥的压降计算模型是不一样的。对于均质油藏，每段的油藏物性参数都相同；然而对于非均质油藏，每段的油藏物性参数则可能不同。每段的油藏泄流、环空流动、环空油管流动、完井管柱基管流动是否存在以及压降计算方式都应根据具体的完井结构而定。

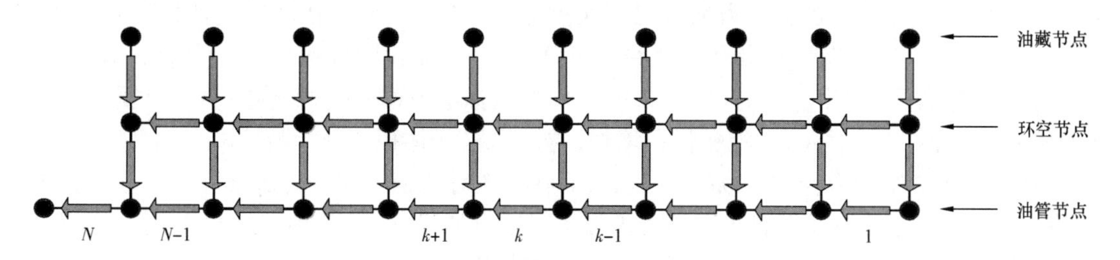


图5.1 网络节点系统

图5.1中所有的节点和桥构成了一个从趾端到跟端的流动网络结构，将整个水平井网络分成$N$段，所分段数根据所需要的精度而定。图中的箭头方向为初始假定的流动方向，实际的流动方向可能与假定的流动方向不一致。实际流动方向与实际的完井结构、流动参数和边界约束条件有关。

对于除油藏节点外的每一个节点，根据物质守恒定理，得到该节点物质守恒方程为：

$$\sum_{j} \rho_{ij} q_{ij} = 0 \tag{5.58}$$

式中 $q_{ij}$——桥总体积流量，$m^3/d$；

$\rho_{ij}$——平均密度，$kg/m^3$；

$i$——计算节点；

$j$——与$i$相连的所有节点。

对于流动桥，根据动量守恒定理，得到桥动量守恒方程为：

$$p_i - p_j = \pm f(q_{ij}) \tag{5.59}$$

式中 $p_i$、$p_j$——节点压力；

+——$i$ 是上游节点；

-——$i$ 是下游节点。

流动方向是未知的，在求解时先假定其流动方向，如图5.1所示。

不同完井结构简化成的井筒完井网络结构是不一样的，对于如图5.1所示的节点网络，油藏节点压力和跟端节点压力（或跟端流量）为已知边界条件，其他节点压力和桥流量为未知量，即需要求解的变量。在复杂结构井中，由于存在不可忽视的井筒压降，并且流体在井筒流动过程中存在相态变化，各相间将发生物质交换；因此，为了更精确地模拟井筒流动动态，本书考虑井筒中为油、水、气三相流动。下面先分析描述三相流体流动的黑油模型。

### 5.3.2 黑油模型

描述流体相态特性的模型有单相模型、黑油模型（Black Oil Model）和组分模型。根据油藏的类型选择相应的流动模型，对流动动态的正确模拟非常重要。平面相图经常被用来对油藏进行分类，一般把油藏大致分为未饱和油藏（Undersaturated reservoir）、挥发性油藏（Volatile oil reservoir）、凝析气藏（Condensate gas reservoir）、湿气气藏（Wet gas reservoir）和干气气藏（Dry gas reservoir）。图5.2为一个典型的碳氢化合物相图。由图5.2可知，假如油藏条件在A点时，则为未饱和油藏；初始状态为单一相，随着生产的进行，油藏压力逐渐降低，当压力低于泡点压力时，气相开始析出。当油藏温度接近临界点处（图5.2中的B点）时，被归类为挥发性油藏；随着压力的降低，油相体积将快速下降，而气相体积则快速增加。当油藏温度处在临界温度和临界凝析温度之间时（图5.2中的C点），油藏被称作凝析气藏；由于反凝析作用，随着压力的降低（从$C_1$到$C_2$），液相体积增加，越过$C_2$液相体积又开始减小。当油藏温度大于临界温度（图5.2中的D点）时，为单一气相，而在生产时从干气到分离器条件为油气两相，此时被称为湿气气藏；当油藏条件处于E点时，随着压力的降低，在分离器条件下仍为气相，则称为干气气藏。显然干、湿气藏的分类取决于分离器的条件。

在油藏开采过程中通常伴随着出水，通常地下水具有很高的矿化度，而碳氢化合物的溶解度随着水矿化度的增高而下降。在本书中仅考虑为非挥发性油，地层水为第三相，并且假设在开采过程中温度不变。也就是说，流体物性的描述模型选择为油、气、水的三相黑油模型。黑油模型是描述含有非挥发组分的黑油和挥发性组分的原油溶解气两个系统在油藏中运动规律的数学模型，也称为低挥发油双组分模型。黑油只是为了阐述油、气、水三相流体在油藏中的渗流规律而假设的一系列情况下的油藏模型。这种模型不是指“石油”本身在物理性质和化学性质上有什么不同，而是指“油”的渗流规律与油藏其他性质的不同。它只是通过物理、数学手段人造的一个模型，便于进行油藏的模拟开发。模型中烃类系统可用两组分进行描述：（1）非挥发组分（黑油）；（2）挥发组分，即溶于油中的气。本书将基于黑油模型对井筒网络模型进行推导。为了简化模型，不考虑水相与其他相的物质转移，油相由溶解气和黑油组成，在油相和气相中的物质转移用溶解气油比$R_s$表示。下面先介绍表征黑油模型的一些流体物性参数及其相应的经验公式。

在阐述黑油模型流体物性参数前，先对需要用到的相关符号进行介绍。在油藏条件下，油

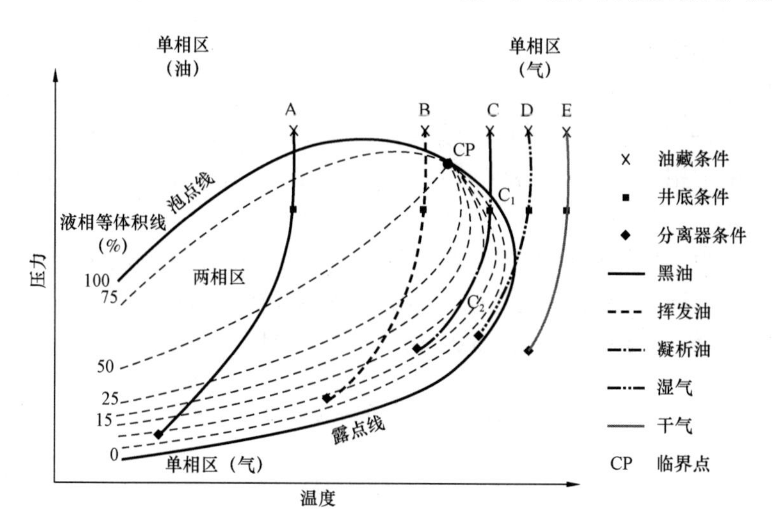


图5.2　碳氢化合物相图

相、气相和水相的体积分别用 $V_o^{RC}$、$V_g^{RC}$ 和 $V_w^{RC}$ 表示，溶解气体积用 $V_{fg}^{RC}$ 表示；在地面条件(0℃，1atm[1])下，油相、气相和水相的体积分别用 $V_o^{SC}$ 、$V_g^{SC}$ 和 $V_w^{SC}$ 表示，溶解气体积用 $V_{fg}^{SC}$ 表示。

5.3.2.1　原油物性参数

原油性质包括其溶解气油比、密度、体积系数、黏度及压缩系数。后四个性质可通过第一个性质(溶解气油比)连接起来。

(1)溶解气油比。

溶解气油比是描述原油的基础参数。定义为实际油藏压力和温度下的原油在标准状态下脱气后，得到1单位体积原油所析出的气量。

$$R_s = \frac{V_{gas}}{V_{oil}} \tag{5.60}$$

式中　$R_s$——溶解气油比，$m^3/m^3$；

$V_{gas}$——标准状态下溶解气体积，$m^3$；

$V_{oil}$——标准状态下原油体积，$m^3$。

本书中的标准状态(STP)是指0.101MPa(14.7psi)和15.6℃(60℉)。当温度一定时，若压力大于泡点压力，则溶解气油比为常数；若压力小于泡点压力，则溶解气油比随压力的降低而减小。

通过PVT实验或经验公式都可得到实际原油溶解气油比。本书选择的经验公式为：

$$R_s = \gamma_g\left[7.517p \times \frac{10^{0.0125(°API)}}{10^{0.001638t}}\right] \tag{5.61}$$

式中　$\gamma_g$——溶解气相对密度；

°API——原油API重度；

[1] 1atm = 101325Pa。

$p$——压力，MPa；

$t$——温度，℃。

溶解气油比反映了油气开采过程中随压力和温度的变化油相和气相二者之间的物质转换。在油藏工程中常用于计算原油和气体体积，也是用于估算其他流体性质的基本参数。

（2）原油密度。

原油密度定义为单位体积原油的质量，常以 $g/cm^3$ 为单位，广泛用于如井筒动态等水力学计算。由于溶解气的原因，原油密度与压力和温度密切相关。标准状态下，原油（地面脱气原油或重油）密度用 API 重度表示。脱气原油相对密度与 API 重度的关系为：

$$°API = \frac{141.5}{\gamma_o} - 131.5 \tag{5.62}$$

$$\gamma_o = \frac{\rho_{o,st}}{\rho_w} \tag{5.63}$$

式中 °API——脱气原油 API 重度（淡水等于 10）；

$\gamma_o$——脱气原油相对密度（淡水等于 1）；

$\rho_{o,st}$——脱气原油密度，$g/cm^3$；

$\rho_w$——淡水密度，$g/cm^3$。

Ahmed（1989）总结了大量研究，得到了计算高温高压原油密度的一些经验公式。但在使用时，应该仔细对比实际测量值，验证并选择经验关系式。

Standing（1981）提出了采用溶解气油比、脱气原油相对密度、溶解气相对密度及温度计算原油密度的关系式。Ahmed（1989）将原油体积系数的定义式代入 Standing 关系式，得到了高温高压下含气原油密度的计算公式：

$$\rho_o = \frac{62.4\gamma_o + 0.0136R_s\gamma_g}{0.972 + 0.000147\left(R_s\sqrt{\frac{\gamma_g}{\gamma_o}} + 2.25t + 40\right)^{1.175}} \tag{5.64}$$

式中 $t$——温度，℃；

$\gamma_g$——溶解气相对密度（空气等于 1）。

（3）原油体积系数。

当油和水从地层流出至井口时，其体积将会随着压力和温度的变化而变化，并且大多数流体的物性参数的测量是在地面进行的，但是油藏的流动是在地层和生产井筒中，所以通常用原油体积系数来表示地下原油体积。原油体积系数常用于原油体积及流入动态计算，也是估算其他流体性质的基本参数。图 5.3 反映了流体体积在地下和地面的变化关系。

原油体积系数定义为油藏温度、压力下原油体积与标准状态下脱气原油体积之比：

$$B_o = \frac{V_{res}}{V_{st}} \tag{5.65}$$

式中 $B_o$——原油体积系数；

$V_{res}$——地下原油体积，$m^3$；

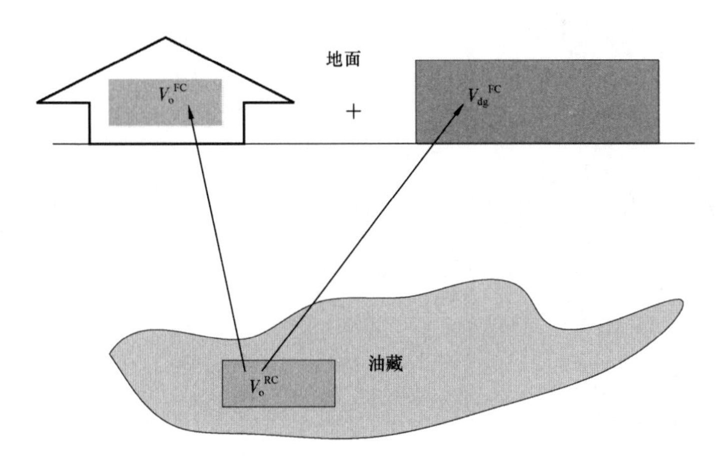


图 5.3　流体体积在地下和地面之间的变化关系

$V_{st}$——脱气原油体积，$m^3$。

原油体积系数通常大于1，这是因为在油藏温度、压力情况下原油比标准状态下溶解的气更多。当油藏温度一定时，若压力高于泡点压力，原油体积系数基本可认为是常数；而若压力低于泡点压力，随压力降低，将不断有溶解气析出，原油体积系数会不断减小。

通过 PVT 实验或大量的经验公式都可得到原油体积系数。式(5.66)为 Standing(1981)给出的经验公式：

$$B_o = 0.9759 + 0.00012\left(R_s\sqrt{\frac{\gamma_g}{\gamma_o}} + 2.25t + 40\right)^{1.2} \tag{5.66}$$

(4)原油黏度。

黏度是描述流体流动阻力的经验参数。原油黏度在油藏工程和采油工程中用于油井流入动态和水力学计算。采用 PVT 实验或经验公式可得到原油黏度，Beal(1946)、Beggs 和 Robinson(1975)、Standing(1981)、Glaso(1985)、Khan(1987)以及 Ahmed(1989)等都给出了黏度计算的经验公式。在使用前，应根据实际测量值，验证并选择相应的经验公式。Standing(1981)给出的重油黏度计算表达式为：

$$\mu_{od} = \left(0.32 + \frac{1.8\times10^7}{°API^{4.53}}\right)\left(\frac{360}{1.8t + 232}\right)^A \tag{5.67}$$

$$A = 10^{\left(0.43 + \frac{8.33}{°API}\right)} \tag{5.68}$$

式中　$\mu_{od}$——重油黏度，mPa·s。

Standing(1981)给出的饱和气原油黏度计算式为：

$$\mu_{ob} = 10^a \mu_{od}^b \tag{5.69}$$

式中　$\mu_{ob}$——饱和气原油黏度，mPa·s。

$$a = R_s(2.2\times10^{-7}R_s - 7.4\times10^{-4}) \tag{5.70}$$

$$b = \frac{0.68}{10^c} + \frac{0.25}{10^d} + \frac{0.062}{10^e} \tag{5.71}$$

$$c = 8.62 \times 10^{-5} R_s \tag{5.72}$$

$$d = 1.10 \times 10^{-3} R_s \tag{5.73}$$

$$e = 3.74 \times 10^{-3} R_s \tag{5.74}$$

Standing(1981)给出的未饱和原油黏度计算式为：

$$\mu_o = \mu_{ob} + 0.145(p - p_b)(0.024\mu_{ob}^{1.6} + 0.38\mu_{ob}^{0.56}) \tag{5.75}$$

式中　$p_b$——泡点压力，MPa。

(5)原油压缩系数。

原油压缩系数定义为：

$$c_o = -\frac{1}{V}\left(\frac{\partial V}{\partial p}\right)_T \tag{5.76}$$

原油压缩系数通过 PVT 实验获得，常用于油井流入动态计算及油藏模拟。其值大约为 $6.897 \times 10^{-8} \mathrm{MPa}^{-1}$。

5.3.2.2　天然气物性参数

天然气物性参数包括天然气相对密度、天然气拟压力和拟温度、天然气黏度、天然气压缩因子、天然气密度、天然气体积系数和天然气压缩系数。

(1)天然气相对密度。

天然气相对密度定义为天然气表观分子量与空气分子量的比值。空气的分子量通常取 28.97(大约 79% 的氮气和 21% 的氧气)。因此，天然气的相对密度为：

$$\gamma_g = \frac{MW_a}{28.97} \tag{5.77}$$

式中　$MW_a$——天然气表观分子量，可通过其组成计算得到。

天然气组成通常在实验室确定，其组分采用摩尔分数表示。例如，用 $y_i$ 来表示 $i$ 组分的摩尔分数，那么天然气的表观分子量为：

$$MW_a = \sum_{i=1}^{N_c} y_i MW_i \tag{5.78}$$

式中　$MW_i$——$i$ 组分的分子量；

$N_c$——天然气组分数。

所需分子量可在有机化学或石油流体有关书籍中找到，例如 Ahmed(1989)的 *Hydrocarbon Phase Behavior*。天然气相对密度一般在 0.55 ~ 0.9 之间。

(2)天然气拟压力和拟温度。

根据天然气组分数据确定天然气表观分子量相似的混合原则，基于其所包含组分的临界性质确定天然气的临界性质。这种方式下定义的天然气临界性质被称为拟临界性质。天然气的拟压力和拟温度表达式为：

$$p_{pc} = \sum_{i=1}^{N_c} y_i p_{ci} \tag{5.79}$$

$$T_{pc} = \sum_{i=1}^{N_c} y_i T_{ci} \tag{5.80}$$

式中　$p_{ci}$和 $T_{ci}$——组分 $i$ 的临界压力和临界温度。

若天然气组分未知，但相对密度给出，那么可以根据图版或经验关系式得到其拟压力和拟温度。两简单关系式如下：

$$p_{pc} = 709.604 - 58.718\gamma_g \tag{5.81}$$

$$T_{pc} = 170.491 + 307.344\gamma_g \tag{5.82}$$

此公式只适用于低硫气（$H_2S$ 含量小于 3%）、$N_2$ 含量小于 5%，并且总无机组分小于 7% 的情况。

采用图版或关系式也可得到含杂质酸气的拟压力和拟温度。式(5.86)和式(5.87)为 Wichert－Aziz(1972)给出的关系式：

$$A = y_{H_2S} + y_{CO_2} \tag{5.83}$$

$$B = y_{H_2S} \tag{5.84}$$

$$\varepsilon_3 = 120(A^{0.9} - A^{1.6}) + 15(B^{0.5} - B^{4.0}) \tag{5.85}$$

$$T'_{pc} = T_{pc} - \varepsilon_3 (\text{修正 } T_{pc}) \tag{5.86}$$

$$p'_{pc} = \frac{p_{pc} T'_{pc}}{T_{pc} + B(1 - B)\varepsilon_3} (\text{修正 } p_{pc}) \tag{5.87}$$

Ahmed(1989)补充了含其他杂质组分的关系式：

$$p_{pc} = 678 - 50(\gamma_g - 0.5) - 206.7y_{N_2} + 440y_{CO_2} + 606.7y_{H_2S} \tag{5.88}$$

$$T_{pc} = 326 + 315.7(\gamma_g - 0.5) - 240y_{N_2} - 83.3y_{CO_2} + 133.3y_{H_2S} \tag{5.89}$$

在石油工程中，常采用拟对比压力和拟对比温度来代替拟临界压力和拟临界温度：

$$p_{pr} = \frac{p}{p_{pc}} \tag{5.90}$$

$$T_{pc} = \frac{T}{T_{pc}} \tag{5.91}$$

(3)气体黏度。

石油工程中通常测动态黏度 $\mu_g$，单位 mPa · s。而运动黏度 $\nu_g$ 与动态黏度 $\mu_g$ 和密度 $\rho_g$ 的关系为：

$$\nu_g = \frac{\mu_g}{\rho_g} \tag{5.92}$$

对于一种新气体，直接测量其黏度。如果已知气体组分黏度及其组成($y_i$)，可直接采用混合原则计算混合气体黏度：

$$\mu_g = \frac{\sum(\mu_{gi} y_i \sqrt{MW_i})}{\sum(y_i \sqrt{MW_i})} \tag{5.93}$$

单一气体黏度通常采用图版或经验公式获得。Carr 等(1954)给出的气体黏度计算公式包括两个步骤：首先，通过气体密度及无机组成获得标准状态下的气体黏度；其次，采用升温增压与黏度的关系式将标准状态值调整至地层压力情况。大气压力下气体黏度计算式为：

$$\mu_1 = \mu_{1HC} + \mu_{1N_2} + \mu_{1CO_2} + \mu_{1H_2S} \tag{5.94}$$

其中：

$$\mu_{1HC} = 8.188 \times 10^{-3} - 6.15 \times 10^{-3}\lg(\gamma_g) + (1.709 \times 10^{-5} - 2.062 \times 10^{-6}\gamma_g) \tag{5.95}$$

$$\mu_{1N_2} = [9.59 \times 10^{-3} + 8.48 \times 10^{-3}\lg(\gamma_g)]y_{N_2} \tag{5.96}$$

$$\mu_{1CO_2} = [6.24 \times 10^{-3} + 9.08 \times 10^{-3}\lg(\gamma_g)]y_{CO_2} \tag{5.97}$$

$$\mu_{1H_2S} = [3.73 \times 10^{-3} + 8.49 \times 10^{-3}\lg(\gamma_g)]y_{H_2S} \tag{5.98}$$

Dempsey(1965)给出了高温下气体黏度计算式：

$$\mu_r = \ln\left(\frac{\mu_g}{\mu_1}T_{pr}\right) = a_0 + a_1 p_{pr} + a_2 p_{pr}^2 + a_3 p_{pr}^3 + T_{pr}(a_4 + a_5 p_{pr} + a_6 p_{pr}^2 + a_7 p_{pr}^3) + T_{pr}^2(a_8 + a_9 p_{pr} + a_{10} p_{pr}^2 + a_{11} p_{pr}^3) + T_{pr}^3(a_{12} + a_{13} p_{pr} + a_{14} p_{pr}^2 + a_{15} p_{pr}^3) \tag{5.99}$$

其中：$a_0 = -2.46211820$；$a_1 = 2.97054714$；$a_2 = -0.28626405$；$a_3 = 0.00805420$；$a_4 = 2.80860949$；$a_5 = -3.49803305$；$a_6 = 0.36037302$；$a_7 = -0.01044324$；$a_8 = -0.79338568$；$a_9 = 1.39643306$；$a_{10} = -0.14914493$；$a_{11} = 0.00441016$；$a_{12} = 0.08393872$；$a_{13} = -0.18640885$；$a_{14} = -0.02033679$；$a_{15} = -0.00060958$。

通过式(5.99)获得 $\mu_r$ 后，采用式(5.100)便可得到高温下的气体黏度：

$$\mu_g = \frac{\mu_1}{T_{pr}} e^{\mu_r} \tag{5.100}$$

Dean 和 Stiel(1958)、Lee 等(1966)也给出了气体黏度的计算式。

(4)气体压缩因子。

气体压缩因子也称为偏差因子或 $Z$ 因子。它的值反映了在某压力和温度下实际气体与理想气体的偏差。压缩因子定义式为：

$$Z = \frac{V_{actual}}{V_{ideal\ gas}} \tag{5.101}$$

将 $z$ 因子代入理想气体状态方程，便可得到实际气体状态方程：

$$pV = nZRT \tag{5.102}$$

式中　$n$——气体物质的量，kmol；

$p$——气体压力，MPa；

$V$——体积，$m^3$；

$T$——气体热力学温度，K；

$R$——气体常数，$R = 0.008471 MPa \cdot m^3/(kmol \cdot K)$。

可通过PVT实验得到气体压缩因子。对于一定量的气体，如果温度保持不变，并在0.101MPa和高压$p_1$下测得体积，那么压缩因子可用式(5.103)获得：

$$Z = \frac{p_1}{0.101}\frac{V_1}{V_0} \tag{5.103}$$

式中　$V_0$和$V_1$——压力0.101MPa和$p_1$下的体积。

通常采用Standing和Katz(1954)图版获得压缩因子，并且该图版广泛应用于编程计算。Brill和Beggs(1974)给出了用于工程计算较为准确的计算公式：

$$Z = A + \frac{1 - A}{e^B} + Cp_{pr}^D \tag{5.104}$$

其中：

$$A = 1.39(T_{pr} - 0.92)^{0.5} - 0.36T_{pr} - 0.10 \tag{5.105}$$

$$B = (0.62 - 0.23T_{pr})p_{pr} + \left(\frac{0.066}{T_{pr} - 0.86} - 0.037\right)p_{pr}^2 + \frac{0.32p_{pr}^6}{10^E} \tag{5.106}$$

$$C = 0.132 - 0.32\lg(T_{pr}) \tag{5.107}$$

$$D = 10^F \tag{5.108}$$

$$E = 9(T_{pr} - 1) \tag{5.109}$$

$$F = 0.3106 - 0.49T_{pr} + 0.1824T_{pr}^2 \tag{5.110}$$

Hall和Yarborough(1973)提出了用于计算天然气压缩因子更为准确的公式：

$$Z = \frac{Ap_{pr}}{Y} \tag{5.111}$$

其中：

$$t_r = \frac{1}{T_{pr}} \tag{5.112}$$

$$A = 0.06125t_r e^{-1.2(1-t_r)^2} \tag{5.113}$$

$$B = t_r(14.76 - 9.76t_r + 4.58t_r^2) \tag{5.114}$$

$$C = t_r(90.7 - 242.2t_r + 42.4t_r^2) \tag{5.115}$$

$$D = 2.18 + 2.82t_r \tag{5.116}$$

$Y$ 为对比密度,可通过式(5.117)计算:

$$f(Y) = \frac{Y + Y^2 + Y^3 - Y^4}{1 - Y^3} - Ap_{pr} - BY^2 + CY^D = 0 \tag{5.117}$$

采用牛顿迭代法求解式(5.117),求导:

$$\frac{df(Y)}{dY} = \frac{1 + 4Y + 4Y^2 - 4Y^3 + Y^4}{(1 - Y)^4} - 2BY^2 + CDY^{D-1} \tag{5.118}$$

(5)气体密度。

由于气体可压缩,因此其密度是压力和温度的函数。为指导实验测量,气体密度可通过实际气体状态方程获得:

$$\rho_g = \frac{m}{V} = \frac{MW_a p}{ZRT} \tag{5.119}$$

式中 $m$——气体质量;

$\rho_g$——气体密度。

若空气分子量取29,气体常数 $R = 0.008471\text{MPa} \cdot \text{m}^3/(\text{kmol} \cdot \text{K})$,则式(5.119)为:

$$\rho_g = \frac{3.423\gamma_g p}{ZT} \tag{5.120}$$

(6)气体体积系数。

气体体积系数定义为油藏条件下气体体积与标准状态下气体体积比值:

$$B_g = \frac{V}{V_{sc}} = \frac{p_{sc}}{p}\frac{T}{T_{sc}}\frac{Z}{Z_{sc}} = 0.0065\frac{ZT}{p} \tag{5.121}$$

式中 $B_g$——气体体积系数;

$V$——油藏条件下气体体积,$\text{m}^3$;

$V_{sc}$——标准状态下气体体积,$\text{m}^3$;

$p$——压力,MPa;

$p_{sc}$——标准状态下压力,MPa;

$T$——温度,℃;

$T_{sc}$——标准状态下温度,℃;

$Z$——气体压缩因子;

$Z_{sc}$——标准状态下气体压缩因子,标准状态下为1。

气体体积系数常用于气井流入动态关系(IPR)的数学模型中。也采用气体膨胀系数来表征,气体膨胀系数定义为:

$$E = \frac{1}{B_g} = 153.85\frac{p}{ZT} \tag{5.122}$$

气体膨胀系数常用于计算气藏储量。

(7)气体压缩系数。

气体压缩系数定义为：

$$c_{g} = -\frac{1}{V}\left(\frac{\partial V}{\partial p}\right)_{T} \tag{5.123}$$

由实际气体状态方程得 $V = \frac{nZRT}{p}$，求导可得：

$$\left(\frac{\partial V}{\partial p}\right) = nRT\left(\frac{1}{p}\frac{\partial Z}{\partial p} - \frac{Z}{p^{2}}\right) \tag{5.124}$$

将式(5.124)代入式(5.125)得：

$$c_{g} = \frac{1}{p} - \frac{1}{Z}\frac{\partial Z}{\partial p} \tag{5.125}$$

由于式(5.125)等号右边第二项通常较小，因此气体压缩系数约为压力的倒数。

#### 5.3.2.3 地层水物性参数

地层水的性质在油气藏管理中广泛使用，包括密度、相对密度、矿化度、黏度、体积系数和压缩系数。这些性质通过实验可轻易获得。

(1)地层水的密度、相对密度及矿化度。

标准状态下，纯水的密度为 $1\mathrm{g/cm^3}$。由于地层水中含有杂质(多数为盐)，因此其密度高于纯水密度值。相对密度定义为地层水与纯水的密度比值。在实际过程中，地层水密度、相对密度及矿化度可相互转换，其关系取决于溶解在地层水中盐的类型。对于典型油田地层水，McCain(1973)给出了以下计算式：

$$\rho_{w} = 1 + 0.00769C_{s} \tag{5.126}$$

式中 $\rho_{w}$——地层水密度，$\mathrm{g/cm^3}$；

$C_{s}$——总的溶解固体百分数，%。

(2)地层水黏度。

地层水黏度受矿化度、溶解气量、压力、温度等影响，其中温度是最主要的影响因素。对于典型油田地层水，McCain(1973)给出了以下计算式：

$$\mu_{w} = \frac{70.42}{1.8t + 32} \tag{5.127}$$

式中 $\mu_{w}$——地层水黏度，mPa·s；

$t$——温度，℃。

(3)地层水体积系数。

与原油体积系数定义相同，地层水体积系数定义为油藏温度、压力下地层水体积与标准状态下脱气地层水体积之比：

$$B_{\mathrm{w}} = \frac{V_{\mathrm{res}}}{V_{\mathrm{st}}} \tag{5.128}$$

式中　$B_{\mathrm{w}}$——地层水体积系数；

$V_{\mathrm{res}}$——地下地层水体积，$\mathrm{m}^3$；

$V_{\mathrm{st}}$——地面地层水体积，$\mathrm{m}^3$。

对于典型油田地层水而言，地层水体积系数值非常接近于1。

(4)地层水压缩系数。

地层水压缩系数定义为：

$$c_{\mathrm{w}} = -\frac{1}{V}\left(\frac{\partial V}{\partial p}\right)_T \tag{5.129}$$

地层水的压缩系数通常由实验获得，其值约为$1.45\times10^{-4}\mathrm{MPa}^{-1}$。地层水的压缩系数常用于油井流入动态及油藏模拟。

油气生产时，流体从油藏进入井筒，再沿井筒、完井工具流向井底的过程中压力和温度发生变化，而温度和压力的变化将会引起流体各相之间的物质交换。这种变化又将引起各相物性参数的变化，反过来又将引起井筒压降的改变。因此，考虑井筒流体的三相流动将更能真实地反映井筒的流动动态。图5.4反映了油相物性参数与地层压力的关系。

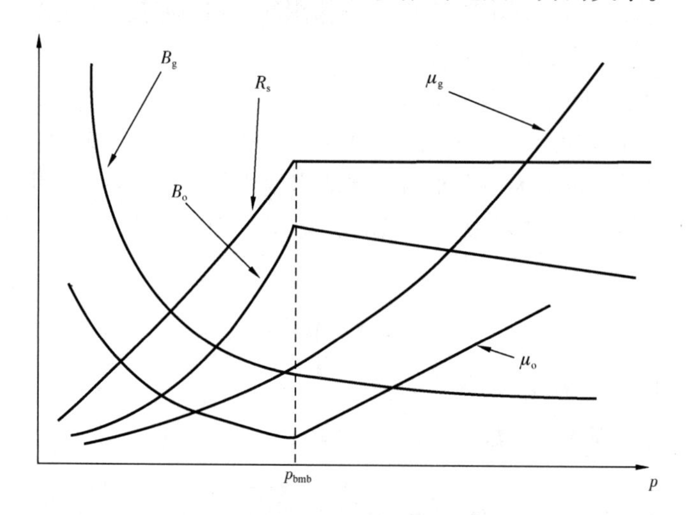


图5.4　油相物性参数随地层压力的变化

### 5.3.3　网络模型的控制方程

本书研究的三相网络模型是解决油气两相间在绝热条件下存在质量转移情况下的井筒流动动态的模拟模型。三相网络模型主要是求解三相流体流动下沿井筒的压力和流量分布。为了描述三相流体之间的物质交换，采用相系数来表示各相流体的体积变化。这里的“相系数”是指某相流体体积在三相流体总体积中所占的比例，各相的相系数之和为1。书中以图5.5中第$k$段为例，对网络模型的控制方程进行推导。假设第$k$段油藏的压力为$p_{\mathrm{r}}(k)$，温度为$T_{\mathrm{r}}(k)$，油相系数为$f_{\mathrm{r1}}(k)$，水相系数为$f_{\mathrm{r2}}(k)$，且均为已知量；油相系数和水相系数已知，则气

相系数也就确定了。假设从油藏流入环空第 $k$ 个节点的三相总流量为 $q_r(k)$，从第 $k$ 个环空节点流向下游环空节点的三相总流量为 $q_a(k)$，从环空流向完井管柱基管的第 $k$ 个节点三相总流量为 $q_{at}(k)$，从第 $k$ 个完井管柱基管节点流向下游完井管柱基管节点的三相总流量为 $q_t(k)$；假设第 $k$ 段环空节点压力为 $p_a(k)$，第 $k$ 段完井管柱基管节点压力为 $p_t(k)$；另外，假设环空桥流量油相系数为 $f_{a1}(k)$、水相系数为 $f_{a2}(k)$，完井管柱基管桥流量油相系数为 $f_{t1}(k)$、水相系数为 $f_{t2}(k)$，环空油管桥油相系数为 $f_{at1}(k)$、水相系数为 $f_{at2}(k)$。其中，下标 r 代表油藏，a 代表环空，t 代表完井管柱基管，1 代表油相，2 代表水相。各流通桥的气相系数可用式(5.130)计算：

$$f_g = 1 - f_1 - f_2 \tag{5.130}$$

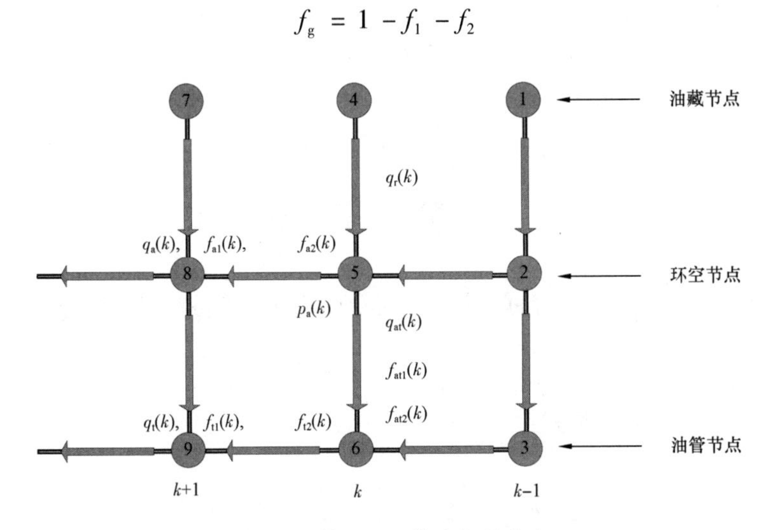


图5.5　第 $k$ 段网络未知量分布

如图5.5所示，第 $k$ 段网络中的所有节点可以归纳为如下三类。

(1)压力、流入流量和流出流量均未知的节点：图5.5中的5、6。

(2)压力已知，流出流量未知的节点：图5.5中有边界节点4。

从图5.5可以看出，总共有12个待求未知量，其中4个未知桥流量[$q_r(k)$、$q_a(k)$、$q_{at}(k)$、$q_t(k)$]、2个未知节点压力[$p_a(k)$、$p_t(k)$]、6个未知相系数[$f_{a1}(k)$、$f_{a2}(k)$、$f_{t1}(k)$、$f_{t2}(k)$、$f_{at1}(k)$、$f_{at2}(k)$]。

12个未知数要求12个方程来求解，分析流动图5.5可知，从5、6两个节点可以得到6个质量守恒方程(2个油相质量守恒方程、2个水相质量守恒方程、2个气相物质守恒方程)，从4条桥可以得到4个动量守恒方程，总共10个方程。但是为了求解未知量，还需要2个方程。假设从环空节点流向下一环空节点的相系数与流向油管节点的相系数在流动过程中保持不变，则有：

$$\begin{cases} f_{a1}(k) = f_{at1}(k) \\ f_{a2}(k) = f_{at2}(k) \end{cases} \tag{5.131}$$

本书中把这两个方程称为分离方程。此时方程的总数为12个，正好能求解12个未知数。下面对这三类方程进行详细推导。

对于图 5.1 所示的网络节点系统，除油藏节点外，每一个节点根据物质守恒定理，可以得到节点物质守恒方程为：

$$\sum_{j} m_{ij} = 0 \tag{5.132}$$

式中 $m_{ij}$——桥质量流量，kg/d；

$i$——计算节点；

$j$——与 $i$ 相连的所有节点。

对于三相流体，各相质量守恒方程可表示为：

$$\begin{cases} \sum_{j} m_{oij} = 0 \\ \sum_{j} m_{wij} = 0 \\ \sum_{j} m_{gij} = 0 \end{cases} \tag{5.133}$$

如前所述，对于每条流动桥，根据动量守恒定理，可以得到桥动量守恒方程为：

$$p_i - p_j = \pm f(q_{ij}) \tag{5.134}$$

式(5.132)可改写成以下形式：

$$\sum_{j=1}^{n} m_{ij} = \sum m_{i,\mathrm{in}} - \sum m_{i,\mathrm{out}} = 0 \tag{5.135}$$

若用体积流量表示，式(5.135)可写为：

$$\sum_{j=1}^{n} m_{ij} = \sum \rho_{i,\mathrm{in}} q_{i,\mathrm{in}} - \sum \rho_{i,\mathrm{out}} q_{i,\mathrm{out}} = 0 \tag{5.136}$$

式(5.136)中，$q$ 是与节点 $i$ 相连节点所组成桥的三相总流量(油、水、气)，$m^3$/d；$\rho$ 是与节点 $i$ 相连节点所组成桥的流量密度(平均密度)，g/$cm^3$；in 表示流体流入节点，out 表示流体流出节点。单相流体流动时，$\rho$ 为单相流体密度。对于流体在桥上的流动方向，本书做如下假设：流向跟端节点流量为正(+)，流向趾端节点为负(-)。

### 5.3.4 模型求解

由于所建立的方程组是非线性的，而 Newton - Raphson 迭代方法求解非线性方程组具有较高的收敛速度，因此本书选择此迭代法对网络模型进行求解。

#### 5.3.4.1 井筒网络模型求解过程

(1)将井筒划分为 $N$ 段，如图 5.1 所示，井筒网络模型有 $12N-3$ 个未知数，建立 $12N-3$ 个方程来求解 $12N-3$ 个未知数。

将所建立的非线性方程组表示成如下所示的一般形式：

$$\begin{cases} f_1(x_1,x_2,\cdots,x_n) = 0 \\ f_2(x_1,x_2,\cdots,x_n) = 0 \\ \cdots \\ f_n(x_1,x_2,\cdots,x_n) = 0 \end{cases} \tag{5.137}$$

$f_i(x_1,x_2,\cdots,x_n),(i=1,2,\cdots,n)$是所求网络模型未知量$x_1,x_2,\cdots,x_n$的非线性实函数,$n=12N-3$。

(2)设$(x_1^{(e)},x_2^{(e)},\cdots,x_n^{(e)})$是式(5.137)的一组初始近似解,根据5.3.2节黑油模型三相流体的物性参数经验公式求得所有段的流体物性参数:

$$\overrightarrow{\alpha^{(e)}} = f(x_1^{(e)},x_2^{(e)},\cdots,x_n^{(e)}) \tag{5.138}$$

其中,$\overrightarrow{\alpha^{(e)}} = (\overrightarrow{B_{oa}^{(e)}},\overrightarrow{B_{oat}^{(e)}},\overrightarrow{B_{ot}^{(e)}},\overrightarrow{R_{sa}^{(e)}},\overrightarrow{R_{sat}^{(e)}},\overrightarrow{R_{st}^{(e)}},\overrightarrow{\rho_{oa}^{(e)}},\overrightarrow{\rho_{oat}^{(e)}},\overrightarrow{\rho_{ot}^{(e)}},\overrightarrow{\rho_{wa}^{(e)}},\overrightarrow{\rho_{wat}^{(e)}},\overrightarrow{\rho_{wt}^{(e)}},$
$\overrightarrow{\rho_{ga}^{(e)}},\overrightarrow{\rho_{gat}^{(e)}},\overrightarrow{\rho_{gt}^{(e)}},\overrightarrow{\mu_{oa}^{(e)}},\overrightarrow{\mu_{oat}^{(e)}},\overrightarrow{\mu_{ot}^{(e)}},\overrightarrow{\mu_{wa}^{(e)}},\overrightarrow{\mu_{wat}^{(e)}},\overrightarrow{\mu_{wt}^{(e)}},\overrightarrow{\mu_{ga}^{(e)}},\overrightarrow{\mu_{gat}^{(e)}},\overrightarrow{\mu_{gt}^{(e)}})$。

流通桥上流体密度、黏度采用平均密度和平均黏度来表示:

$$\begin{cases} \bar{\rho} = \rho_o f_o + \rho_w f_w + \rho_g f_g \\ \bar{\mu} = \mu_o f_o + \mu_w f_w + \mu_g f_g \end{cases} \tag{5.139}$$

(3)把式(5.137)的左端在$(x_1^{(e)},x_2^{(e)},\cdots,x_n^{(e)})$用多元泰勒公式展开,取线性部分,得到如下的近似方程组:

$$\begin{cases} f_1(x_1,x_2,\cdots,x_n) + \sum\limits_{j=1}^{n} \dfrac{\partial f(x_1^e,x_2^e,\cdots,x_n^e)}{\partial x_j}\Delta x_j^e = 0 \\ f_2(x_1,x_2,\cdots,x_n) + \sum\limits_{j=1}^{n} \dfrac{\partial f(x_1^e,x_2^e,\cdots,x_n^e)}{\partial x_j}\Delta x_j^e = 0 \\ \cdots \\ f_n(x_1,x_2,\cdots,x_n) + \sum\limits_{j=1}^{n} \dfrac{\partial f(x_1^e,x_2^e,\cdots,x_n^e)}{\partial x_j}\Delta x_j^e = 0 \end{cases} \tag{5.140}$$

得到了关于$\Delta x_j^{(e)} = x_i - x_i^e (i=1,2,\cdots,n)$的线性方程组,同时计算如下行列式(称为雅克比行列式):

$$\begin{vmatrix} \dfrac{\partial f_1}{\partial x_1} & \dfrac{\partial f_1}{\partial x_2} & \cdots & \dfrac{\partial f_1}{\partial x_n} \\ & & \cdots & \\ \dfrac{\partial f_n}{\partial x_1} & \dfrac{\partial f_n}{\partial x_2} & \cdots & \dfrac{\partial f_n}{\partial x_n} \end{vmatrix}$$

当行列式不等于 0 时,方程组有唯一解。记得到新的解为$(x_1^{(e+1)},x_2^{(e+1)},\cdots,x_n^{(e+1)})$,则有:

$$x_i^{(e+1)} = x_i^{(e)} + \Delta x_i^{(e)} \qquad (i = 1,2,\cdots,n) \tag{5.141}$$

(4)根据工程要求,给定求解精度 $\vec{\varepsilon}$。当式(5.142)成立时,计算终止。否则重复(2)至(4),直到满足给定求解精度要求为止。

$$|\overrightarrow{x^{(e+1)}} - \overrightarrow{x^{(e)}}| \leqslant \vec{\varepsilon} \tag{5.142}$$

以上就是 Newton - Raphson 迭代方法求解三相井筒网络模型的基本步骤。具体计算流程如图 5.6 所示。

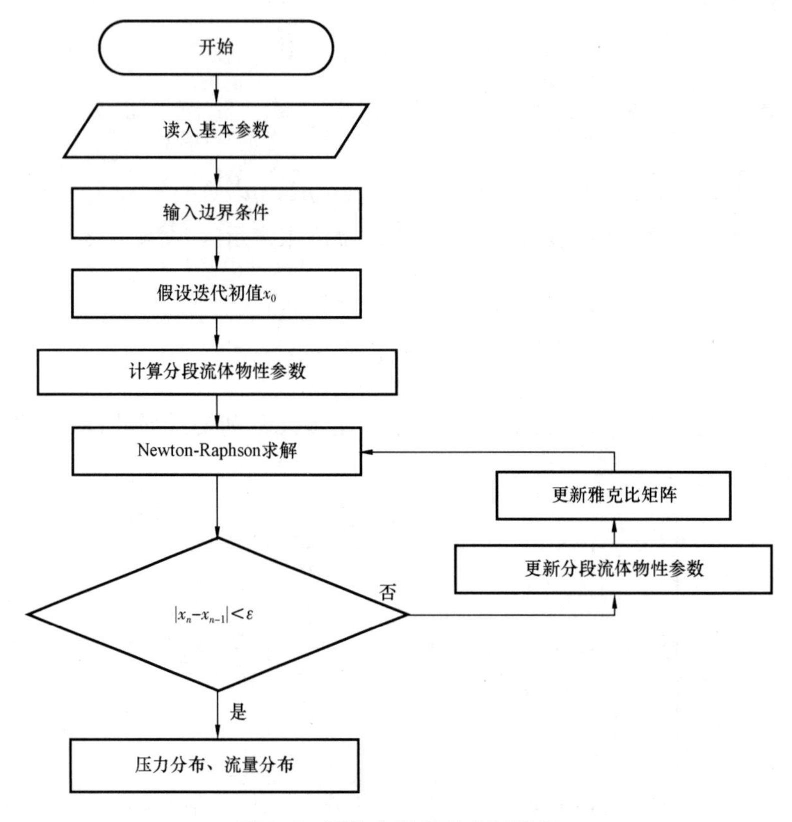


图 5.6 网络方程组的求解流程

5.3.4.2 桥流动系数

根据以上模型和计算方法,利用商业数值计算软件或编程语言编制井筒网络模型的计算程序,就可以计算获得沿井筒的流量分布和压力分布。

前面对水平井井筒的基本网络结构模型进行了推导,接着给出了它的求解方法。但是完井方法多种多样,且有多种变化,不同的完井方法所构成的井筒网络结构也不一样,从而它的未知数的个数也不相同,相应地求解未知数的方程个数和形式也就不一样。是否每一种完井方法都需要重新编写计算程序呢? 换句话说,是否有办法使网络模型具有良好的适应性呢?

图5.7是中心油管完井示意图，而图5.8是中心油管完井对应的网络结构图。从中心油管完井的网络结构图可以看出，它与图5.1所示的基本网络结构图不一致，在中心油管段没有流体的径向流入。

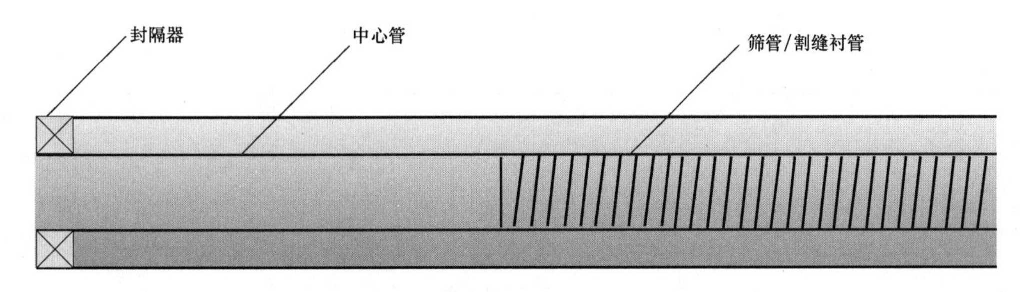


图5.7　中心油管完井示意图

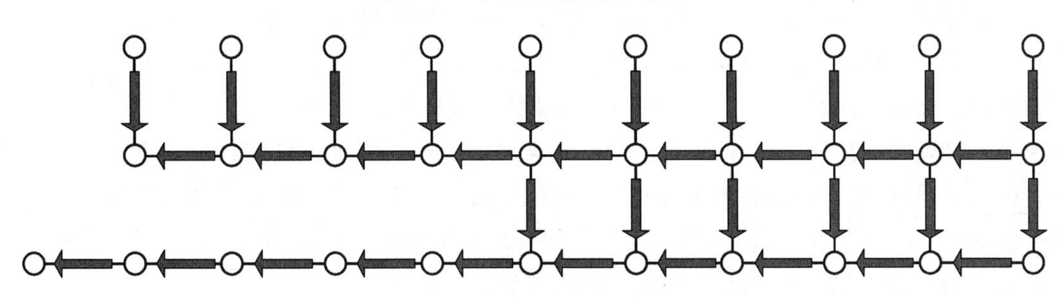

图5.8　中心油管完井井筒网络结构

图5.9是带封隔器的ICD完井示意图，由于安装了封隔器，封隔器所在流动桥将没有流体流过，相应的井筒网络结构如图5.10所示。

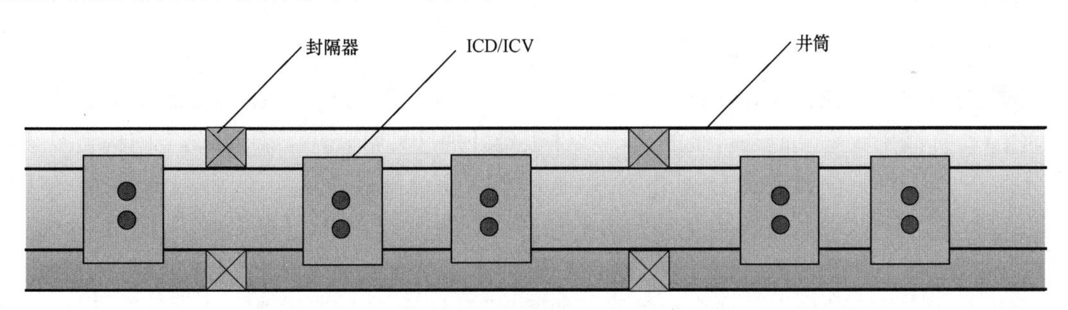


图5.9　ICD完井示意图

ICD—流动控制装置；ICV—流动控制阀

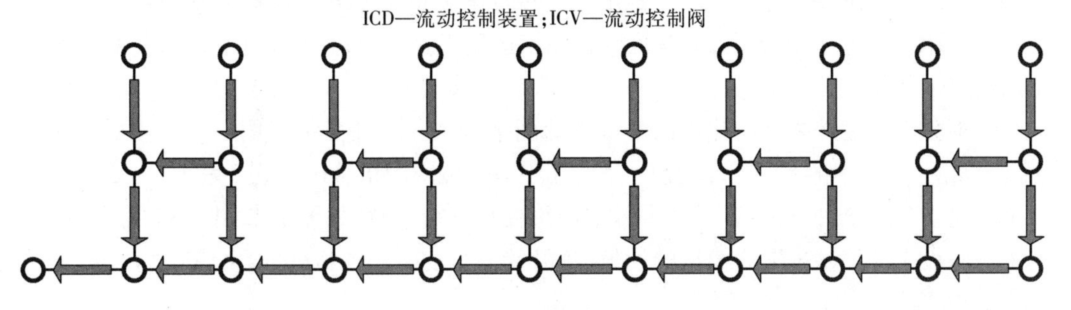

图5.10　ICD完井井筒网络结构

对于如图5.11所示的裸眼(射孔)完井,井筒中没有安装完井工具,是否仍然可以用基本的网络模型进行模拟呢?

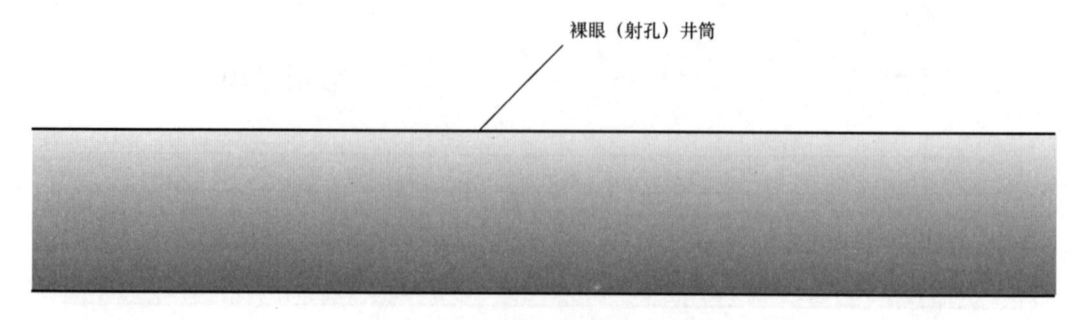


图5.11　裸眼(射孔)完井示意图

为了使模拟程序能适应于不同的完井方法,使网络结构具有灵活性,本书假设存在一个桥流动系数 $I_{ij}$,当流体的实际流动方向与假设的流动方向一致时,$I_{ij}$取+1;当流体的实际流动方向与假设的流动方向相反时,$I_{ij}$取-1;当没有流体流过桥时,桥流动系数 $I_{ij}$取0。譬如,若环空中带有封隔器,则带有封隔器位置处的桥流动系数 $I_{ij}$取0。某段完井为盲管时,则没有环空向油管的流量通过,此时没有流体流过的环空油管桥流动系数 $I_{ij}$亦为0,对于裸眼完井或射孔完井来说,桥流动系数 $I_{ij}$取1,但此时环空流向油管的摩擦阻力系数取为0。通过引入这样一个桥流动系数 $I_{ij}$,就可以大大增加计算程序的适应性。

尽管利用上述的井筒模型进行井筒流动动态模拟时可以不用知道流体的实际流动方向,但是如果对完井结构有清晰的了解,给定的初值接近实际情况,将会大大加快迭代的收敛速度,提高程序的运行效率。

#### 5.3.4.3　分支井的网络模型求解思路

通过对各个分支的流动阀的控制可以对分支井的生产进行优化,在一种低成本的情况下加速生产,提高采收率。但是传统的模拟软件很难处理这种带有井下调节阀、空间构型复杂的多分支井。也很少看到考虑分支井完井结构的产能计算模型。一个典型的多分支井如图5.12所示,实线网络代表一个基本的水平井网络。图5.12中的分支为裸眼,没有下入完井工具,这是一种常见的分支井完井方法,但是就像本书第1章所示的分支井TAML的分级一样,分支井的完井方法还有其他多种可能。如图5.12所示,地层流体进入分支井筒后,再沿分支井筒进入主井筒的环空,由于在分支井与主井筒连接处的两端安装了隔离封隔器,这迫使流体从控制阀流入油管。接下来,本书将讨论如何运用上述的基本网络模型来研究分支井的井筒流动动态。

(1)将分支井完井井筒简化成两个基本的网络结构。主井筒可以用一个基本的网络模型来描述,如图5.12中的实线所示,此时分支处用一个拟产能指数($PI_{pseudo}$)表示。

(2)对于每一个分支,可以用一个基本网络模型进行求解,如图5.12中的虚线所示。

(3)假设主井筒基本网络模型的初值,主井筒与分支井筒连接处的环空压力 $p_a(k)$ 即为分支井筒基本网络模型的边界条件。

(4)通过给定的边值条件,求解分支井筒的产量 $q_{lateral}$ 为:

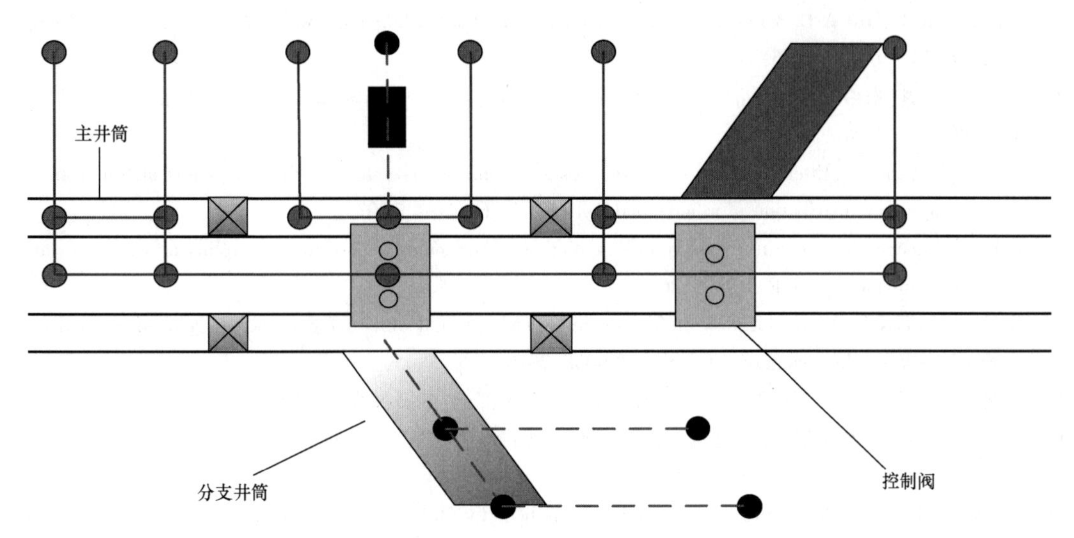


图5.12　分支井筒网络结构

$$q_{\text{lateral}} = f_{\text{NET}}[p_{\text{a}}(k), p_{\text{res}} \cdots] \tag{5.143}$$

式中　$f_{\text{NET}}$——基本网络模型函数。

(5)从而可以求得拟产能指数 $PI_{\text{pseudo}}$ 为:

$$PI_{\text{pseudo}} = \frac{q_{\text{lateral}}}{p_{\text{res}} - p_{\text{bh}}^{\text{lateral}}} = \frac{q_{\text{lateral}}}{p_{\text{res}} - p_{\text{a}}(k)} \tag{5.144}$$

(6)一旦 $PI_{\text{pseudo}}$ 确定,根据边界条件即可以求解主井筒的井筒流动参数,其中 $Q_{\text{main}}$ 为:

$$Q_{\text{main}} = f_{\text{NET}}(p_{\text{bh}}^{\text{main}}, p_{\text{res}}, PI_{\text{pseudo}} \cdots) \tag{5.145}$$

(7)若不满足给定精度要求,重复(3)至(6)步骤,直到满足给定精度条件为止。

至此,已经建立了统一的复杂结构井完井井筒网络模型,并给出了整个网络模型的求解方法。

## 参考文献


[1] 史鹏涛,陈朋刚,张祖峰. 复杂结构井完井技术研究[J]. 西部探矿工程,2010,22(2):72-75.

[2] 郑毅,黄伟和,鲜保安. 国外分支井技术发展综述[J]. 石油钻探技术,1997,25(4):52-55.

[3] 万仁溥,熊友明. 现代完井工程[M]. 北京:石油工业出版社,2001.

[4] Dikken B J. Pressure drop in horizontal wells and its effect on production performance [J]. Journal of Petroleum Technology,1990,42(11):1426-1433.

[5] 熊友明,潘迎德. 各种射孔系列完井方式下水平井产能预测研究[J]. 西南石油学院学报,1996,18(2):56-62.

[6] 熊友明,潘迎德. 裸眼系列完井方式下水平井产能预测研究[J]. 西南石油学院学报,1997,19(2):42-46.

[7] Furui K,Zhu D,Hill A D. A comprehensive skin-factor model of horizontal-well completion performance[C]. SPE 84401,2005:207-220.

[8] Furui K, Zhu D, Hill A D. A new skin – factor model for perforated horizontal wells[J]. SPE Drilling & Completion, 2008, 23(3): 205 – 215.

[9] 王庆, 刘慧卿, 张红玲, 等. 油藏耦合水平井调流控水筛管优选模型[J]. 石油学报, 2011, 32(2): 346 – 349.

[10] Vicente R, Sarica C, Ertekin T Horizontal well design optimization: a study of the parameters affecting the productivity and flux distribution of a horizontal well[C]. SPE 84194, 2003.

[11] Kabir A, Sanchez G. Accurate Inflow profile prediction of horizontal wells through coupling of a reservoir and a wellbore simulator[C]. SPE 119095, 2009.

[12] Kabir A, Jose A V. Accurate inflow profile prediction of horizontal wells using a newly developed coupled reservoir and wellbore flow equations[C]. SPE 129038, 2010.

[13] 王彬. 水平井分段变参数射孔优化设计研究[D]. 成都: 西南石油大学, 2012.

[14] 熊友明, 罗东红, 唐海雄, 等. 延缓和控制底水锥进的水平井完井新方法[J]. 西南石油大学学报: 自然科学版, 2009, 31(1): 103 – 106.

[15] Brekke K, Lien S C. New and Simple Completion Methods for Horizontal Wells Improve the Production Performance in High – Permeability, Thin Oil Zones[C]. SPE 24762 , 1992.

[16] 熊友明, 唐海雄, 张俊斌, 等. 一种水平井控压缓水锥功能的完井装置: ZL 2009 2 0134507. 0. [P]. 2010 – 11 – 10.

[17] Macdougall. Inflow control device with a permeable , membrane: US 7673 678B2, [D]. 2010 – 03 – 09.

[18] 窦宏恩. 水平井开采底水油藏的消锥工艺及证明[J]. 石油钻采工艺, 1998(3): 56 – 59.

[19] Solomon O, Andrew K. New concepts of dual – completion for water cresting control and improved oil recovery in horizontal wells[C]. SPE 77416, 2002.

[20] Rovina P, Pedroso C, Coutinho A, et al. Triple frac – packing in a ultra – deepwater subsea well in roncador field, Campos basin – maximizing the production rate[C]. SPE 63110, 2000.

[21] Piedras J, Stimatz G, Nielsen V B, et al. Canyon express: design and experience on high – rate deepwater gas producers using frac – pack and intelligent well completion systems[C]. SPE 15094, 2003.

[22] 张绍槐. 多分支井钻井完井技术新进展[J]. 石油钻采工艺, 2001, 23(2): 1 – 3.

[23] 张焱, 刘坤芳, 余雷. 多分支井钻井完井应用技术研究[J]. 石油钻探技术, 2001, 29(6): 11 – 13.

[24] 刘春泽, 刘洋. 辽河油田水平井完井方式适应性分析[J]. 石油钻采工艺, 2007, 29(1): 15 – 18.

[25] Borisov J P. Oil Production using horizontal and multiple devaiation wells, Nedra, Moscow[M]. Strauss J, Joshi S D. Philips Petroleum CO. R & D Library Translation, Bartlesville, Okahoma, 1984.

[26] Renand G, Dupuy J M. Formation damage effects on horizontal well flow efficiency[C]. SPE 19414, 1991.

[27] Elgahah S A, Osisanya S O, Tiab D A. A simple productivity equation for horizontal wells based on drainage area concept[C]. SPE 35713, 1996.

# 第6章　油管多相流动冲蚀数值模拟技术

深水疏松砂岩油气藏不管采用何种防砂方式,即使以原油外输标准产出原油,在生产过程中井筒也会有一定量的固相产出。由于深水油气井产量高,携砂流体会对生产管柱造成冲蚀,且随挡砂精度和生产压差的不同,冲蚀程度有所不同,高产气井的冲蚀相对而言更为严重。因此,在深水完井防砂设计时需预测油管内多相流体引起的流动冲蚀,从而为防砂挡砂精度和配产压差设计提出约束,保证井筒全生命周期安全。

## 6.1　冲蚀基本理论

海洋油气井开采过程中往往伴随着程度不一的地层出砂现象,携砂油气流在井筒、管柱中流动时,因流动方向改变、排量的脉动、过流截面积的变化等,对井筒与管柱壁面产生碰撞,不同攻角撞击在壁面的颗粒引起了靶面材料的剥落或变形,发生流动冲蚀。

### 6.1.1　颗粒运动方程

流动冲蚀属于携带固体颗粒的多相流问题,固体颗粒作为离散相分布在夹带它的流体中,其受力满足牛顿第二定律。作用在流体中颗粒上的力包括浮力、重力、阻力、虚拟质量力、压力梯度力、Basset 力、Magnus 升力和 Saffman 升力。因此,颗粒运动方程可以写成:

$$m\frac{\mathrm{d}\boldsymbol{v}_{\mathrm{p}}}{\mathrm{d}t}=\boldsymbol{F}_{\mathrm{D}}+\boldsymbol{F}_{\mathrm{B}}+\boldsymbol{G}+\boldsymbol{F}_{\mathrm{V}}+\boldsymbol{F}_{\mathrm{P}}+\boldsymbol{F}_{\mathrm{Mag}}+\boldsymbol{F}_{\mathrm{Bas}}+\boldsymbol{F}_{\mathrm{Saf}} \tag{6.1}$$

式中　$m$——单个颗粒的质量;

$\boldsymbol{v}_{\mathrm{p}}$——颗粒的运动速度;

$\boldsymbol{F}_{\mathrm{D}}$——颗粒运动受到的绕流阻力;

$\boldsymbol{F}_{\mathrm{B}}$——颗粒在主相流体中受到的浮力;

$\boldsymbol{G}$——颗粒重力;

$\boldsymbol{F}_{\mathrm{V}}$——颗粒受到的虚拟质量力;

$\boldsymbol{F}_{\mathrm{P}}$——压力梯度力;

$\boldsymbol{F}_{\mathrm{Bas}}$——Basset 力;

$\boldsymbol{F}_{\mathrm{Mag}}$——Magnus 升力;

$\boldsymbol{F}_{\mathrm{Saf}}$——Saffman 升力。

若假设颗粒为完美的球形,其绕流阻力可以表示为:

$$\boldsymbol{F}_{\mathrm{D}}=\frac{1}{2}C_{\mathrm{D}}\frac{\pi d_{\mathrm{p}}^{2}}{4}\rho\left|\boldsymbol{v}-\boldsymbol{v}_{\mathrm{p}}\right|\left(\boldsymbol{v}-\boldsymbol{v}_{\mathrm{p}}\right) \tag{6.2}$$

式中 $\rho$——流体的密度；

$d_p$——球形颗粒的直径；

$\boldsymbol{v}$——主相流体的速度；

$C_D$——绕流阻力系数，可表示为颗粒雷诺数 $Re_p$ 的函数。

$$C_D = a_1 + \frac{a_2}{Re_p} + \frac{a_3}{Re_p^2} \tag{6.3}$$

$$Re_p = \frac{\rho d_p |\boldsymbol{v} - \boldsymbol{v}_p|}{\mu} \tag{6.4}$$

式中 $\mu$——流体动力黏度；

$a_1$、$a_2$、$a_3$——经验系数。

Morsi 和 Alexander 用不同粒径的玻璃球和氧化铝颗粒对铝、玻璃、有机玻璃和钢板进行了测试，给出了 $C_D$在不同雷诺数范围内的表达式：

$$C_D = 24.0/Re_p \qquad Re_p < 0.1 \tag{6.5}$$

$$C_D = 22.73/Re_p + 0.0903/Re_p^2 + 3.69 \qquad 0.1 < Re_p < 1.0 \tag{6.6}$$

$$C_D = 29.1667/Re_p - 3.8889/Re_p^2 + 1.222 \qquad 1.0 < Re_p < 10.0 \tag{6.7}$$

$$C_D = 46.5/Re_p - 116.67/Re_p^2 + 0.6167 \qquad 10.0 < Re_p < 100.0 \tag{6.8}$$

$$C_D = 98.33/Re_p - 2778/Re_p^2 + 0.3644 \qquad 100.0 < Re_p < 1000.0 \tag{6.9}$$

$$C_D = 148.2/Re_p - 4.75 \times 10^4/Re_p^2 + 0.357 \qquad 1000.0 < Re_p < 5000.0 \tag{6.10}$$

$$C_D = -490.546/Re_p + 57.87 \times 10^4/Re_p^2 + 0.46 \qquad 5000.0 < Re_p < 10000.0 \tag{6.11}$$

$$C_D = -1662.5/Re_p + 5.4167 \times 10^6/Re_p^2 + 0.5191 \qquad 10000.0 < Re_p < 500000.0 \tag{6.12}$$

颗粒受到的浮力和重力可以综合表示为：

$$\boldsymbol{F}_B + \boldsymbol{G} = (\rho_p - \rho) g \frac{\pi d_p^3}{6} \tag{6.13}$$

式中 $\rho_p$——固体颗粒的密度；

$g$——重力加速度。

颗粒受到的压力梯度力定义为：

$$\boldsymbol{F}_P = -\frac{\pi d_p^3}{6} \nabla p \tag{6.14}$$

式中 $p$——流体压强。

当固体颗粒相对于流体加速运动时，不但固体颗粒的速度越来越大，而且固体颗粒周围流场的速度也将增大。因而，推动固体颗粒运动的力不但需要增加固体颗粒本身的动能，还需要增加覆盖固体颗粒表面薄层的流体动能，好像固体颗粒质量增加了一样，所以将这部分由于流体黏附引起的力称为虚拟质量力或附加质量力，表示为：

$$\boldsymbol{F}_{\mathrm{V}} = \frac{1}{2}\rho \frac{\pi d_{\mathrm{p}}^3}{6} \frac{\mathrm{d}(\boldsymbol{v} - \boldsymbol{v}_{\mathrm{p}})}{\mathrm{d}t} \tag{6.15}$$

当固体颗粒加速度不大时，虚拟质量力远小于固体颗粒的惯性力，此时可以不考虑虚拟质量力。此外，当流体与颗粒间存在相对运动时，颗粒附面层的影响还将带着一部分流体运动，由于流体的惯性，当颗粒加速时，它不能马上加速，当颗粒减速时，它也不能马上减速，使颗粒受到一个随时间变化的流体作用力，且其与颗粒加速历程有关。Basset 在 1998 年通过求解不稳定流场中的颗粒表面受力，得到了它的表达式，称为 Basset 力：

$$\boldsymbol{F}_{\mathrm{Bas}} = \frac{3}{2}\pi d_{\mathrm{p}}^2\rho \sqrt{\frac{\nu}{\pi}}\int_{t_0}^{t} \frac{\mathrm{d}\boldsymbol{v}/\mathrm{d}\tau - \mathrm{d}\boldsymbol{v}_{\mathrm{p}}/\mathrm{d}\tau}{\sqrt{t-\tau}}\mathrm{d}\tau \tag{6.16}$$

式中　$\nu$——流体运动黏性系数。

Basset 力是由不稳定流动引起的，对于定常流动，该力可被忽略。

当固体颗粒在流场中以一定的角速度 $\omega$ 旋转时，会产生一个垂直于相对速度的升力，这个力称为 Magnus 升力：

$$\boldsymbol{F}_{\mathrm{Mag}} = \frac{\pi d_{\mathrm{p}}^3}{8}\rho\omega(\boldsymbol{v} - \boldsymbol{v}_{\mathrm{p}}) \tag{6.17}$$

式中　$\omega$——颗粒旋转角速度。

当流场中存在速度梯度时，颗粒由于两侧的流速不一样，会产生一个由低流速指向高流速方向的升力，称为 Saffman 升力：

$$\boldsymbol{F}_{\mathrm{saf}} = 1.615 d_{\mathrm{p}}^2 \sqrt{\rho\mu}(\boldsymbol{v} - \boldsymbol{v}_{\mathrm{p}}) \sqrt{\frac{\mathrm{d}v}{\mathrm{d}y}} \tag{6.18}$$

式(6.18)是基于 $Re = 1$ 得到的，对于高雷诺数还没有相应的计算公式。基于上述基本理论，部分学者做了相关的冲蚀实验，对上述公式进行了修正。

### 6.1.2　冲蚀实验模型

颗粒多相流对靶面的冲蚀速率或冲蚀程度与流体速度、颗粒速度、颗粒材料、靶面材料、颗粒冲击入射角等有密切的关系。学者们通过喷射实验或环道实验对试片或弯管进行了冲蚀测试，采用称重、电镜扫描、声波检测等方式量化冲蚀的结果，拟合得到相关的冲蚀模型。

#### 6.1.2.1　喷射实验

Ahlert、Veritas、Haugen、Neilson 和 Gilchrist、McLaury、Oka、Finnie、Grant 和 Tabakoff 等通过喷射实验分析材料的冲蚀情况，得出了冲蚀的经验模型。其实验装置如图 6.1 所示。

Ahlert 提出的冲蚀模型为：

$$ER = KF_{\mathrm{s}}v_{\mathrm{p}}^{n}\sum_{i=1}^{5}A_i\theta^i \tag{6.19}$$

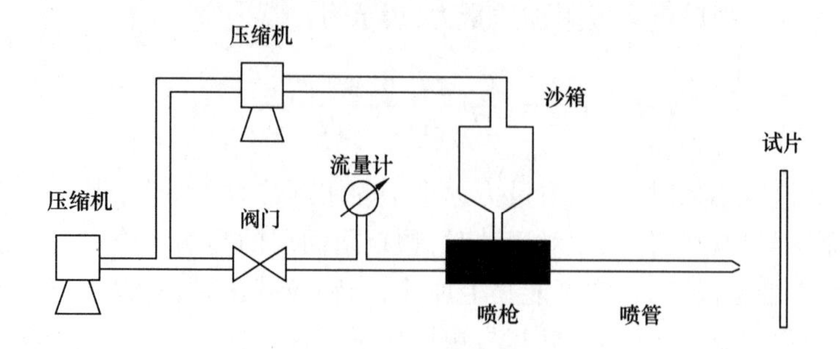


图 6.1 喷射实验装置示意图

其中，$K = 2.17 \times 10^{-9}$，$n = 2.41$，$F_s = 0.2$，$A_1 = 6.398$，$A_2 = -10.106$，$A_3 = 10.932$，$A_4 = -6.328$，$A_5 = 1.423$。

Veritas 提出的冲蚀模型为：

$$ER = m_p K v_p^n \sum_{i=1}^{8} (-1)^{i+1} A_i \theta^i \tag{6.20}$$

其中，$K = 2.0 \times 10^{-9}$，$n = 2.6$，$A_1 = 9.370$，$A_2 = 42.295$，$A_3 = 110.864$，$A_4 = 175.804$，$A_5 = 170.137$，$A_6 = 98.398$，$A_7 = 31.211$，$A_8 = 4.170$。

Haugen 提出的冲蚀模型为：

$$ER = K\rho_p^{0.1875} d_p^{0.5} v_p^n [\cos\theta)^2 \sin\theta]^{0.375} \tag{6.21}$$

其中，$K = 6.8 \times 10^{-8}$，$n = 2.0$。

Neilson 和 Gilchrist 提出的冲蚀模型为：

$$\begin{cases} ER = \dfrac{v_p^2 \cos^2\theta \sin\dfrac{\pi\theta}{2\theta_0}}{2\varepsilon_C} + \dfrac{v_p^2 \sin^2\theta}{2\varepsilon_D} & \theta < \theta_0 \\ ER = \dfrac{v_p^2 \cos^2\theta}{2\varepsilon_C} + \dfrac{v_p^2 \sin^2\theta}{2\varepsilon_D} & \theta > \theta_0 \end{cases}, \theta_0 = \frac{\pi}{4} \tag{6.22}$$

式中 $\varepsilon_C$——切割磨损常数；

$\varepsilon_D$——变形磨损常数。

McLaury 提出的冲蚀模型为：

$$\begin{aligned} &ER = CF_s v_p^n f(\theta) \\ &f(\theta) = a\theta^2 + b\theta && \theta \leqslant \theta_{min} \\ &f(\theta) = x\cos^2\theta \sin(w\theta) + y\sin^2\theta + z && \theta > \theta_{min} \end{aligned} \tag{6.23}$$

其中，$C = 2.388 \times 10^{-7}$，$\theta_{min} = 10°$，$n = 1.73$，$a = -34.79$，$b = 12.3$，$w = 6.205$，$x = 0.174$，$y = -0.745$，$z = 1$。

Oka 提出的冲蚀模型为：

$$E(\alpha) = g(\alpha)K(aH_{\mathrm{V}})^{k_1}\left(\frac{u_{\mathrm{rel}}}{u_{\mathrm{ref}}}\right)^{k_2}\left(\frac{D_{\mathrm{p}}}{D_{\mathrm{ref}}}\right)^{k_3}$$

$$g(\alpha) = \frac{1}{f}(\sin\alpha)^{n_1}\left[1 + H_{\mathrm{V}}^{n_2}(1 - \sin\alpha)\right]^{n_2} \tag{6.24}$$

其中，$K=6.8\times10^{-8}$，$k_1=-0.12$，$k_2=2.3(H_{\mathrm{V}})^{0.038}$，$k_3=-0.19$，$n_1=0.15$，$n_2=0.85$，$n_3=0.65$，$f=1.53$，$u_{\mathrm{ref}}=104\mathrm{m/s}$，$D_{\mathrm{ref}}=326\mu\mathrm{m}$。

Finnie 提出的冲蚀模型为：

$$e_{\mathrm{r}} = Kf(\alpha)\frac{mv_{\mathrm{p}}^2}{p_{\mathrm{w}}} \quad (K = 2\times10^{-9})$$

$$f(\alpha) = \begin{cases} \sin2\alpha - 4\sin^2\alpha & (\alpha \leqslant 14.04°) \\ \cos^2\alpha/4 & (\alpha \geqslant 14.04°) \end{cases} \tag{6.25}$$

式中 $p_{\mathrm{w}}$——壁面的流动应力；

$m$——单个颗粒质量。

Grant 和 Tabakoff 提出的冲蚀模型为：

$$ER = k_1 f(\alpha)v_{\mathrm{p}}^2\cos^2\alpha(1 - R_{\mathrm{T}}^2) + f(v_{\mathrm{PN}}),\ f(\alpha) = \left[1 + k_2k_{12}\sin\left(\alpha\frac{\pi/2}{\alpha_0}\right)\right]^2$$

$$R_{\mathrm{T}} = 1 - \frac{V_{\mathrm{p}}}{V_3}\sin\alpha,\ f(v_{\mathrm{PN}}) = k_3(v_{\mathrm{p}}\sin\alpha)^4 \tag{6.26}$$

其中，$k_1=3.67\times10^{-6}$，$k_{12}=0.585$，$k_3=6\times10^{-12}$，$k_2=\begin{cases}1 & (\alpha\leqslant2\alpha_0)\\0 & (\alpha>2\alpha_0)\end{cases}$，$\alpha_0=25°$

### 6.1.2.2 环道实验

Bourgoyne 通过环道实验分析了材料的冲蚀特性，并归纳出了冲蚀的经验模型。环道实验装置如图 6.2 所示。

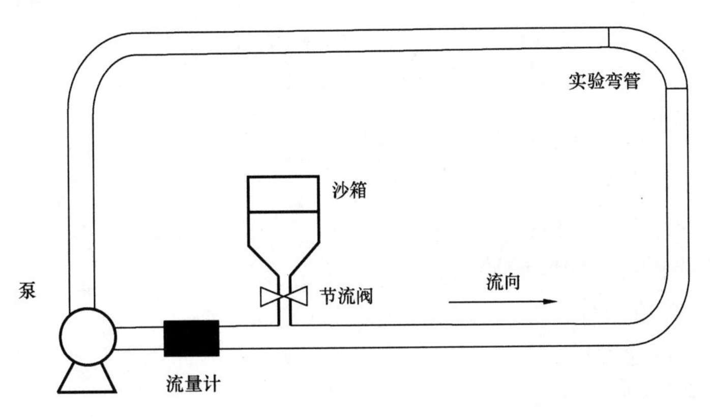


图 6.2 环道实验装置示意图

Bourgoyne 提出的冲蚀模型为：

$$ER = F_{e}\frac{\rho_{p}}{\rho_{t}}\frac{W_{p}}{A_{pipe}}\left(\frac{v_{SG}}{100\alpha_{g}}\right)^{2} \tag{6.27}$$

式中 $F_e$——冲蚀因子；

$\rho_t$——壁面材料密度；

$W_p$——颗粒体积流量；

$A_{pipe}$——管道横截面积；

$v_{SG}$——气体表观流速；

$\alpha_g$——气体体积分数。

不同学者提出的经验模型大同小异(如颗粒入射角有的用 $\theta$,有的用 $\alpha$ 表示),但算得的冲蚀速率单位不尽相同。在利用经验模型计算冲蚀速率时,需要对比颗粒材料与靶面材料并结合实际工况选择合适的经验模型进行预测。

由于实际工况下的冲蚀情况发生于高温高压流动环境中,而冲蚀实验环境多为低压环境,难以对实际工况进行预测;且实验场地有限,实验管材难以达到实际工况所需的大直径大长径比管材等,冲蚀实验在进行过程中存在一系列难以避免的缺陷,因此多数学者采用了数值模拟方法以扩大实验分析范围。

## 6.2 冲蚀数值模型方法

为了能够精准预测实际工况的高压环境下的冲蚀速率,目前,广大研究学者多采用 DPM 或 DEM 的数值方法进行预测。在此,以 FLUENT 软件为例,对相关的冲蚀理论及方法进行详细介绍。

FLUENT 软件中包括的通用冲蚀模型主要有四种,分别为 McLaury、Oka 和 Finnie 所提出的三种实验模型以及 Edwards 和 McLaury 所提出的理论模型。由于多数学者在采用 FLUENT 软件进行冲蚀模拟时,多选用 Edwards 和 McLaury 所提出的理论模型,其定义冲蚀速率为：

$$R_{erosion} = \sum_{i=1}^{N}\frac{m_{p}C(d_{p})f(\alpha)v^{b(v)}}{A_{face}} \tag{6.28}$$

式中 $R_{erosion}$——冲蚀速率,$kg/(m^2 \cdot s)$；

$m_p$——颗粒质量,kg；

$C(d_p)$——颗粒粒径函数；

$\alpha$——颗粒路径与壁面间的冲角；

$f(\alpha)$——冲蚀角函数；

$v$——颗粒相对速度；

$b(v)$——颗粒相对速度函数；

$A_{face}$——壁面面积。

需要注意的是,参数 $C(d_p)$、$f(\alpha)$ 和 $b(v)$ 均定义为壁面边界条件,而不是定义为材料属性,因此默认参数值无法反映所使用的真实值。在实际应用过程中应当会为这些参数赋予真实值。参数 $C(d_p)$、$f(\alpha)$ 和 $b(v)$ 需要定义为分段线性、分段多项式或多项式函数以将其定为边界条件。因此,在实际工作中很有必要在文献中寻找合适的函数。

Tulsa 大学研究人员结合实验对 Edwards 和 McLaury 的理论模型进行了修正,修正后的模型为:

$$ER = 1.559\mathrm{e}^{-6}B^{-0.59}F_s v^{1.73} f(\alpha) \tag{6.29}$$

修改替换的部分为:

$$v^{b(v)} \to v^{1.73} \tag{6.30}$$

$$C(d_p) \to 1.559\mathrm{e}^{-6}B^{-0.59}F_s \tag{6.31}$$

式中 $ER$——冲蚀率(壁面被冲蚀的质量除以撞击壁面的颗粒质量);

$B$——布氏硬度;

$F_s$——颗粒形状系数。

Tusla 模型推荐尖角沙粒形状系数取 1,半圆形沙粒形状系数取 0.53,球形沙粒取 0.2;冲击角函数可以通过分段线性函数进行拟合。下面是他们提出的一个沙粒冲击钢的冲击角函数:

$$f(\alpha) = \begin{cases} 0 + 22.7\alpha - 38.4\alpha^2 & \alpha \leqslant 0.267\mathrm{rad} \\ 2.00 + 6.80\alpha - 7.50\alpha^2 + 2.25\alpha^3 & \alpha > 0.267\mathrm{rad} \end{cases} \tag{6.32}$$

除冲击角之外,还需要考虑壁面对颗粒的反作用。Grant 通过实验提出了半经验的壁面反弹函数:

$$e_t = \frac{v_{t2}}{v_{t1}} = 0.988 - 1.66a + 2.11a^2 - 0.67a^3 \tag{6.33}$$

$$e_n = \frac{v_{n2}}{v_{n1}} = 0.993 - 1.76a + 1.56a^2 - 0.49a^3 \tag{6.34}$$

Ford 也对壁面反弹函数进行了修正,具体为:

$$e_t = \frac{v_{t2}}{v_{t1}} = 1 - 0.78a + 0.84 - 0.21a^3 + 0.028a^4 - 0.022a^5 \tag{6.35}$$

$$e_n = \frac{v_{n2}}{v_{n1}} = 0.988 - 0.78a + 0.19a^2 - 0.024a^3 + 0.027a^4 \tag{6.36}$$

式中 $e_t$ 和 $e_n$——切向和法向反弹系数;

$v_t$ 和 $v_n$——与壁表面垂直和相切的粒子速度分量;

下标 1 和 2——碰撞前后的情况;

$a$——粒子撞击角度(入射速度与表面切线之间的角度)。

FLUENT 软件将上述模型嵌入程序,与流动控制方程同时进行求解,涉及的相关参数设置如图 6.3 所示。

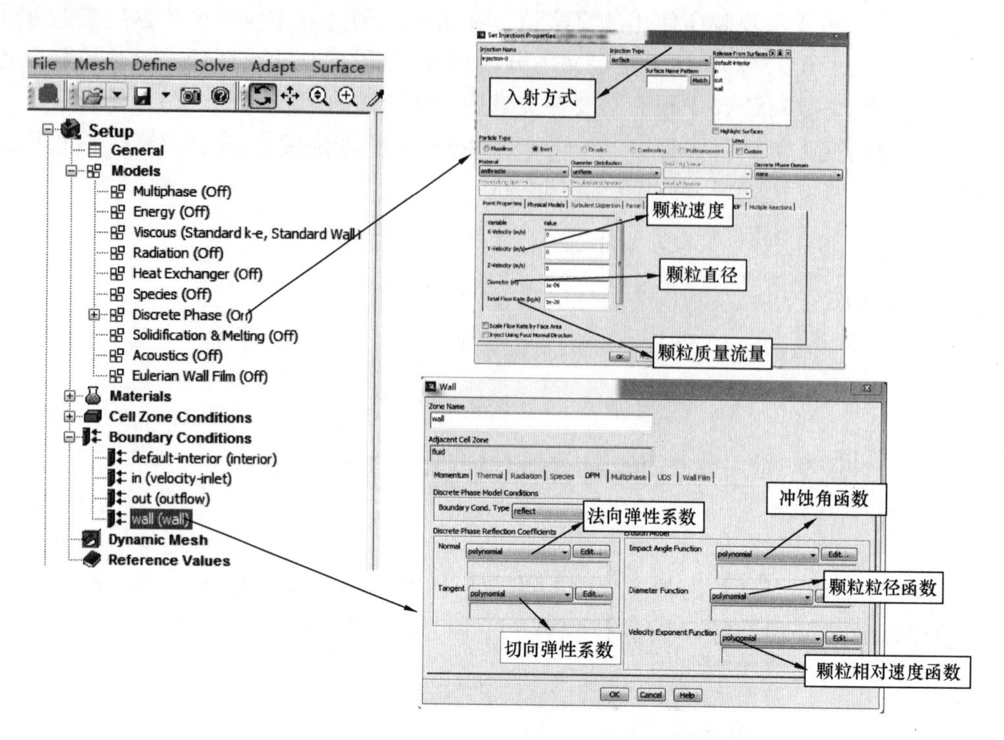


图 6.3　FLUENT 软件冲蚀模型相关参数的设置

在使用 FLUENT 软件进行冲蚀计算过程中，解算主要分为三部分。

（1）流动模型：利用 CFD 湍流动能耗散率（$k—\varepsilon$）湍流模型。在定义了几何结构、平均入口速度、流体黏度和密度之后，给出应用粒子跟踪模型所需的速度、湍流动能、耗散率和湍流黏度的时间平均结果。可以使用各种流动模型来提供类似的结果，唯一的要求是该模型为粒子跟踪模型提供所需的输入。

（2）颗粒跟踪模型：采用拉格朗日方法预测粒子轨迹。颗粒跟踪利用流动解的信息，特别是湍流动能和湍流耗散，来模拟湍流旋涡的行为。湍流波动是通过定义在给定时间内与涡流相关联的行为而形成的。与涡流相关的速度是平均流体速度 $U$ 和湍流波动速度 $u$ 的总和。获得涡流速度后，即可求解运动的粒子方程。当前模型中的粒子运动方程可以解释阻力、附加质量、浮力和重力。颗粒跟踪程序的另一个重要方面是计算挤压膜。挤压膜是当颗粒接近壁面时，存在于颗粒和壁面之间的一层薄薄的流体。挤压膜具有缓冲作用，缓冲作用是由撞击颗粒下产生的压力峰值引起的。利用 Wong 和 Clark 提出的模型，解释了挤压膜在接近过程中颗粒速度的降低以及挤压膜从表面的回弹。此外，当颗粒撞击几何壁面时，使用了一个壁面反弹模型。

（3）冲蚀模型：颗粒跟踪模型提供了颗粒撞击信息，冲蚀模型使用撞击信息（位置、速度和角度）确定冲蚀速率。冲蚀模型根据冲蚀速率计算冲蚀量。冲蚀速率可以定义为材料的质量损失与撞击颗粒质量的比值。

求解的主要流程如图 6.4 所示。

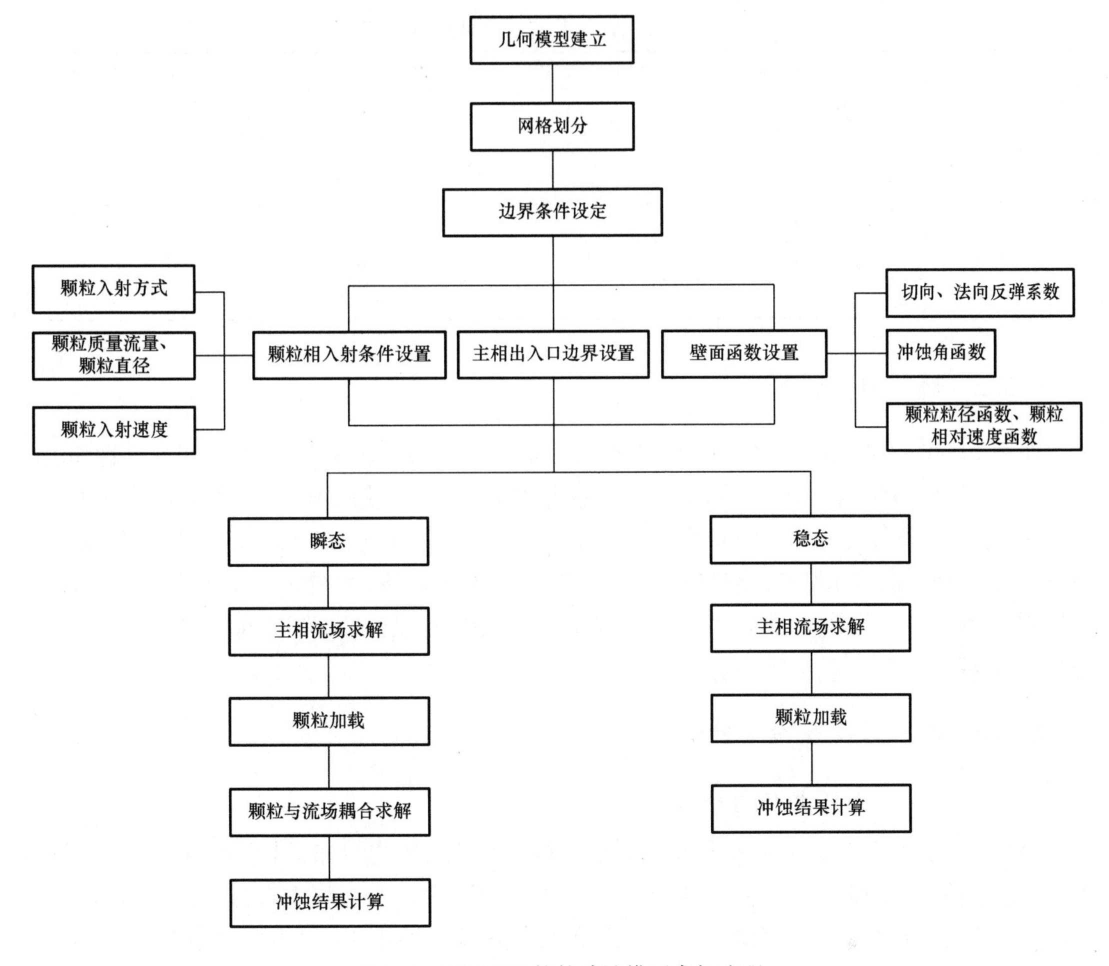


图6.4 FLUENT软件冲蚀模型求解流程

## 6.3 案例分析

本节以某气田两口探井(X－A1H井和X－B5H井)的流动冲蚀情况为例,利用FLUENT软件进行数值模拟分析。

### 6.3.1 数值模型建立与边界条件确定

根据X－A1H井和X－B5H井的井眼轨迹数据,在Compass软件中得到一系列井轴特征点坐标,选取X－A1H井的油管内径为4.5in、壁厚6.88mm,X－B5H井油管内径3.5in、壁厚6.45mm,管壁粗糙度为0.15mm。

已知地层压力、温度,尚未知井口压力、温度,故需要依据配产量计算井口压力、温度,以作为数值模拟计算的出口边界条件。利用Pipesim软件取X－A1H井配产量$160\times10^4m^3/d$、$120\times10^4m^3/d$和$80\times10^4m^3/d$,X－B5H井配产量$74\times10^4m^3/d$、$50\times10^4m^3/d$和$30\times10^4m^3/d$,分别计算对应的井筒沿程压降、温降,X－A1H井与X－B5H井的压降见表6.1。

表 6.1　X－A1H 井与 X－B5H 井压降

| 井号 | 产量($10^4m^3/d$) | 井底压力(MPa) | 井口压力(MPa) | 井筒压降(MPa) |
|---|---|---|---|---|
| X－A1H | 160.00 | 38.5 | 26.31 | 13.19 |
| | 120.00 | 38.5 | 28.94 | 9.56 |
| | 80.00 | 38.5 | 31.30 | 7.20 |
| X－B5H | 74.00 | 38.5 | 27.18 | 11.32 |
| | 50.00 | 38.5 | 30.42 | 8.08 |
| | 30.00 | 38.5 | 31.97 | 6.53 |

### 6.3.2　计算参数设置

在 FLUENT 软件中设置重力加速度沿 $Z$ 轴正向，为 $9.8m/s^2$；计算考虑气体的可压缩性和温度的变化，故启用能量方程；选择 Standard $k—\varepsilon$ 模型捕捉湍流信息，使流场控制方程 RANS❶ 封闭。

入口边界（质量流量入口）根据配产量定义，如 $160\times10^4m^3/d$ 对应的入口质量流量为 13.348kg/s，地层温度 150℃；出口边界（压力出口）根据 Pipesim 软件计算结果定义；壁面设置为反弹边界，定义反弹系数。假设砂粒为圆形颗粒，密度为 $2350kg/m^3$，颗粒粒径均匀，为 0.125mm。

### 6.3.3　X－A1H 井流场分布

#### 6.3.3.1　X－A1H 井压力分布

图 6.5 至图 6.7 为 X－A1H 井在不同配产量时的井筒压力分布，沿 $Z$ 轴的压力分布体现了垂向的压降，沿 $Y$ 轴的压力分布体现了水平方向的压降。不管是垂直方向还是水平方向，井筒压降均随着产量的增加而增加。垂直段的压降梯度（曲线斜率）随产量的增加而增大，水平段的压降从 $80\times10^4m^3/d$ 的 3MPa 增加到 $160\times10^4m^3/d$ 的 5.5MPa，且在造斜段因流动转向压降梯度显著增大。数值模拟的压降计算结果与 Pipesim 软件计算得到的结果吻合较好。

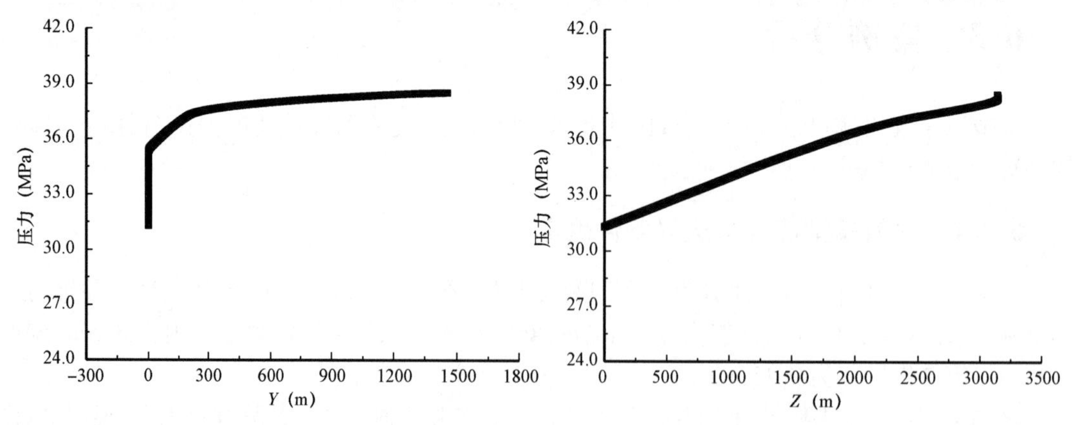


图 6.5　配产量为 $80\times10^4m^3/d$ 时 X－A1H 井的压力分布图

❶ RANS 为雷诺时均纳维—斯托克斯方程（Reynolds Averaged Navier－Stokes）的简称。

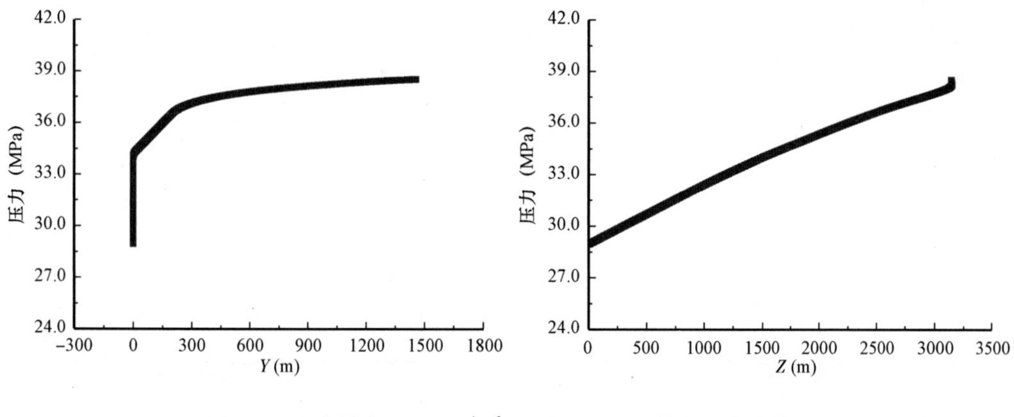


图6.6　配产量为120×10⁴m³/d时X－A1H井的压力分布图

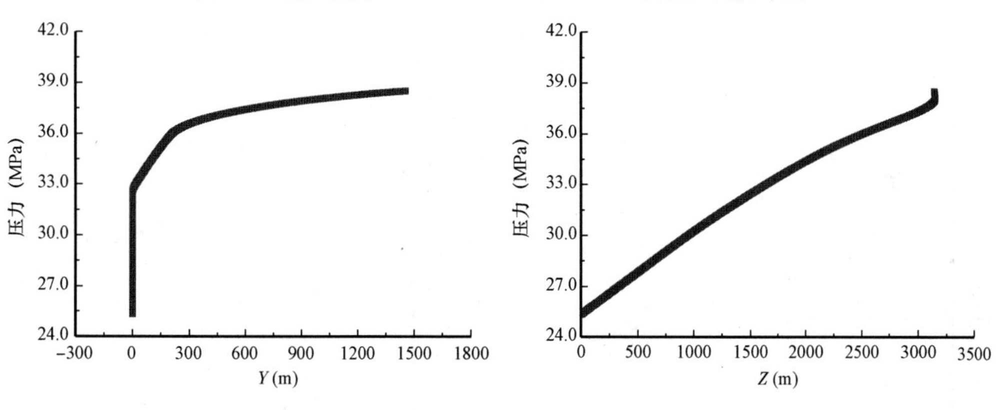


图6.7　配产量为160×10⁴m³/d时X－A1H井的压力分布图

### 6.3.3.2　X－A1H井速度分布

图6.8至图6.10为X－A1H井在不同配产量时的速度分布，可见速度自井底流至井口的整个过程中速度逐渐增大，且产量越大，速度增幅也越大。由于高产量的压降较大，气体膨胀较快，因而到达井口时的流速较大。配产量分别为$80\times10^4m^3/d$、$120\times10^4m^3/d$和$160\times10^4m^3/d$时，井口气流速度分别达到33m/s、38m/s和48m/s。

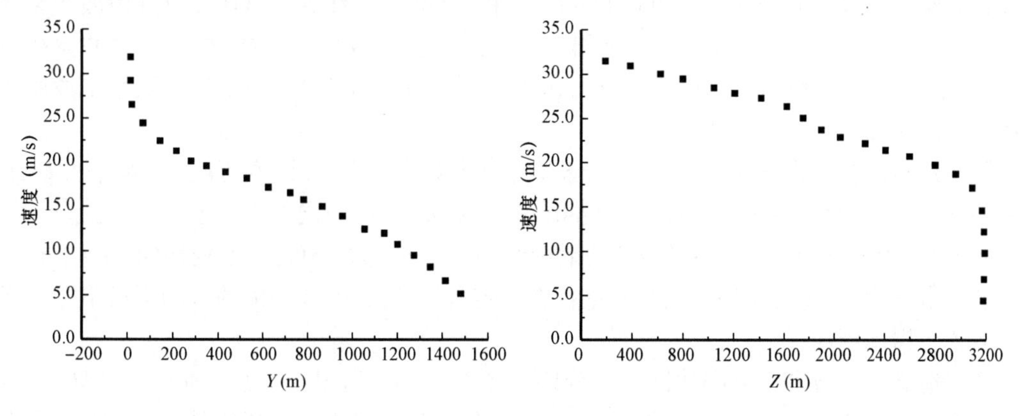


图6.8　配产量为$80\times10^4m^3/d$时X－A1H井的速度分布图

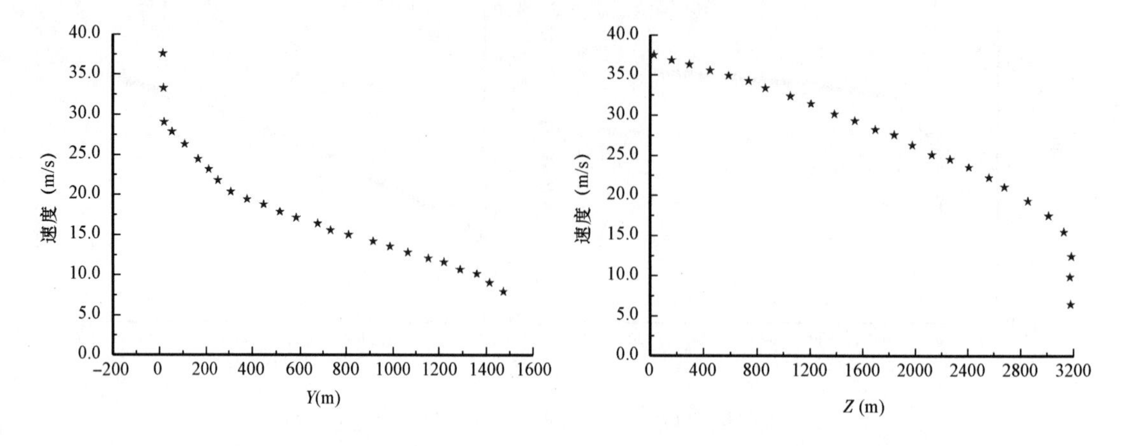


图 6.9　配产量为 $120\times10^4 m^3/d$ 时 X－A1H 井的速度分布图

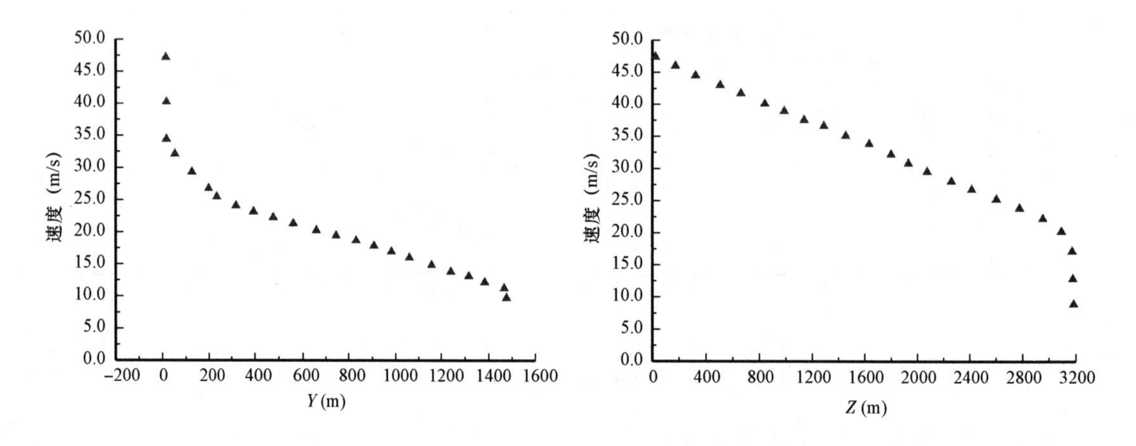


图 6.10　配产量为 $160\times10^4 m^3/d$ 时 X－A1H 井的速度分布图

### 6.3.4　X－A1H 井的冲蚀情况

X－A1H 井全井段受冲蚀情况如图 6.11 所示，图中仅显示了存在冲蚀的部分，缺失的部分代表对应的井段没有冲蚀。由图 6.11 可见，冲蚀主要发生在 X－A1H 井直井段底部至井底的部分，垂井段受冲蚀影响较小。在造斜段流体速度方向改变，导致颗粒因惯性冲撞在油管壁，对管壁产生明显冲蚀。另外，由于重力作用，部分颗粒沿井筒底壁拖曳，导致水平段底壁也存在一定的冲蚀。

下面针对冲蚀较严重的部位进行分析，为方便显示冲蚀的具体情况，在水平井段采用 $XOY(+Z)$ 方向的坐标轴显示视图，其余部位采用 $XOZ(-Y)$ 方向的坐标轴显示视图。

如图 6.12(a) 所示，水平井段油管的下壁面冲蚀呈连续状分布，冲蚀较均匀。由于颗粒从地层进入水平段，受重力作用在油管底壁存在一定程度的沉积，在气流的带动下沿下壁面运移对壁面产生滑动磨蚀。

第二造斜段下方和上方的冲蚀云图分别如图 6.12(b) 和图 6.13(a) 所示，在携砂气流从水平段进入造斜段时，受流动变向作用，颗粒在惯性作用下撞击在造斜段外拱壁，外拱壁整体

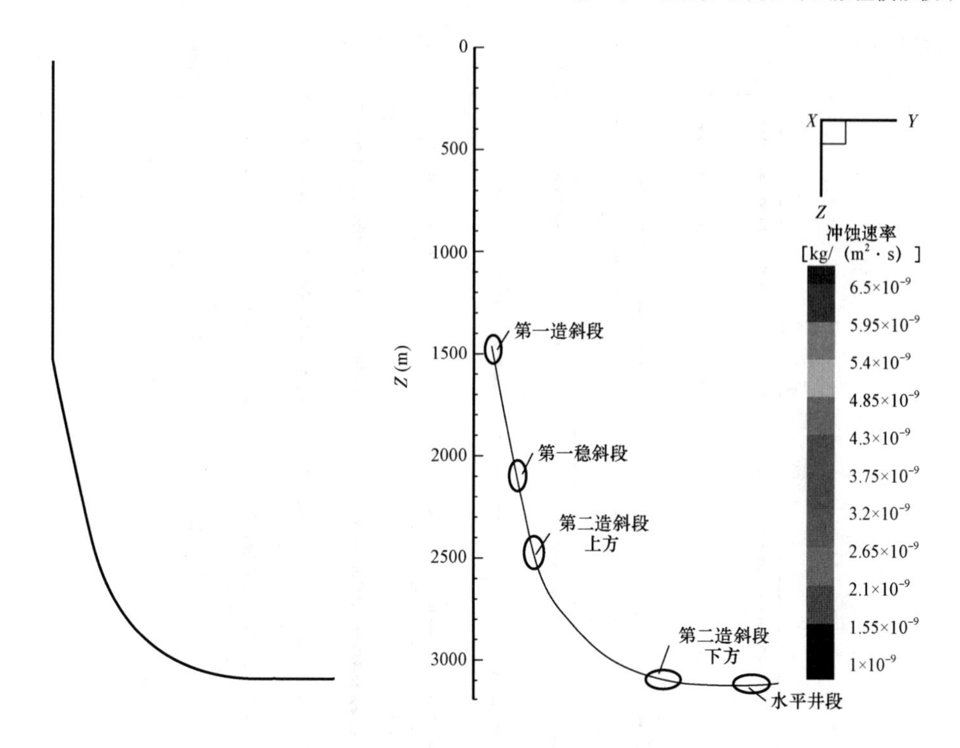


图6.11　X－A1H井油管受冲蚀部位

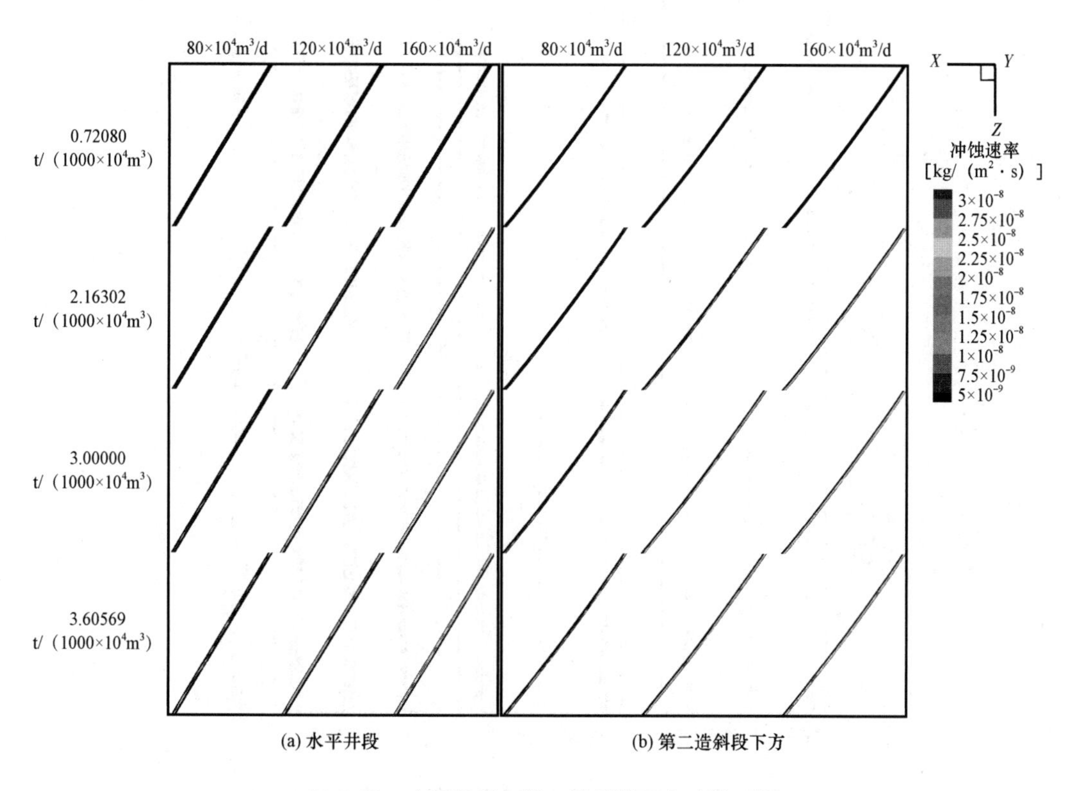


图6.12　水平井段和第二造斜段下方冲蚀云图

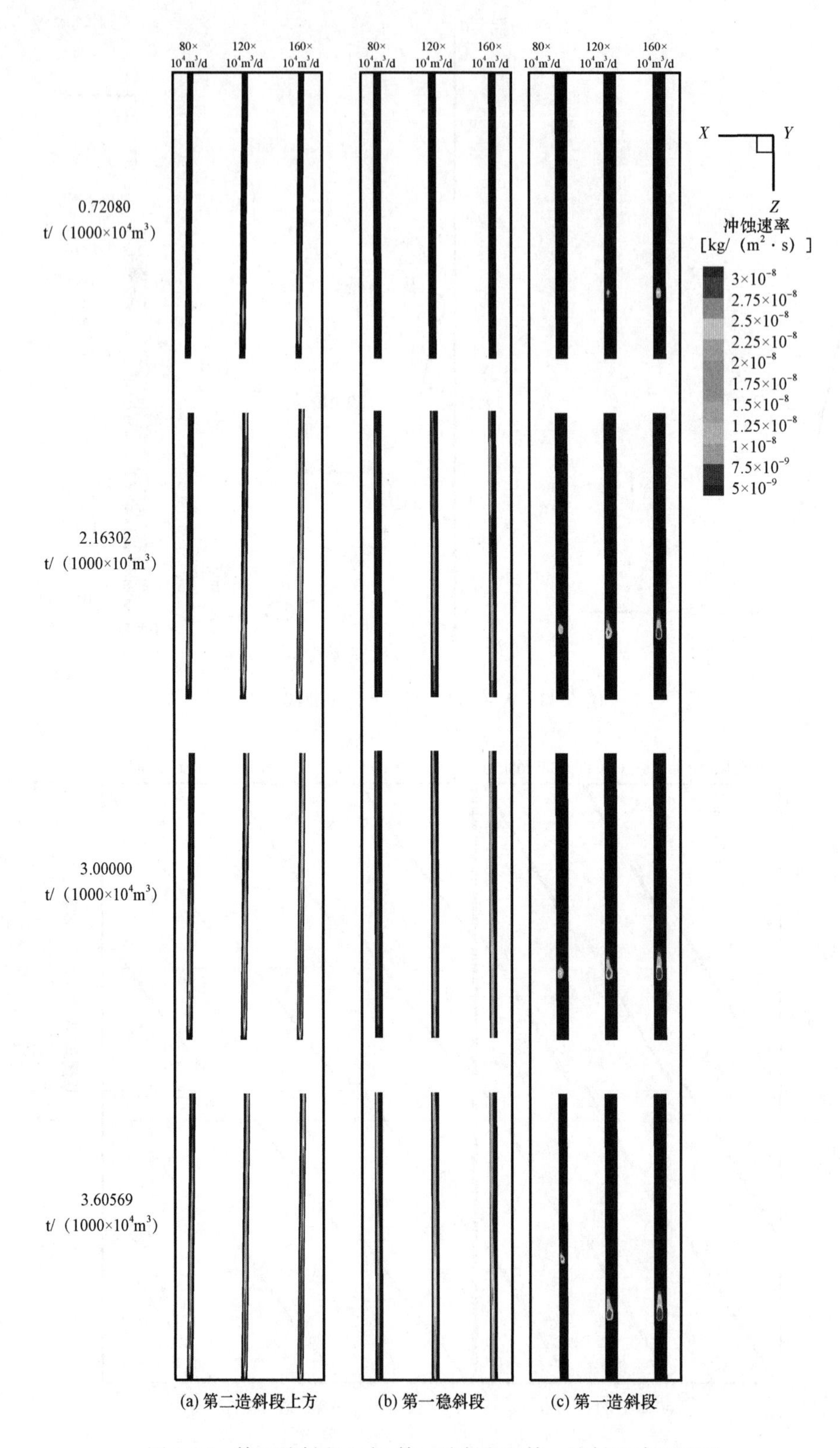


图 6.13　第二造斜段上方、第一稳斜段和第一造斜段冲蚀云图

冲蚀区域连续分布。但最大冲蚀速率呈现斑驳状，表明部分颗粒经壁面反弹后，又在下游重新撞击壁面。流体到达第二造斜段上方时，又因流动转向，壁面出现明显冲蚀，且产量越大，冲蚀越严重，最大冲蚀速率覆盖的区域面积越大。

流体进入第一稳斜段后，速度方向较稳定，因而壁面冲蚀程度减弱，但受到重力和上游流动的惯性作用，壁面上仍存在一定程度的冲蚀，如图6.13(b)所示。

携砂气流到达第一造斜段时，流动方向再次发生改变，此处的冲蚀情况如图6.13(c)所示。由图6.13(c)可见，冲蚀部位较集中，当配产量从$80\times10^4m^3/d$增加到$160\times10^4m^3/d$时，冲蚀严重区域越来越大，这是因为产量越高，气流速度越大，颗粒速度也越大，对管壁产生的冲蚀越严重。当含砂率从$0.7208t/(1000\times10^4m^3)$增加到$3.60569t/(1000\times10^4m^3)$时，冲蚀速率有一定的增加，但变化并不明显。

综上所述，在第二造斜段上方(垂深约2400m)油管壁受冲蚀情况最为严重，其次为第一造斜段(垂深约1500m)，再者为第二造斜段下方、第一稳斜段及水平井段。

将X-A1H井不同配产量及不同含砂率下的最大冲蚀速率进行统计，结果见表6.2。由表6.2可见，含砂率分别为$0.72080t/(1000\times10^4m^3)$、$2.16302t/(1000\times10^4m^3)$、$3.00000t/(1000\times10^4m^3)$和$3.60569t/(1000\times10^4m^3)$时的最大冲蚀速率都随着配产量的增加而增加，但由于含砂率太小，导致不同的含砂率下最大冲蚀速率较接近。

**表6.2 低含砂率下X-A1H井的最大冲蚀速率**

| 井号 | 配产量($10^4m^3/d$) | 含砂率[$t/(1000\times10^4m^3)$] | 最大冲蚀速率(mm/a) | 油管壁厚损失3mm的时间(a) |
|---|---|---|---|---|
| X-A1H | 160.00 | 0.72080 | 0.031457 | 96.36929109 |
| | | 2.16302 | 0.062509 | 47.9931743 |
| | | 3.00000 | 0.091328 | 32.84866696 |
| | | 3.60569 | 0.11164 | 26.87197424 |
| | 120.00 | 0.72080 | 0.02699 | 111.1522786 |
| | | 2.16302 | 0.053087 | 56.51136506 |
| | | 3.00000 | 0.074877 | 40.06588612 |
| | | 3.60569 | 0.088493 | 33.90085882 |
| | 80.00 | 0.72080 | 0.013735 | 218.4200946 |
| | | 2.16302 | 0.027387 | 109.5423564 |
| | | 3.00000 | 0.038103 | 78.73326918 |
| | | 3.60569 | 0.045653 | 65.71261682 |

另外，取含砂率分别为$72.08000t/(1000\times10^4m^3)$、$216.30240t/(1000\times10^4m^3)$和$360.56880t/(1000\times10^4m^3)$，对高含砂率下的冲蚀情况进行了模拟，最大冲蚀速率见表6.3。由表6.3可见，高含砂率情况下，最大冲蚀速率一方面会随着配产量的增大而增大，同时也随

着含砂率的增大而明显增加。当配产量从 $80\times10^4m^3/d$ 增加到 $120\times10^4m^3/d$ 时,最大冲蚀速率的增长速率较小,而配产量从 $120\times10^4m^3/d$ 增长到 $160\times10^4m^3/d$ 时,最大冲蚀速率的增长速率变大,表明超过一定的临界产量后,继续增大产量,冲蚀严重程度会呈指数增加。实际生产时应兼顾经济效益与油管使用寿命,选择合适的产量。

对比表6.2和表6.3可见,当含砂率增加100倍时,X-A1H井的最大冲蚀速率也近似增加了100倍,表明高含砂率配产对油管壁会产生更为严重的损坏。因此在实际生产应用中,必须做好井底防砂,减少含砂率。

**表6.3　高含砂率下X-A1H井的最大冲蚀速率**

| 井号 | $Q(10^4m^3/d)$ | 含砂率[$t/(1000\times10^4m^3)$] | 最大冲蚀速率(mm/a) | 油管壁厚损失3mm的时间(a) |
|---|---|---|---|---|
| X-A1H | 160.00 | 72.08000 | 3.177253 | 0.944211772 |
| | | 216.30240 | 6.442247 | 0.465676053 |
| | | 360.56880 | 11.47322 | 0.261478501 |
| | 120.00 | 72.08000 | 2.725965 | 1.100527703 |
| | | 216.30240 | 5.471227 | 0.548323106 |
| | | 360.56880 | 9.310533 | 0.322215698 |
| | 80.00 | 72.08000 | 1.401175 | 2.141060182 |
| | | 216.30240 | 2.822473 | 1.062897553 |
| | | 360.56880 | 4.818943 | 0.622543116 |

## 6.3.5　X-B5H井流场分布

### 6.3.5.1　X-B5H井压力分布

图6.14至图6.16为X-B5H井在不同配产量时的井筒压力分布。同样,不管是垂直方向还是水平方向,井筒压降均随着配产量的增加而增加。井口压力从 $30\times10^4m^3/d$ 的31.97MPa降至 $74\times10^4m^3/d$ 的27.18MPa。数值模拟的压降计算结果与Pipesim软件计算得到的结果吻合较好。

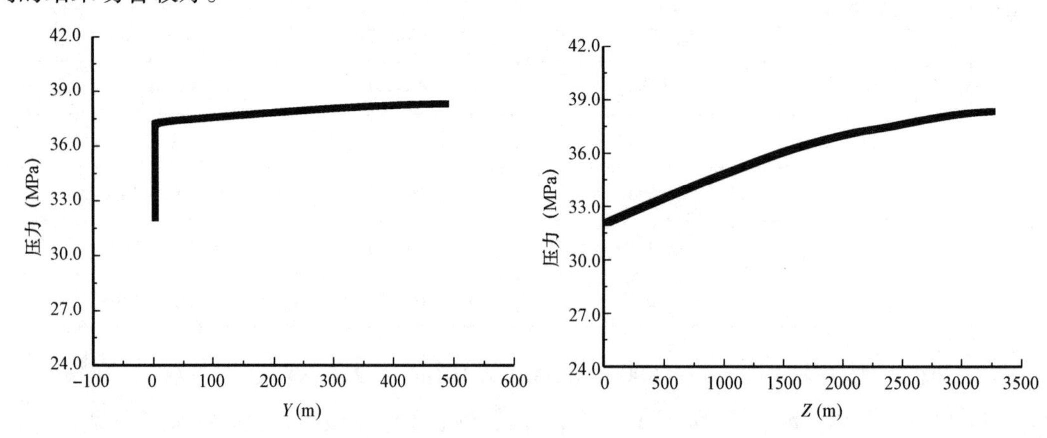


图6.14　配产量为 $30\times10^4m^3/d$ 时X-B5H井的压力分布图

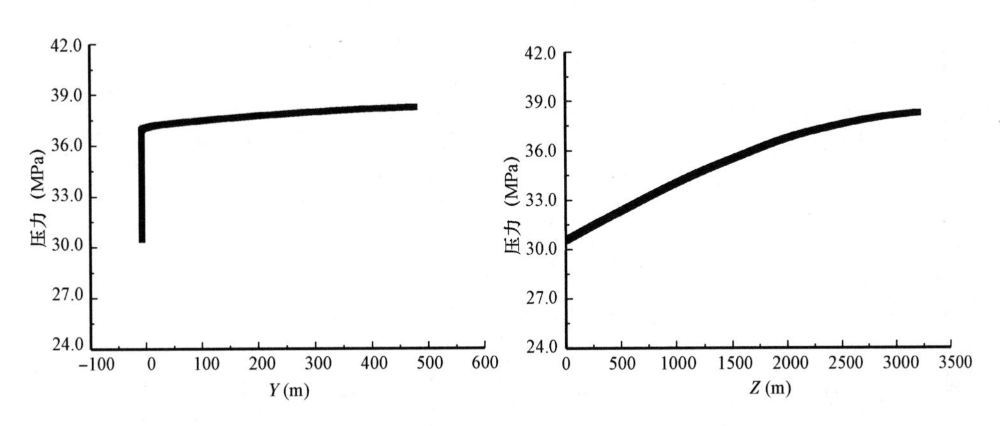


图6.15 配产量为$50 \times 10^4 m^3/d$时X－B5H井的压力分布图

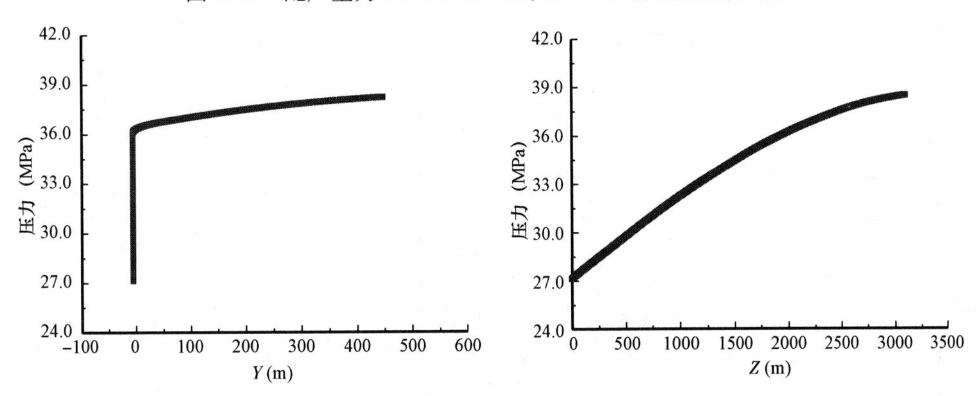


图6.16 配产量为$74 \times 10^4 m^3/d$时X－B5H井的压力分布图

#### 6.3.5.2 X－B5H井速度分布

图6.17至图6.19为X－B5H井在不同配产量时的速度分布，由于气流自井底流至井口的流动过程中压强逐渐减小，气流不断膨胀，速度逐渐增大，且产量越大，速度增幅也大。配产量分别为$30 \times 10^4 m^3/d$、$50 \times 10^4 m^3/d$和$74 \times 10^4 m^3/d$时，井口气流速度分别达到26.5m/s、30.2m/s和35.9m/s。

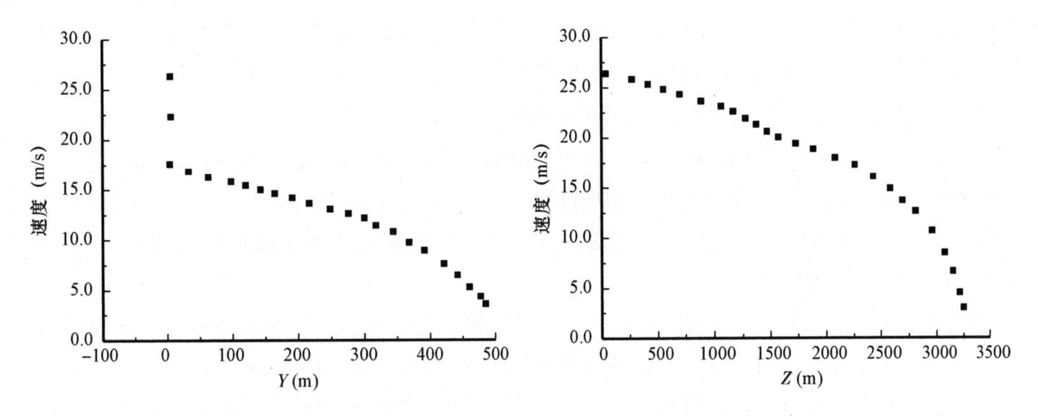


图6.17 配产量为$30 \times 10^4 m^3/d$时X－B5H井的速度分布图

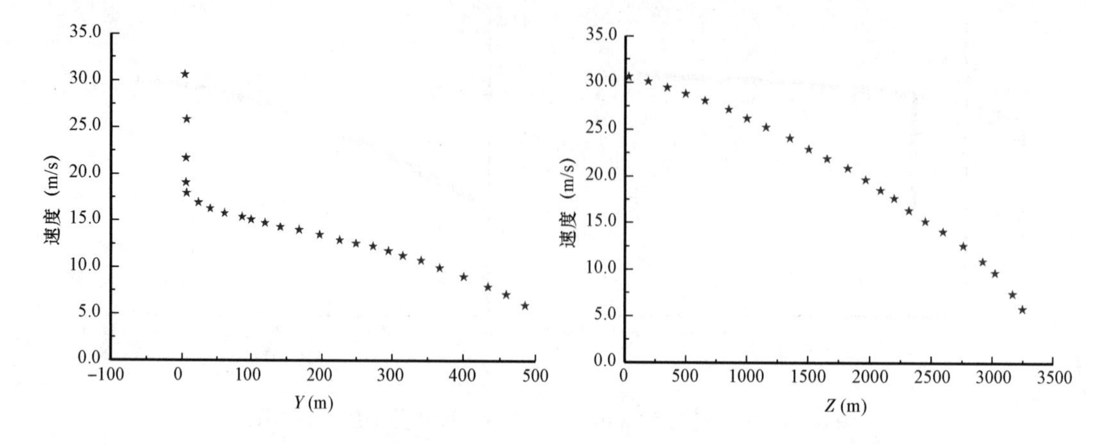


图 6.18　配产量为 $50\times10^4 m^3/d$ 时 X－B5H 井的速度分布图

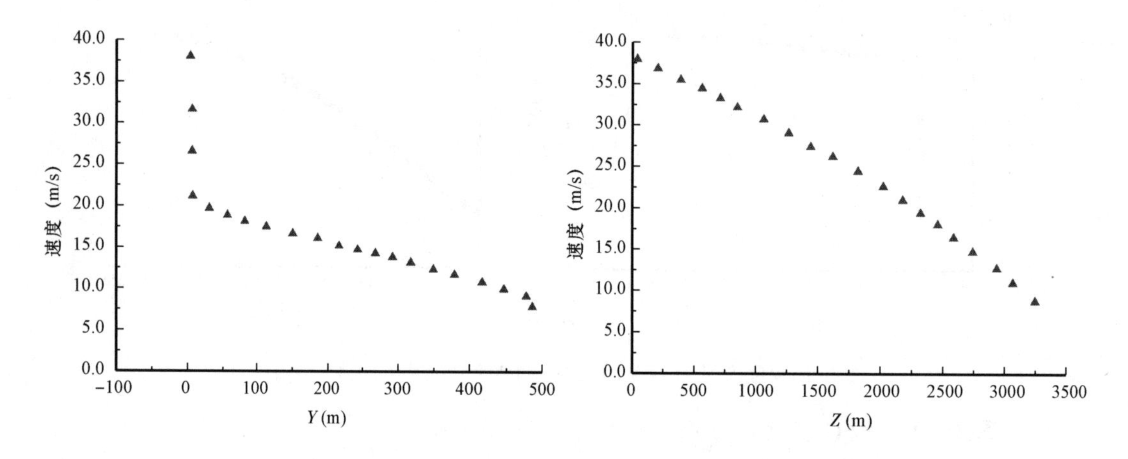


图 6.19　配产量为 $74\times10^4 m^3/d$ 时 X－B5H 井的速度分布图

### 6.3.6　X－B5H 井的冲蚀情况

X－B5H 井全井段受冲蚀情况如图 6.20 所示，图中仅显示了存在冲蚀的部分，缺失的部分代表对应的井段没有冲蚀。由图 6.20 可见，冲蚀主要发生在 X－B5H 井直井段底部至井底的部分，而垂井段基本无冲蚀。将冲蚀较明显的第一造斜段、第一稳斜段、第二造斜段和油管底部段进行细化分析，对应位置的局部冲蚀云图如图 6.21 所示。

油管底部的冲蚀云图如图 6.21(a) 所示，呈现连续分布，表明该区域冲蚀较严重，无论大产量还是小产量，均对油管壁面造成较大的冲蚀。这是由于该井为定向井，油管底部与地层之间存在一定夹角，砂粒进入油管时存在变向。另外，受到重力的作用，砂粒在井底有一定程度的推移，造成管壁出现磨蚀。

携砂气流流至第二造斜段时，由于流体转向，油管外拱壁受到一定的冲蚀，呈现斑驳的冲蚀分布，随着产量的增加，冲蚀严重区域面积显著增大，如图 6.21(b) 所示。

第一稳斜段的冲蚀情况如图 6.21(c) 所示，由于流体进入直管段，流动方向不再改变，冲蚀程度减弱。但由于重力的作用，油管壁仍然存在一定的冲蚀。

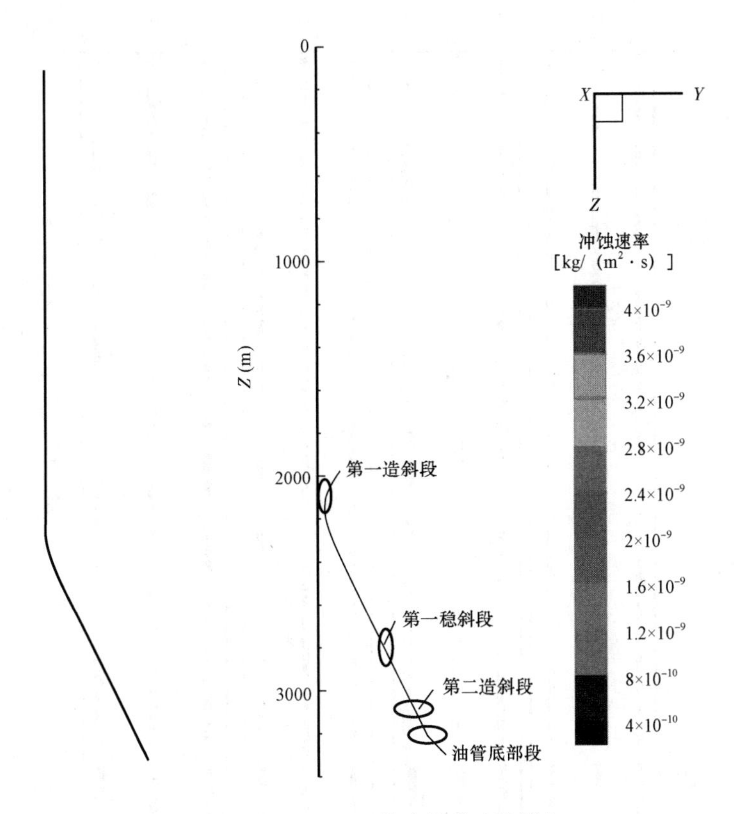


图6.20　X－B5H井油管受冲蚀部位

当携砂气流到达第一造斜段时，产量为$30\times10^4m^3/d$时的冲蚀不明显，但当产量增加到$74\times10^4m^3/d$的时，油管外拱壁出现了明显的冲蚀，如图6.21(d)所示。当含砂率从0.72080t/($1000\times10^4m^3$)增加到3.60569t/($1000\times10^4m^3$)时，冲蚀速率有一定的增加，但冲蚀区域的变化不明显。

综上所述，在油管底部(垂深约3200m)油管壁受冲蚀情况最为严重，其次为第二造斜段，再者为第一造斜段及第一稳斜段。

将X－B5H井不同配产量及不同含砂率下的最大冲蚀速率进行统计，结果见表6.4。由表6.4可见，含砂率为0.72080t/($1000\times10^4m^3$)、2.16302t/($1000\times10^4m^3$)、3.00000t/($1000\times10^4m^3$)和3.60569t/($1000\times10^4m^3$)时的最大冲蚀速率都随着产量的增加而增加，但由于含砂率太小，不同含砂率的最大冲蚀速率较接近。

高含砂率情况下，最大冲蚀速率一方面会随着产量的增大而增大，另一方面也随着含砂率的增大出现较明显的变化。当产量从$30\times10^4m^3/d$增加到$50\times10^4m^3/d$时，最大冲蚀速率的增长速率较大，而当产量从$50\times10^4m^3/d$增加到$74\times10^4m^3/d$时，最大冲蚀速率的增长速率较之前略微降低，表明该井可以最大产量进行生产。

对比表6.4和表6.5可得，不同配产量下，当含砂率增加100倍时，X－A1H井的最大冲蚀速率近似增加了100倍，表明高含砂率配产容易对油管壁产生严重的损坏。因此在实际生产应用中，建议做好井底防砂，适当减少含砂率。

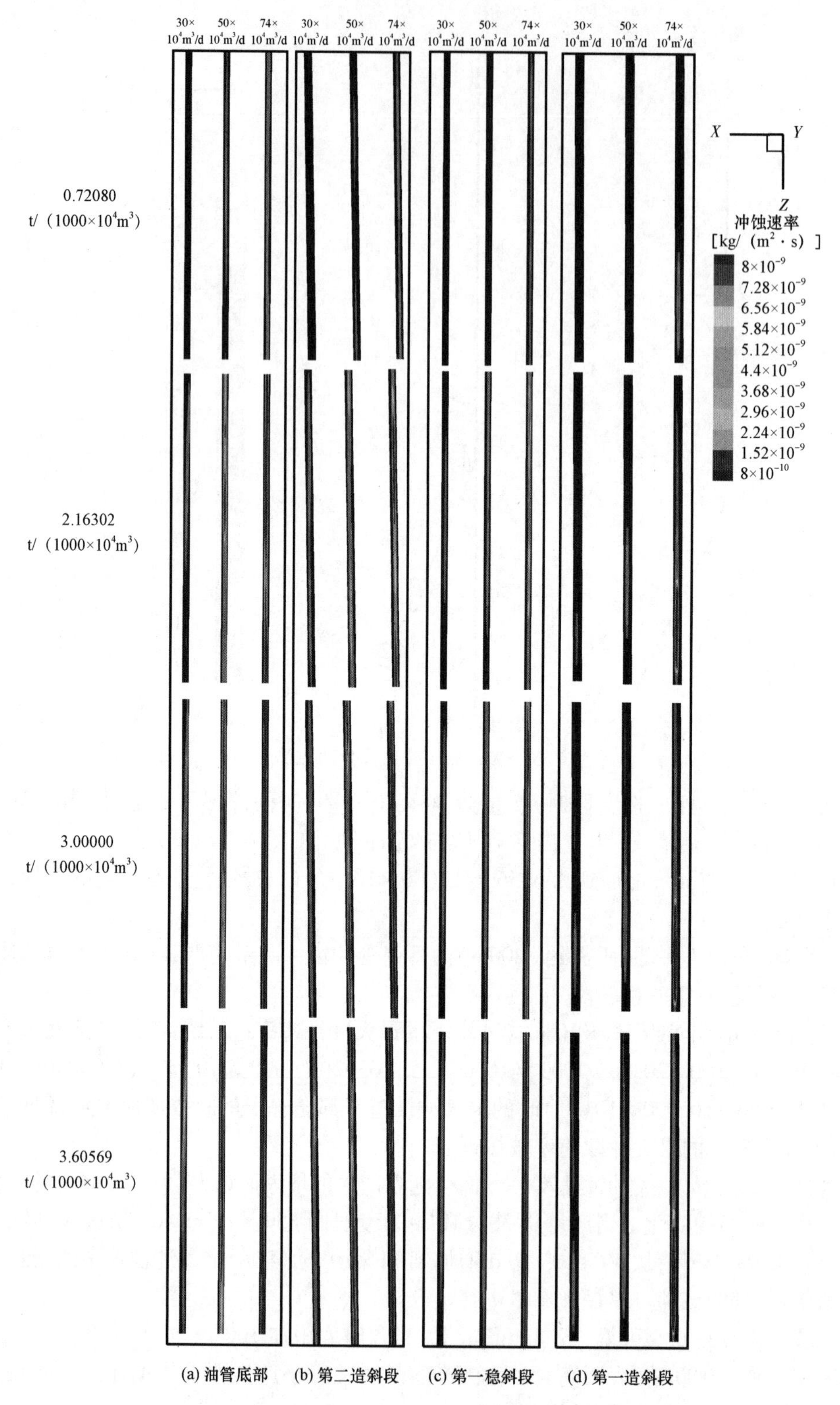


图 6.21　油管底部、第二造斜段、第一稳斜段和第一造斜段冲蚀云图

表6.4　低含砂率下X－B5H井的最大冲蚀速率

| 井号 | 配产量($10^4m^3/d$) | 含砂率[$t/(1000\times10^4m^3)$] | 最大冲蚀速率(mm/a) | 油管壁厚损失3mm的时间(a) |
|---|---|---|---|---|
| X－B5H | 74 | 0.72080 | 0.01952 | 153.6885246 |
| | | 2.16302 | 0.058593 | 51.20036409 |
| | | 3.00000 | 0.087029 | 34.47143795 |
| | | 3.60569 | 0.112669 | 26.62661296 |
| | 50 | 0.72080 | 0.019127 | 156.8490763 |
| | | 2.16302 | 0.05346 | 56.11672278 |
| | | 3.00000 | 0.079436 | 37.76638791 |
| | | 3.60569 | 0.102823 | 29.17632977 |
| | 30 | 0.72080 | 0.007073 | 424.128181 |
| | | 2.16302 | 0.021233 | 141.2872841 |
| | | 3.00000 | 0.031543 | 96.10869565 |
| | | 3.60569 | 0.040838 | 73.46016199 |

表6.5　高含砂率下X－B5H井的最大冲蚀速率

| 井号 | 配产量($10^4m^3/d$) | 含砂率[$t/(1000\times10^4m^3)$] | 最大冲蚀速率(mm/a) | 油管壁厚损失3mm的时间(a) |
|---|---|---|---|---|
| X－B5H | 74 | 72.08000 | 1.97166 | 1.521560512 |
| | | 216.30240 | 6.036853 | 0.496947637 |
| | | 360.56880 | 11.00728 | 0.272546932 |
| | 50 | 72.08000 | 1.79938 | 1.667240939 |
| | | 216.30240 | 5.50942 | 0.544521928 |
| | | 360.56880 | 10.0454 | 0.298644156 |
| | 30 | 72.08000 | 0.71462 | 4.198035319 |
| | | 216.30240 | 2.188727 | 1.370659958 |
| | | 360.56880 | 3.989507 | 0.751972585 |

分析上述X－A1H井和X－B5H井的计算结果可知：

(1)含砂率分别为0.72080$t/(1000\times10^4m^3)$、2.16302$t/(1000\times10^4m^3)$、3.0000$t/(1000\times10^4m^3)$、3.60569$t/(1000\times10^4m^3)$时的最大冲蚀速率都随着产量的增加而增加，低含砂率下整体冲蚀速率都不算很高。但是，当含砂率达到72$t/(1000\times10^4m^3)$(相当于不防砂)时，油管最大冲蚀速率急剧增大，油管快速损坏。这充分说明，对于高产气井来说，防砂是控制油管损坏的最主要途径。

(2)同一产量下，油管最大冲蚀速率随着含砂率的增加而增加，研究形成冲蚀损坏的规律能指导生产。

## 参考文献

[1] 刘小兵，程良骏．Basset对颗粒运动的影响[J]．四川工业学院学报，1996，15(2)：56－63.
[2] 李维仲，姜远新．小木球在固液两相流中上升规律研究及Magnus力测量[J]．大连理工大学学报，2011，

51(5): 653 -657.

[3] 苏世为. 水平井段携砂和冲砂过程中的力学分析及规律研究[D]. 北京:中国石油大学(北京),2008.

[4] Wang Kai, Li Xiufeng. Numerical investigation of the erosion behavior in elbows of petroleum pipelines [J]. Powder Technology, 2017, 314: 490 -499.

[5] Morsi S A, Alexander A J. An investigation of particle trajectories in two - phase flow systems [J]. Journal of Fluid Mechanics, 1972, 55(2): 193 -208.

[6] Ahlert K. Effects of particle impingement angle and surface wetting on solid particle erosion of AISI 1018 steel [D]. University of Tulsa, USA,1994.

[7] Vertitas D N. Erosive Wear in Piping Systems [S]. Recommended Practice RP 0501, 2007.

[8] Haugen K, Kvernvold O, Ronold A. Sand erosion of wear - resistant materials: Erosion in choke valves [J]. Wear, 1995, 186 -187:179 -188.

[9] Neilson J H, Gilchrist A. Erosion by a stream of solid particles [J]. Wear, 1968, 11(2): 111 -122.

[10] McLaury B S, Shirazi S A. An alternate method to API RP 14E for predicting solids erosion in multiphase flow [J]. Journal of Energy Resources Technology, 2000, 122 (3): 116 -122.

[11] Oka Y I, Okamura K, Yoshida T. Practical estimation of erosion damage caused by solid particle impact. Part 1: Effect of impact parameters on a predictive equation [J]. Wear, 2005, 259(1 -6): 96 -101.

[12] Finnie I. Erosion of surfaces by solid particles [J]. Wear, 1960, 3(2): 87 -103.

[13] Grant G, Tabakoff W. An experimental investigation of the erosion characteristics of 2024 aluminum alloy (Tech. Rep. 73 -37) [D]. Cincinnati: Department of Aerospace Engineering, University of Cincinnati, 1973.

[14] Bourgoyne A T. Experimental study of erosion in diverter systems due to sand production[C]. SPEIIADC 18716,1989.

[15] Edwards J K, McLaury B S. Evaluation of alternative pipe bend fittings in erosive service[C]. Boston, MA: ASME 2000 Fluids Engineering Division Summer Meeting, 2000.

[16] Edwards J K, McLaury B S, Shirazi S A. Supplementing a CFD Code with Erosion Prediction Capabilities [C]. Washington DC: ASME 1998 Fluids Engineering Division Summer Meeting, 1998.

[17] Grant G , Tabakoff W . Erosion prediction in turbomachinery resulting from environmental solid particles[J]. Journal of Aircraft, 1975, 12(5):471 -478.

[18] Forder A , Thew M , Harrison D . A numerical investigation of solid particle erosion experienced within oilfield control valves[J]. Wear, 1998, 216(2):184 -193.

# 第7章　深水测试完井过程中水合物预测理论与防治技术

深水海底附近井筒及管线内流体处于高压低温环境，窜入或生产的天然气和自由水共存，极易形成水合物而堵塞流通管路，造成严重的作业事故和经济损失。因此，天然气水合物预防和防治是确保深水完井测试及生产安全的重要保障之一。

## 7.1　井筒流动保障

水下流动保障是特指具有水下生产系统的流动保障，包括从储层到井筒，再到水下井口、管汇、集输管线中流体流动的全过程。在水下生产系统中，流动保障是一个工程分析过程，用以制定控制固体沉积物(例如水合物、石蜡、沥青质)的设计和操作指南，用来保证在一个工程的生命周期内，在任何环境下都可以将石油天然气安全、顺利、易管理、经济地从储油层运输到终端。

流动保障关键技术问题可归结为能量问题、完整性问题和输送问题。能量问题包括：在油田全寿命运行周期内，流体压力和温度的预测。完整性问题包括：如何管理腐蚀、侵蚀、蜡和沥青质及垢的沉积，水合物形成、潜在的段塞流；如何设计确保流动无阻碍。输送问题包括：在稳定的工艺控制和设备中不稳定流动的影响。处理这些流动保障问题要求多专业的应用，特别是生产流体中的化学知识，多相流水力、热力学以及材料学。另外，还需要对运行的约束条件有深刻的理解。这也是为什么流动保障作为一个专门的技术对工业生产具有如此高的价值。

这里给出当今各种流动保障技术(30 种)的成熟等级、应用、解决方法和效果。归纳出当前技术状态和潜在可提高的领域。针对 30 种流动保障技术归纳了 5 类不同的解决方法，即热量方法、化学方法、设备方法、操作方法和软件技术(表 7.1)。

表 7.1　目前 30 种流动保障技术领域统计

| 序号 | 流动保障技术领域 | 应用 | 技术成熟等级 | | | | 解决方法 |
|---|---|---|---|---|---|---|---|
| | | | 萌芽期 | 成长期 | 成熟期 | 衰老期 | |
| 1 | 保温 | 防止水合物和蜡 | | | √<br>√ | | 热量方法 |
| 2 | 直接电加热 | 防止水合物 | | | √ | | 热量方法 |
| | | 防止蜡 | | | √ | | |
| | | 解堵 | √ | | | | |
| 3 | 双层管电加热 | 防止水合物和蜡 | √ | | | | 热量方法 |
| 4 | 冷流 | 防止水合物和蜡 | √ | | | | 热量方法 |

续表

| 序号 | 流动保障技术领域 | 应用 | 技术成熟等级 | | | | 解决方法 |
|---|---|---|---|---|---|---|---|
| | | | 萌芽期 | 成长期 | 成熟期 | 衰老期 | |
| 5 | 相变材料 | 防止水合物 | √ | | | | 热量方法 |
| | TDI(热力学水合物抑制剂) | | | | | | 化学方法 |
| 6 | 甲醇 | 防止水合物,解堵 | | | | √ | |
| | 乙醇 | 防止水合物 | | √ | | | |
| | 乙二醇(MEG) | 防止水合物,解堵 | | | √ | | |
| | LDHIC(低剂量水合物抑制剂) | 防止水合物 | | | | | 化学方法 |
| 7 | 动力学水合物抑制剂(KHI) | | | | √ | | |
| | 防聚剂(AAs) | | | | √ | | |
| 8 | 消泡剂 | 泡沫 | | | √ | | 化学方法 |
| 9 | 沥青质抑制剂 | 沥青质 | | | √ | | 化学方法 |
| 10 | 蜡抑制剂 | 石蜡 | | | √ | | 化学方法 |
| 11 | 水垢抑制剂 | 除垢 | | | √ | | 化学方法 |
| 12 | $H_2S$ 净化剂 | 腐蚀 | | | √ | | 化学方法 |
| 13 | 化学破乳剂 | 避免稳定乳状液 | | | √ | | 化学方法 |
| 14 | 减阻剂 | 减少压力降 | √ | | | | 化学方法 |
| 15 | 水下分离器 | 防止水合物和段塞,增加采收率 | | | | | 设备方法 |
| | 气液分离 | | | √ | | | |
| | 除水分离 | | | √ | | | |
| 16 | 水下增压泵 | 压力下降、段塞流 | | | √ | | 设备方法 |
| 17 | 水下压缩机 | 最小流量、增产 | √ | | | | 设备方法 |
| 18 | 水下冷却器 | 腐蚀、防止水合物 | √ | | | | 设备方法 |
| 19 | 双层管 | 防止水合物和蜡 | | | √ | | 设备方法 |
| 20 | 管束 | 流动保障问题 | | | √ | | 设备方法 |
| 21 | 连续油管井下牵引器 | 水合物形成的补救 | √ | | | | 设备方法 |
| 22 | 除砂器 | 防止砂积聚 | √ | | | | 设备方法 |
| 23 | 侵蚀传感器 | 侵蚀速率监测 | | | √ | | 设备方法 |
| 24 | 超声波砂探测仪 ASD | 监测砂产量 | | | √ | | 设备方法 |
| 25 | 超声波泄漏检测仪 | 泄漏探测 | | √ | √ | | 设备方法 |
| 26 | 死油/热油冲洗 | 防止水合物 | | | √ | | 操作方法 |
| 27 | 清管 | 清蜡、解堵 | | | √ | | 操作方法 |
| 28 | 降压 | 防止水合物、解堵 | | | √ | | 操作方法 |
| 29 | 气体吹扫气举 | 防止水合物 | | √ | | | 操作方法 |
| | | 增加流量、增产 | | | | | 操作方法 |
| 30 | 流动保障实时建议软件 | 流动保障问题预警 | | √ | | | 软件技术 |

由于流动保障涉及的内容很多，且有专门书籍论述，本书主要讨论深水油气井测试完井过程井筒中水合物预测理论和防治技术。

# 7.2　天然气水合物及形成机理

## 7.2.1　天然气水合物

天然气水合物又称水化物、固体瓦斯、可燃冰，是在低温、高压条件下，天然气气体分子包络在由水分子形成的多面体笼形晶穴中，所形成的非化学计量晶体化合物。其中，主体分子为水分子，相应的气体分子为客体分子。主体分子通过作用力比较强的氢键构成笼形架构，气体分子进入晶穴中并与主体分子通过较小的范德华力相互作用，得到稳定性比较强的水合物。

目前，所发现的天然气水合物主要有Ⅰ型、Ⅱ型和H型三种。Ⅰ型水合物晶格由$5^{12}$和$5^{12}6^2$两种笼形晶穴构成，Ⅱ型水合物晶格由$5^{12}$和$5^{12}6^4$两种笼形晶穴构成，H型水合物由$5^{12}$、$4^35^66^3$和$5^{12}6^8$三种笼形晶穴构成。其结构性质参数见表7.2。

表7.2　水合物的结构性质参数

| 参数 | 结构Ⅰ型 | | 结构Ⅱ型 | | 结构H型 | | |
|---|---|---|---|---|---|---|---|
| 晶系 | 立方晶系 | | 立方晶系 | | 六方晶系 | | |
| 晶格参数(Å) | $a=11.877$ | | $a=17.175$ | | $a=12.3304$，$c=9.9206$ | | |
| 理想分子式① | $2X6Y \cdot 46H_2O$ | | $16X8Y \cdot 136H_2O$ | | $3X2Z1Y \cdot 34H_2O$ | | |
| 单晶中水分子数 | 46 | | 136 | | 34 | | |
| 晶胞种类 | 小 | 大 | 小 | 大 | 小 | 中 | 大 |
| | X | Y | X | Y | X | Z | Y |
| 骨架结构 | $5^{12}$ | $5^{12}6^2$ | $5^{12}$ | $5^{12}6^4$ | $5^{12}$ | $4^35^66^3$ | $5^{12}6^8$ |
| 单晶中晶胞数目(个) | 2 | 6 | 16 | 8 | 3 | 2 | 1 |
| 半径(Å) | 3.95 | 4.33 | 3.91 | 4.73 | 3.91 | 4.06 | 5.71 |
| 晶胞骨架分子数(个) | 20 | 24 | 20 | 28 | 20 | 20 | 36 |

注：$1Å=10^{-10}m$。

①理想是指晶体结构中所有晶穴均被客体分子占据，且每个晶穴只含一个客体分子。晶格参数(也称晶格常数)指的是晶胞的边长，也就是水合物晶体(平行六面体)单元的边长。

5种笼形晶穴的结构如图7.1所示。以$5^{12}6^2$为例，该晶穴由12个五边形和2个六边形组成。一般认为单个笼形晶穴仅可以包含一个气体分子。然而，最近几年伴随科技的不断发展，研究人员发现当压力提升到一定数值之后，一个笼子可以容纳2个甚至4个分子较小的气体分子(如$H_2$)。

如图7.2所示，Ⅰ型水合物晶格由2个$5^{12}$晶穴和6个$5^{12}6^2$晶穴构成，每个晶格含有46个水分子，其结构式可以表示为$2(5^{12})6(5^{12}6^2) \cdot 46H_2O$，为体心立方结构，当晶格中全部孔穴且每个孔穴只被一个气体分子(M)所占据时，其理想分子式可以表示为$8M \cdot 46H_2O$；Ⅱ型水合物晶格由16个$5^{12}$晶穴和8个$5^{12}6^4$晶穴构成，每个晶格含有136个水分子，其结构式可以

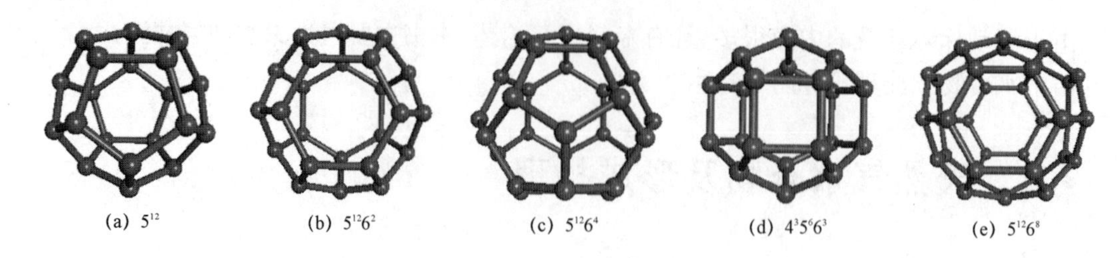


图 7.1 水合物晶穴结构

表示为 $16(5^{12})8(5^{12}6^4)\cdot 136H_2O$，为面心立方结构，当晶格中全部孔穴且每个孔穴只被一个气体分子(M)所占据时，其理想分子式可以表示为 $24M\cdot 136H_2O$。H 型水合物晶格由 3 个 $5^{12}$ 晶穴、2 个 $4^35^66^3$ 晶穴和 1 个 $5^{12}6^8$ 晶穴构成，每个晶格含有 36 个水分子，其结构式可以表示为 $3(5^{12})2(4^35^66^3)1(5^{12}6^8)\cdot 34H_2O$，为简单的六方结构，当晶格中全部孔穴且每个孔穴只被一个气体分子(M)所占据时，其理想分子式可以表示为 $6M\cdot 34H_2O$。

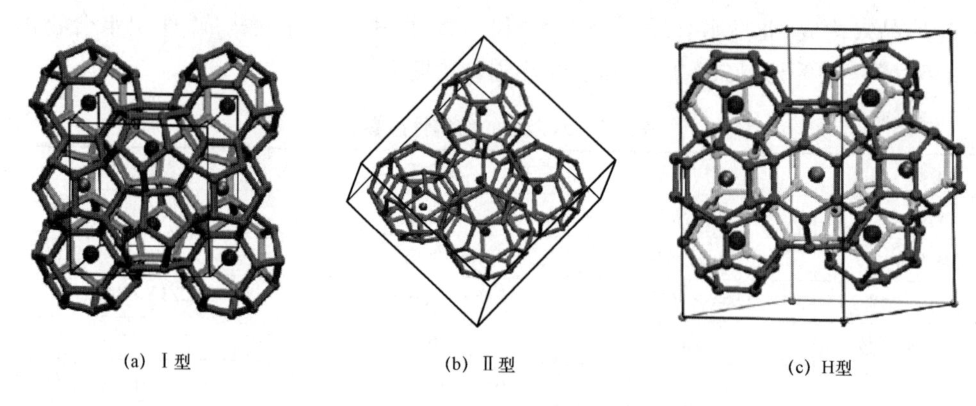


图 7.2 水合物三种晶型结构

水合物晶穴的大小需与客体分子大小匹配才能形成稳定水合物，且不同分子对水合物结构稳定性也有差别，因此客体分子和水生成何种类型的水合物主要是由客体分子的种类和大小决定的。Sloan 认为当客体分子直径与晶穴直径比为 0.9 时，该客体分子能稳定水合物中的晶穴而形成水合物。因此，甲烷分子能稳定Ⅰ型或Ⅱ型水合物中的小晶穴($5^{12}$)，且其在Ⅰ型水合物中的稳定性要稍大于Ⅱ型，主要形成Ⅰ型水合物。乙烷分子能稳定Ⅰ型水合物中的大晶穴($5^{12}6^2$)，因此形成Ⅰ型水合物。丙烷分子能稳定Ⅱ型水合物中的大晶穴($5^{12}6^4$)，因此形成Ⅱ型水合物。气体分子直径与晶穴直径比值见表 7.3。

**表 7.3 气体分子直径与晶穴直径比值**

| 客体分子 | 直径(Å) | $R_{mc}$ | | | |
|---|---|---|---|---|---|
| | | Ⅰ型水合物 | | Ⅱ型水合物 | |
| | | $5^{12}$ | $5^{12}6^2$ | $5^{12}$ | $5^{12}6^4$ |
| $H_2$ | 2.72 | 0.533 | 0.464 | 0.542 | 0.408 |
| $N_2$ | 4.1 | 0.804 | 0.700 | 0.817 | 0.616 |
| $O_2$ | 4.2 | 0.824 | 0.717 | 0.837 | 0.631 |

续表

| 客体分子 | 直径(Å) | $R_{mc}$ | | | |
|---|---|---|---|---|---|
| | | Ⅰ型水合物 | | Ⅱ型水合物 | |
| | | $5^{12}$ | $5^{12}6^2$ | $5^{12}$ | $5^{12}6^4$ |
| $CH_4$ | 4.36 | 0.855 | 0.744 | 0.868 | 0.655 |
| $H_2S$ | 4.58 | 0.898 | 0.782 | 0.912 | 0.687 |
| $CO_2$ | 5.12 | 1.00 | 0.834 | 1.02 | 0.789 |
| $C_2H_6$ | 5.5 | 1.08 | 0.939 | 1.10 | 0.826 |
| 环 $C_3H_6$ | 5.8 | 1.14 | 0.990 | 1.16 | 0.871 |
| $(CH_2)_3O$ | 6.1 | 1.20 | 1.04 | 1.22 | 0.916 |
| $C_3H_8$ | 6.28 | 1.23 | 1.07 | 1.25 | 0.943 |
| $i-C_4H_{10}$ | 6.5 | 1.27 | 1.11 | 1.29 | 0.973 |
| $n-C_4H_{10}$ | 7.1 | 1.39 | 1.21 | 1.41 | 1.07 |

由表7.3可见,水合物形成物分子直径与水合物笼直径比($R_{mc}$)接近0.9左右时,形成的水合物比较稳定,过小和过大都不能形成稳定的水合物。图7.3列出了气体水合物结构的另一种表达式。

如图7.3所示,三种结构的水合物晶体中均有$5^{12}$晶穴,其与$5^{12}6^2$晶穴一起构成了Ⅰ型水合物;与$5^{12}6^4$晶穴构成了Ⅱ型水合物;与$5^{12}6^8$晶穴和$4^35^66^3$晶穴一起构成了H型水合物。$CH_4$、$C_2H_6$等小气体分子,能稳定$5^{12}$晶穴与$5^{12}6^2$晶穴,因此能形成Ⅱ型水合物;$C_3H_8$、$C_4H_{10}$等中型气体分子,能稳定$5^{12}6^4$晶穴,因此能形成Ⅱ型水合物;甲基环己烷等大型气体分子,能稳定$4^35^66^3$晶穴,因此能形成H型水合物。

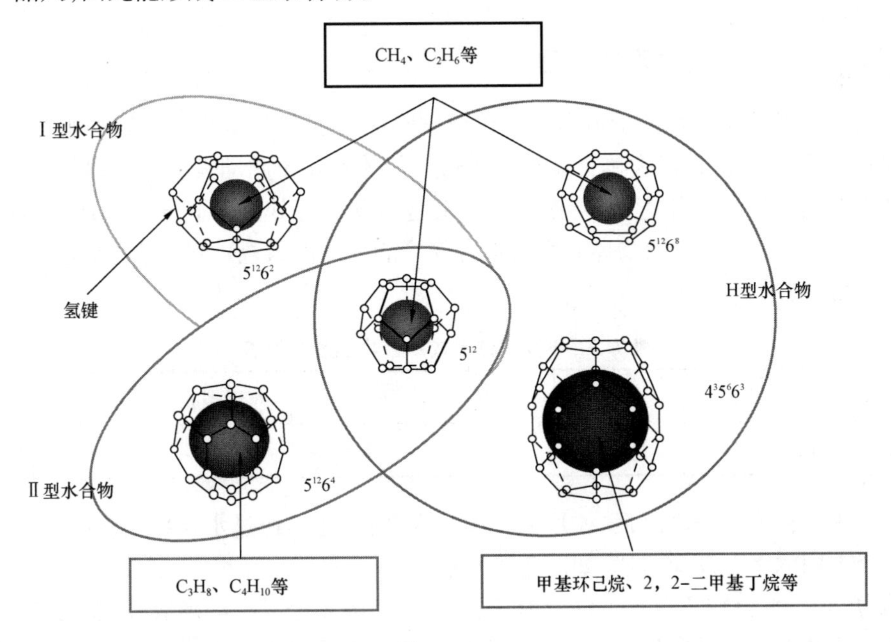


图7.3 水合物结构

水合物晶体密度为800～1200kg/m$^3$，并且具有规则的笼形孔穴结构。常见气体水合物密度一般小于1000kg/m$^3$，而$CO_2$水合物密度则大于1000kg/m$^3$（表7.4）。在孔穴中没有客体分子的假想状态下，Ⅰ型水合物和Ⅱ型水合物的密度分别为796kg/m$^3$和786kg/m$^3$。不同结构水合物的密度$D$可由式(7.1)和式(7.2)计算。

Ⅰ型水合物：

$$D_{\mathrm{I}} = \frac{46 \times 18 + 2M\theta_s + 6M\theta_1}{N_A a^3} \tag{7.1}$$

Ⅱ型水合物：

$$D_{\mathrm{II}} = \frac{136 \times 18 + 16M\theta_s + 8M\theta_1}{N_A a^3} \tag{7.2}$$

式中 $M$——客体分子的分子量；

$\theta_s$、$\theta_1$——客体分子在小孔穴和大孔穴中的填充率；

$N_A$——阿伏加德罗常数，取$6.02 \times 10^{23}\mathrm{mol}^{-1}$；

$a$——水合物单位晶格体积，Ⅰ型水合物$a = 1.2 \times 10^{-7}\mathrm{cm}^3/\mathrm{mol}$，Ⅱ型水合物$a = 1.73 \times 10^{-7}\mathrm{cm}^3/\mathrm{mol}$。

**表7.4 典型气体水合物的密度(273.15K)**

| 气体 | $CH_4$ | $C_2H_6$ | $C_3H_8$ | $i-C_4H_{10}$ | $CO_2$ | $H_2S$ | $N_2$ |
|---|---|---|---|---|---|---|---|
| 分子量 | 16.04 | 30.07 | 44.09 | 59.12 | 44.01 | 34.08 | 28.04 |
| 密度(g/cm$^3$) | 0.91 | 0.959 | 0.866 | 0.901 | 1.117 | 1.044 | 0.995 |

### 7.2.2 天然气水合物形成机理

油气田中天然气水合物的形成需具备3个条件：(1)天然气中含有足够的水分，用以形成笼形结构；(2)具有一定的高压和低温条件；(3)有气体存在于脉动紊流等激烈扰动中，或存在酸性气体以及晶核停留在如弯头、孔板、阀门、粗糙的管壁等处。不同气体形成水合物的临界温度见表7.5。水合物形成的临界温度是水合物可能存在的最高温度，高于此温度，不论压力多高，也不会形成水合物。

**表7.5 不同气体形成水合物的临界温度**

| 气体 | $CH_4$ | $C_2H_6$ | $C_3H_8$ | $i-C_4H_{10}$ | $n-C_4H_{10}$ | $CO_2$ | $H_2S$ |
|---|---|---|---|---|---|---|---|
| 临界温度(℃) | 21.5 | 14.5 | 5.5 | 2.5 | 44.01 | 10 | 29 |

在满足水合物形成条件之后，要形成天然气水合物，还须经过水合物晶核形成和水合物晶体生长两个不同的水合反应阶段，如图7.4所示。

在动力学上，水合物的生长可以分为三步：具体临界半径晶核的形成；固态晶核的长大；组分向处于聚集状态晶核的固液界面转移。上述三步可以用图7.5表示。

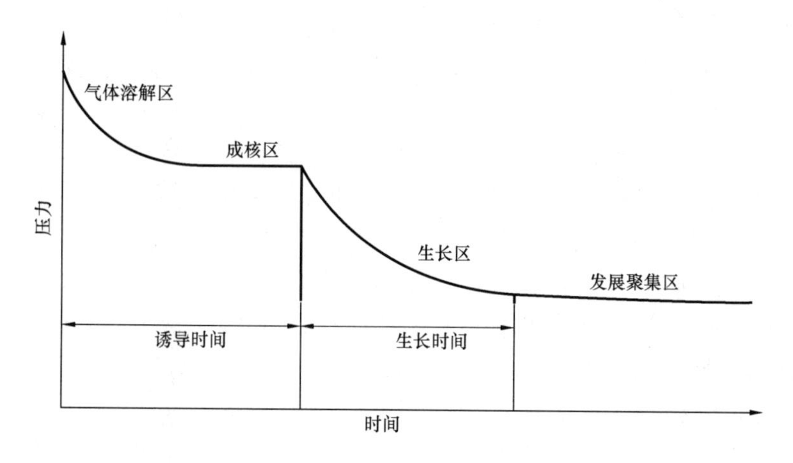


图7.4　水合物形成过程示意图

图7.5显示了水分子从状态A经过亚稳态B和C到稳态D的过程,D能够长成大的水合物颗粒。在这个过程初期(A状态),液态水和气体均存在于系统中,这两相相互作用,形成不稳定簇(B状态),类似于Ⅰ型、Ⅱ型水合物结构中的笼。在B状态下,笼虽能存在相对较长的时间,但还是易变化不稳定的。这些笼可能消失,也可能生成水合物晶胞,或是晶胞聚集在一起的C状态的亚稳态的核。在C状态时,这些亚稳态的晶胞接近临界尺寸,在随机过程中可以生长也可以消失。这些亚稳态的核和像笼的液体处于准平衡态,直至达到临界尺寸形成D状态。达到临界尺寸后,晶体迅速生长。

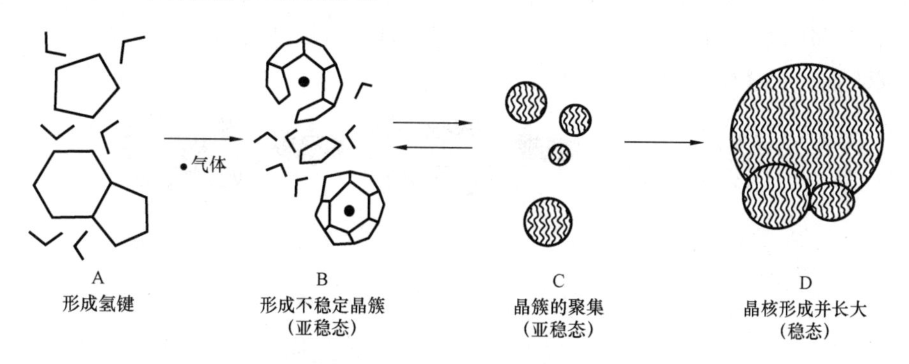


图7.5　水合物生长示意图

油气管路内水合物形成过程主要分为四部分,如图7.6所示。

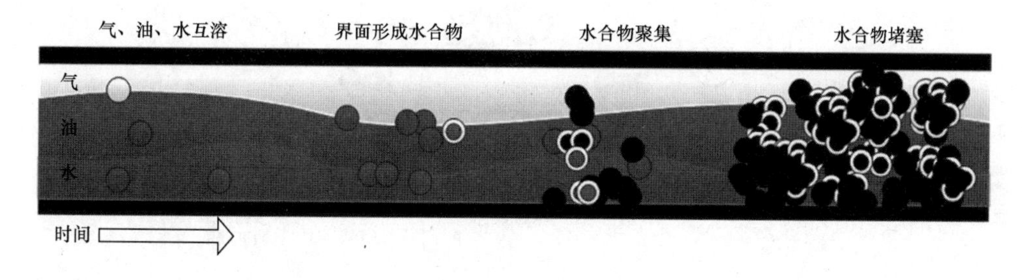


图7.6　油气管路内形成水合物堵塞过程示意图

首先，管路内气、油、水三相在流动条件下混合均匀，形成流动性较强的油水乳液，此时外部环境变化不大，因此溶液在环路内保持着较好的流动状态；当环境温度与压力改变并达到一定条件时，就会在油水界面或气水界面处开始形成水合物颗粒，此时流体仍具有很好的流动性；随着环境温度的进一步保持或变化到水合物形成的相平衡区域当中时，此时形成在油水界面或气水界面处的水合物颗粒开始聚集长大，并伴随着环路内的液相流动分散在环路中，最终水合物颗粒沉积于环路壁面；最后，沉积于环路壁面处的水合物颗粒长大变成水合物块时，当流体流动的驱动力不足以驱动水合物块从壁面脱落和随着流体一起流动时，水合物堵塞就会产生。

Camargo 在 Austvik 的基础上提出了与之相似的聚集机理解释。他提出，原油中的沥青质能吸附在水合物颗粒表面，使颗粒间产生吸引力，这种引力导致的聚集是一个可逆的过程，这与浆液表现出的剪切稀释性和触变性相符。由于“冰塞”均出现在水合物的形成阶段，且颗粒在油相里能达到稳定的分散，因此他们认为颗粒间的范德华力可忽略。另外，由于“冰堵”现象通常出现在水合物形成阶段，因此，这段时间中颗粒间应有其他作用力存在，才使得颗粒“变黏”。由于颗粒面的强亲水性，毛细管压力是聚集过程中的主要作用力。在水合物形成阶段，水合物颗粒与水珠同时存在于液态烃相中，水桥在颗粒间形成后，产生了毛细管压力作用。毛细管压力的数量级远远大于聚合物分子力和范德华力，如此大的吸引力就可以解释水合物形成过程中易出现的“冰堵”问题。此外，水桥也会逐渐转变成水合物，导致一种不可逆的聚集过程。当水合物形成阶段结束后，就没有自由水存在，不再有毛细管压力作用。因此，他们认为颗粒的可润湿性是形成“冰塞”的主要原因，而吸附在表面上的沥青质使其由亲水变成亲油，阻碍了聚集过程。

Palermo 等对水合物颗粒的聚集机理提出了一种新的解释。他们认为，水合物颗粒的聚集不是由于颗粒间的黏附力，而是由于水合物颗粒与水珠接触，继而水珠又迅速转化成水合物而黏结在一起造成的，过程描述如图 7.7 所示。

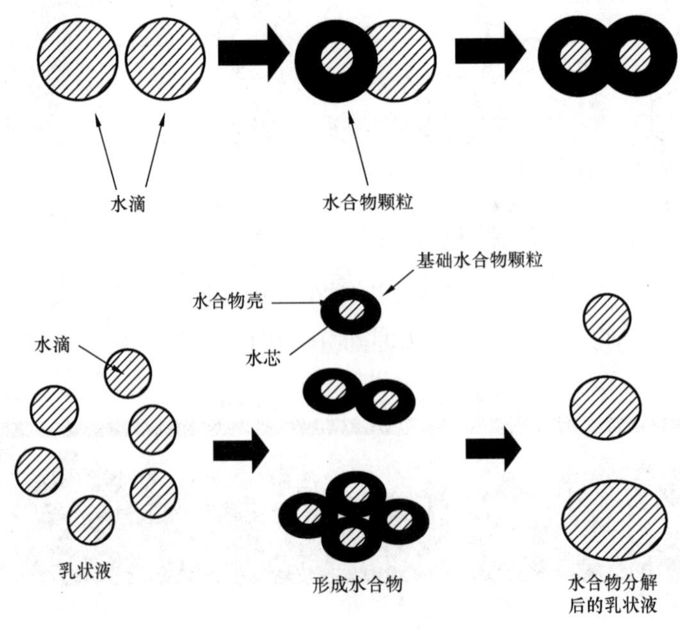


图 7.7　水合物生成和分解过程中的聚集现象

如图7.7所示，由于在水合物表面形成一层水合物壳，其厚度与水珠的大小无关，因此水合物的生成量取决于油包水乳状液中油水界面的面积，即初始乳状液的分散情况越好，水的转化率也就越高。如果若干个基础水合物颗粒聚集成一个大颗粒，则其分解时将产生一个大的水珠，从而减小了乳状液中的油水界面面积。因此，当该乳状液再次生成水合物时，水的转化率将减小。

## 7.3　天然气水合物生成预测模型

天然气水合物生成受环境以及水的状态影响，其一旦生成很容易堵塞管道，进而对天然气的开采和生产造成巨大的、不可估计的损失。为了避免天然气水合物的生成，需要保证环境条件不能生成天然气水合物。因此，在工程上，常需要依据预测的天然气水合物生成条件，来指导实际操作过程。几种常用方法包括相对密度法（又称图解法）、经验公式法、相平衡常数法（又称K值法）、B－W图解法、Hydoff软件法以及经验法则，本节对其分别进行介绍。

### 7.3.1　相对密度法

相对密度法是Katz教授及其同事在20世纪40年代总结发明出来的，该方法最大的优点是简便。首先，利用式（7.3）计算天然气对空气的相对密度：

$$\gamma = M/28.966 \tag{7.3}$$

式中　$\gamma$——天然气的相对密度；

　　$M$——天然气的分子质量。

$$M = \sum M_i \times \omega_i \tag{7.4}$$

再根据对应的相对密度曲线，在已知温度的情况下，查到对应的水合物生成压力。从图7.8中不难看出，曲线上所显示的数据为天然气的相对密度$\gamma$，所对应温度即为该压力下的天然气水合物生成时的温度，位于曲线左边的区域是水合物的生成区，右边区域为非生成区。相对密度法可以通过迭代运算运用计算机程序直接算出结果，迭代公式见表7.6。

### 7.3.2　波诺马列夫经验公式法

波诺马列夫（Г. В. ПОНОМареВ）整理了大量实验数据，总结得出不同相对密度天然气形成水合物条件的计算公式。该公式适用于已知天然气组分组成、温度条件下，计算水合物形成压力。

当$T>273.1$K时：

$$\lg p = 2.0055 + 0.0541(B + T - 273.1) \tag{7.5}$$

当$T\leqslant 273.1$K时：

$$\lg p = 2.0055 + 0.0541(B_1 + T - 273.1) \tag{7.6}$$

式中　$p$——水合物生成时压力，kPa；

$T$——水合物平衡温度,K;

$B$、$B_1$——与天然气相对密度有关的系数(表7.7)。

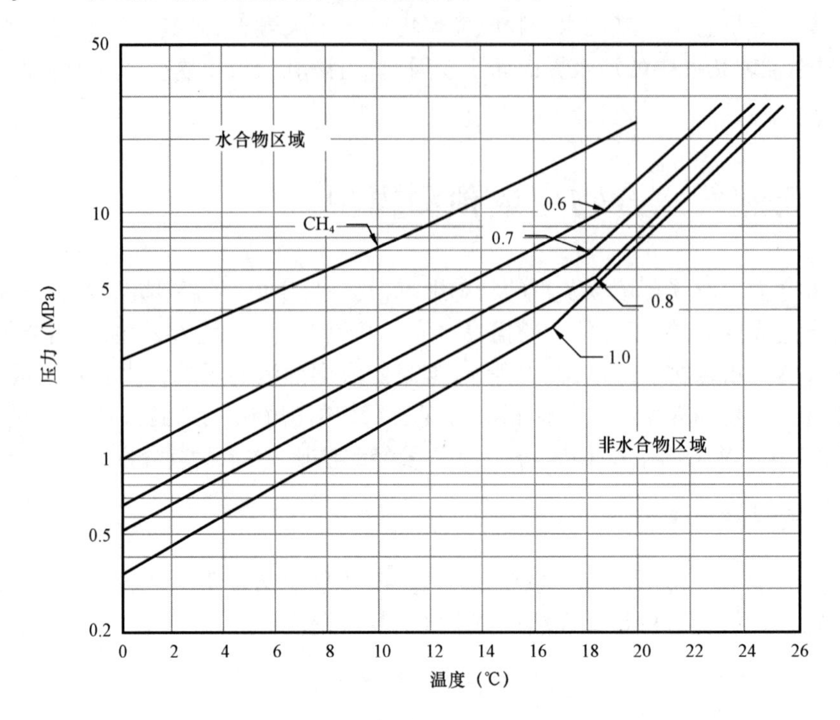


图7.8 天然气相对密度与水合物生成的压力—温度关系图

**表7.6 已知温度求生成水合物的最低压力迭代公式**

| 相对密度 | 温度取值范围(℃) | 水合物生成压力(MPa) |
|---|---|---|
| 1.0 | $1.27 \leqslant T \leqslant 16.33$ | $p = 0.02618e^{(0.14202T + 2.5248)}$ |
| | $16.33 \leqslant T \leqslant 26.27$ | $p = 0.002355e^{(0.21204T + 3.7696)}$ |
| 0.9 | $1.05 \leqslant T \leqslant 16.72$ | $p = 0.03567e^{(0.13644T + 2.4256)}$ |
| | $16.72 \leqslant T \leqslant 25.88$ | $p = 0.00302e^{(0.20808T + 3.6992)}$ |
| 0.8 | $0.5 \leqslant T \leqslant 17.94$ | $p = 0.04813e^{(0.13176T + 2.3420)}$ |
| | $17.94 \leqslant T \leqslant 25.5$ | $p = 0.003177e^{(0.20916T + 3.7184)}$ |
| 0.7 | $0.5 \leqslant T \leqslant 18.38$ | $p = 0.06543e^{(0.12816T + 2.2784)}$ |
| | $18.33 \leqslant T \leqslant 25$ | $p = 0.00368e^{(0.20862T + 2.7088)}$ |
| 0.6 | $0.38 \leqslant T \leqslant 19.5$ | $p = 0.11428e^{(0.12078T + 2.1472)}$ |
| | $19.5 \leqslant T \leqslant 23.61$ | $p = 0.00137e^{(0.23958T + 4.2592)}$ |
| 0.55 | $0.5 \leqslant T \leqslant 14.77$ | $p = 0.3997e^{(0.10512T + 1.8688)}$ |
| | $14.77 \leqslant T \leqslant 20.72$ | $p = 0.13159e^{(0.13878T + 2.46720)}$ |
| $\gamma_g$ 在 $\gamma_{g1}$ 和 $\gamma_{g2}$ 间(内插值法) | $p = p_1 - (p_2 - p_1)(\gamma_{g1} - \gamma_g)/(\gamma_{g1} - \gamma_{g2})$ | |

注:$\gamma_g$ 表示天然气相对密度,$\gamma_{g1} < \gamma_g < \gamma_{g2}$;

$p_1$ 和 $p_2$ 分别表示相对密度为 $\gamma_{g1}$ 和 $\gamma_{g2}$ 的天然气在操作压力下生成水合物的压力。

表7.7　式(7.5)与式(7.6)的计算系数

| $\gamma$ | $B$ | $B_1$ | $\gamma$ | $B$ | $B_1$ | $\gamma$ | $B$ | $B_1$ |
|---|---|---|---|---|---|---|---|---|
| 0.56 | 24.25 | 77.4 | 0.66 | 14.76 | 46.9 | 0.80 | 12.74 | 39.9 |
| 0.58 | 20.00 | 64.2 | 0.68 | 14.34 | 45.6 | 0.85 | 12.18 | 37.9 |
| 0.60 | 17.67 | 56.1 | 0.70 | 14.00 | 44.4 | 0.90 | 11.66 | 36.2 |
| 0.62 | 16.45 | 51.6 | 0.72 | 13.72 | 43.4 | 0.95 | 11.17 | 34.5 |
| 0.64 | 15.47 | 48.6 | 0.75 | 13.32 | 42.0 | 1.00 | 10.77 | 33.1 |

### 7.3.3　相平衡常数法

Carson 和 Katz 发明了相平衡常数计算法，该方法应用广泛，它根据固体溶液和液体溶液之间的相似原理，利用分配常数 $K_i$ 计算形成天然气水合物的条件。

分配常数的定义取决于气体水合物的组成：

$$K_i = Y_i / X_i \tag{7.7}$$

式中　$K_i$——天然气中组分 $i$ 生成水合物的气固平衡常数，即分配常数；

$Y_i$——组分 $i$ 在气相中的摩尔分数（以无水干气计算）；

$X_i$——组分 $i$ 在固体水合物中的摩尔分数（以无水干气计算）。

Katz 等通过实验测出了不同温度、压力下天然气各主要组分的分配常数 $K_i$ 并绘出了相应的曲线，如图7.9至图7.15所示。低浓度（不大于5%）正丁烷的气固平衡常数可采用乙烷的数据，所有难以形成水合物组分（如氢气、氮气或重于丁烷的烃类气体）的 $K$ 值视为无限大，因为 $X_i=0$，没有可形成的固相。

算法步骤如下：

（1）已知气相组成 $Y_i$，给定初始温度 $T$。

（2）假定压力初始值 $p_0$（可由相对密度法或经验公式法获得）。

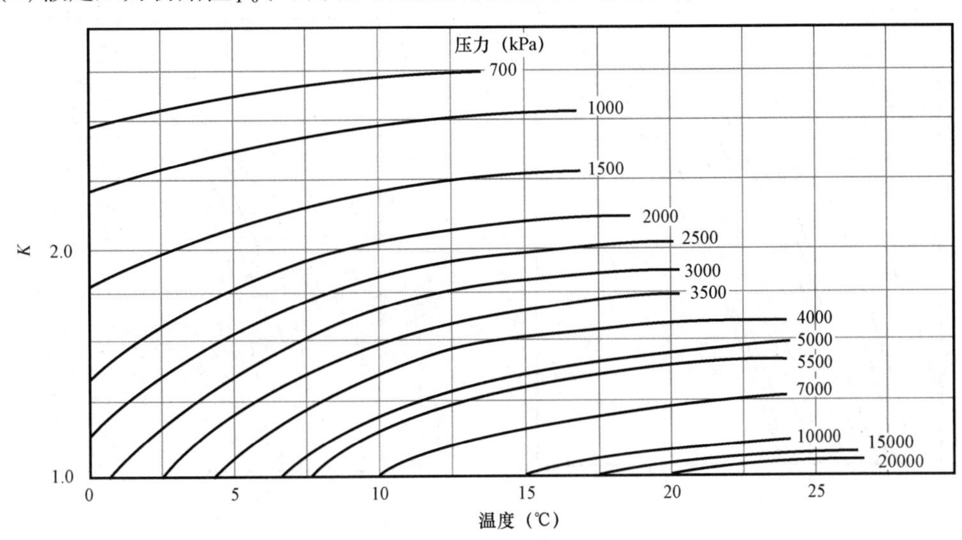


图7.9　甲烷的气固平衡常数 $K$

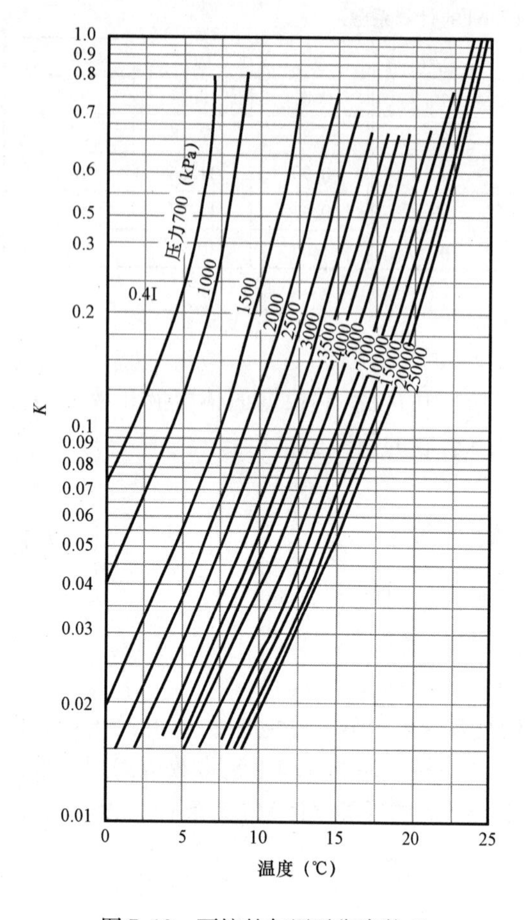


图7.10　丙烷的气固平衡常数$K$

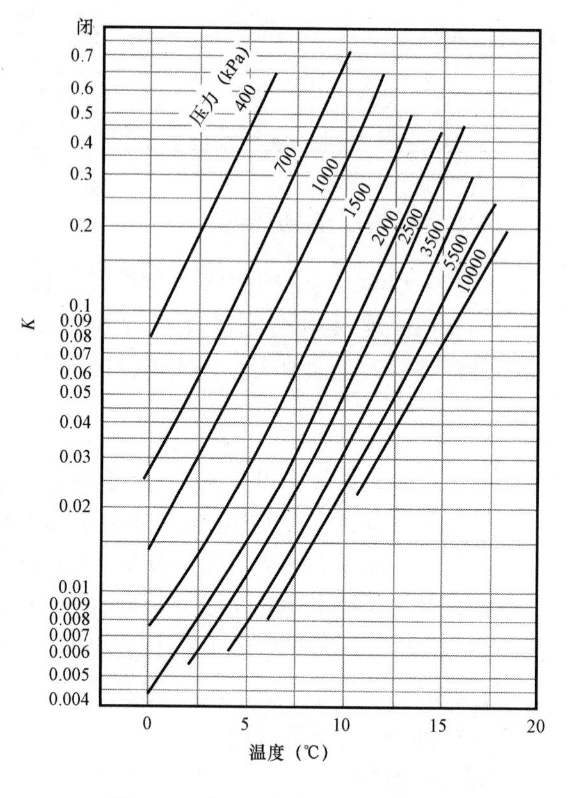


图7.11　$i-C_4$的气固平衡常数$K$

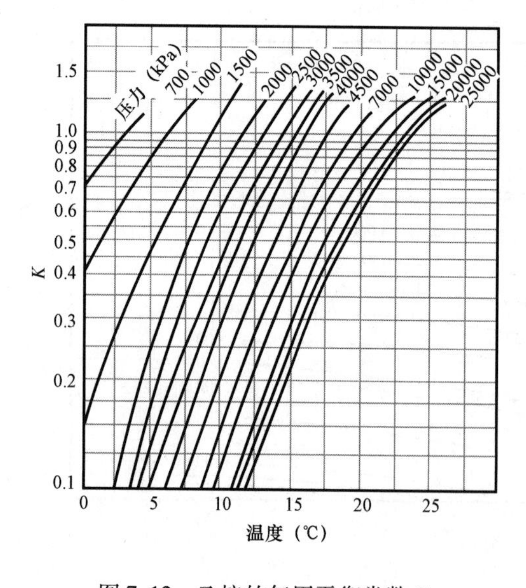


图7.12　乙烷的气固平衡常数$K$

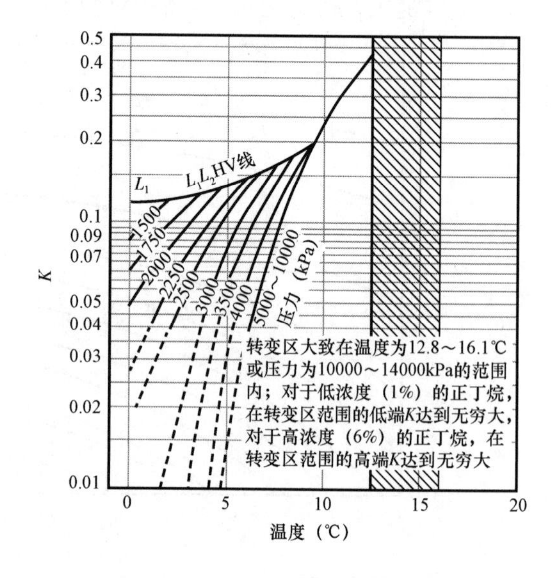


图7.13　$n-C_4$的气固平衡常数$K$

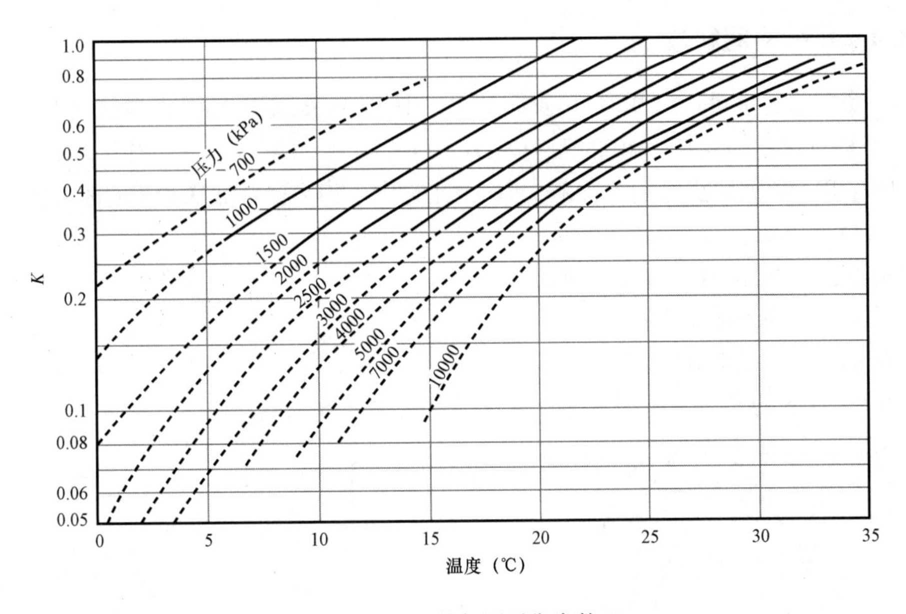


图7.14　$H_2S$的气固平衡常数$K$

(3)定义所有难以形成水合物组分的$K$值为无穷大。

(4)根据压力和温度($p_0$和$T$),通过Katz图表读取$K$值。

(5)计算$\sum Y_i/K_i$(注意:难以形成水合物组分的$\sum Y_i/K_i$为0)。

(6)验证$\sum Y_i/K_i=1$是否成立,成立则收敛,此时的压力值即为对应温度下的水合物生成压力;若不成立,则须更新$p_0$。

(7)如果所求得的和大于1,减小$p_0$;如果所求得的和小于1,增加$p_0$。

(8)如果计算结果与1差别很大,检查计算过程。

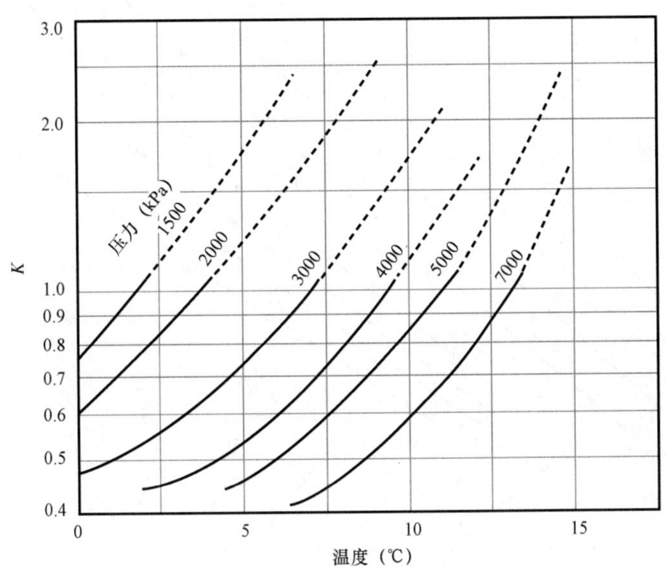


图7.15　$CO_2$的气固平衡常数$K$

### 7.3.4 B－W 图解法

B－W 图解法是 Ballie 和 Wichert 发明的另一种查图法，基于相对密度法，但更复杂。该方法适用于相对密度为 0.6～1.0 的天然气，$H_2S$ 含量可达 50%，$C_3$ 可达 10%。在几种简单的算法中，只有 B－W 图解法适用于含硫气体，因此它优于相平衡常数法和相对密度法。

计算步骤如下：

（1）根据已知气体，计算气体相对密度。

（2）假定水合物生成压力初始值。

（3）查看丙烷修正部分（图 7.16 的左上部分小图表）。

（4）在图 7.16 的左上方小图表部分查找混合气的 $H_2S$ 浓度。

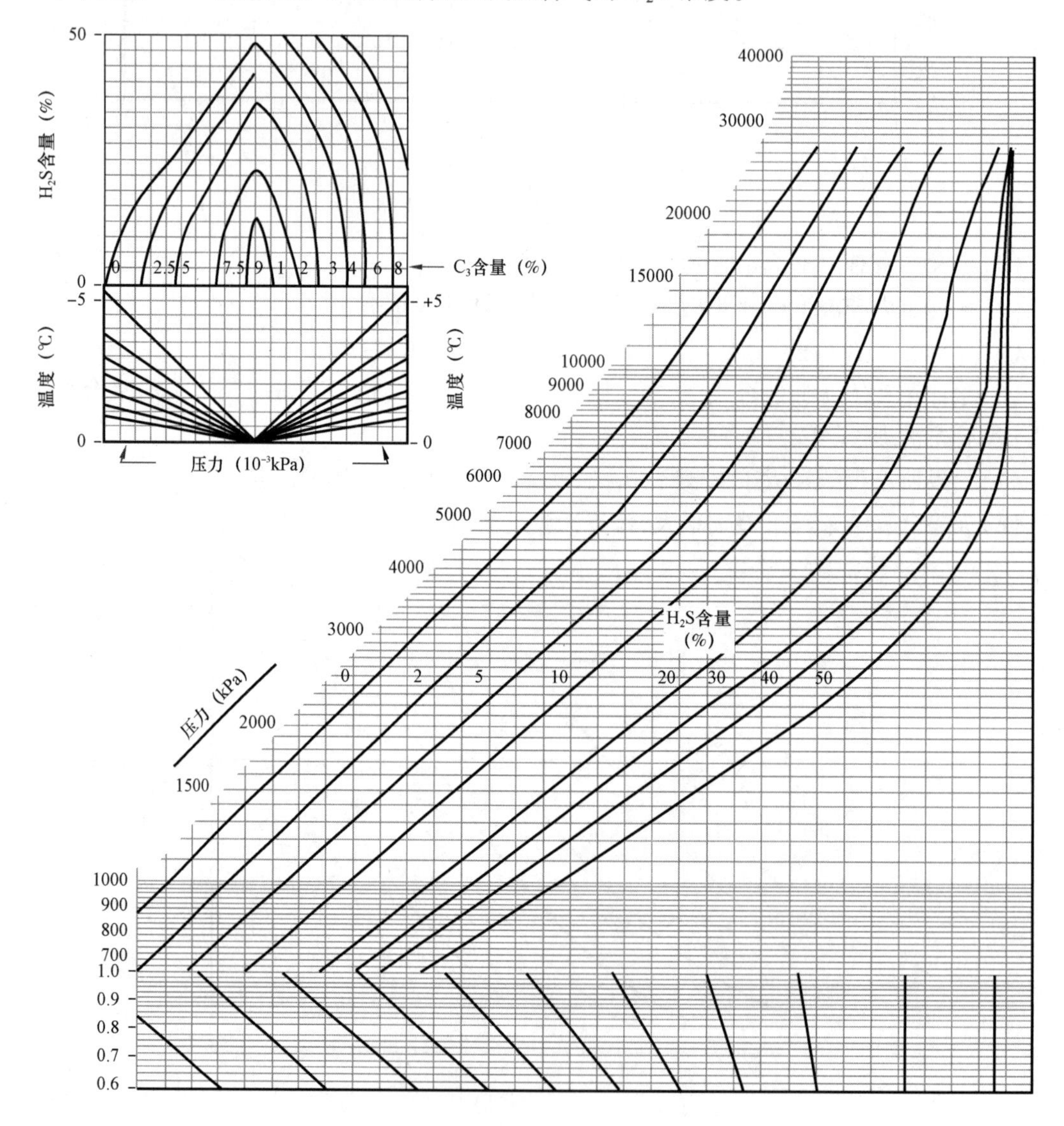


图 7.16　B－W 图解法预测水合物生成条件图

(5)一直向左移动,直至找到所对应的丙烷浓度。

(6)向下找到合适的相对应的压力曲线。

(7)压力曲线分为两部分:曲线在左部分,从左半部分轴线读取温度校正,在这一部分温度校正是负值;曲线在右部分,从右半部分轴线读取温度校正,在这部分温度校正是正值。

(8)提取温度校正到输入的温度值中,进而获取基础温度。

(9)利用基础温度进入图7.16的主图部分。

(10)沿着平行的温度斜线找到对应的相对密度点。

(11)从此点直线向上找到对应的 $H_2S$ 浓度曲线。

(12)读取对应的压力数值。

(13)若此数值等于最初假定的压力初始值,则该压力值即为所求;否则,把步骤(12)中获得的压力值设定为最初的压力初始值,然后重复步骤(3)。

### 7.3.5 Hydoff 软件法

可使用 Hydoff 软件确定水合物的形成条件,以及游离水相中所需添加的抑制剂量。

其使用过程如下:

(1)在 Windows 系统下单击 Hydoff 图标或在指定目录下输入Hydoff,然后按 Enter 键。

(2)读取标题画面后按 Enter 键。

(3)点"Units"栏,按1选择单位为℉和 psi,然后按 Enter 键。

(4)在 FEED. DAT 询问界面,如果想使用其中的数据按 Y 和 Enter 键,或者按 N 和 Enter 键后在 Hydoff 中手动输入气体组成。考虑到用户可能不使用 FEED. DAT,而采用在 Hydoff 中手动输入气体组成的方法,故在此处给出说明。使用 FEED. DAT 更简单,对于同一气体的多次计算建议使用此方法。

(5)下一界面需要输入存在的组分数(水除外),输入7 后按 Enter 键。

(6)下一界面需要输入存在的气体组分,各组分以数字代替,输入1,2,3,5,7,8 和9(按此顺序,数字之间用逗号分开)后按 Enter 键。

(7)下一界面需要输入每一组分的摩尔分数:甲烷0. 7160Enter;乙烷0. 0473Enter;丙烷0. 0194Enter;正丁烷0. 0079Enter;氮气0. 0596Enter;二氧化碳0. 0194Enter;正戊烷0. 0079Enter。

(8)在"Main"栏,输入1 后按 Enter 键。

(9)在"Option"栏,输入1 后按 Enter 键。

(10)在弹出的温度输入界面,输入所需温度38 后按 Enter 键。

(11)读取水合物的生成压力为230. 6psi(意味着在38℉下当压力大于230psi时气体会生成水合物)。

(12)当询问是否进行新的计算时,否定输入N 后按 Enter 键。

(13)在"Option"栏,输入2 后按 Enter 键。

(14)在"Inhibitior"栏,输入1 后按 Enter 键。

(15)在弹出的温度输入界面,输入所需温度38 后按 Enter 键。

(16)在弹出的"甲醇的质量分数"界面输入22。

(17)读取添加22%(质量分数)甲醇时计算出的水合物生成条件为:38℉和972. 7psi。

另外需要注意的是，在使用 Hydoff 软件时，当存在重于正癸烷的组分时，应将这些组分和正癸烷归在一起，因为这些组分都不能生成水合物。

### 7.3.6 经验法则

(1)在气/水系统中，水合物一般在管壁上生成。在气/凝析油或气/原油系统中，由自由水生成水合物颗粒，大量的水合物颗粒连接在一起形成大块水合物，堵塞管道。

挪威国家石油公司研究中心经过大量的流动循环试验研究表明，在气相系统中，水可能会被溅射或吸附在管壁上，水合物就在此形成和长大。在原油/凝析油系统中，由于烃类密度较小，位于水的上层，阻止了水飞溅至管壁，导致水合物颗粒在液面上生成和聚集。

在黑油系统中，通常只有少量的水形成水合物[大于5%(体积分数)]，但是所有的水和凝析油会被开放的多孔系统捕获，形成堵塞。在挪威国家石油公司特隆赫姆油田，水的体积分数小于1%时即形成水合物浆，造成堵塞。这样的结果取决于流体的性质；一些油/水系统中水合反应可以立即进行，但只有极少量的水转化为水合物，而在一些石油系统中水合反应很难发生，但几乎所有的水都会转化为水合物。

(2)水合物颗粒凝聚形成开放的水合物块，具有较高的孔隙率(一般大于50%)，允许气体渗透[渗透率/长度 = $(8.7 \sim 11) \times 10^{-15}$m]，对于液体则具有不同的压力传递特性。水合物颗粒转变为低渗透率的水合物需要比较长的时间。

## 7.4 天然气水合物生成抑制方法

### 7.4.1 热力学抑制技术

#### 7.4.1.1 热力学抑制技术原理分析

由前文分析可知，油气运输中天然气水合物形成有三个必备条件：足够的水分，一定的高压和低温，有激烈扰动或存在酸性气体以及晶核停留等。热力学抑制技术即从水合物形成的前两个必备条件入手，从热力学角度改变体系条件或改变气体生成水合物的热力学条件，从而避免水合物生成。如图7.17所示，针对给定气样在有水存在的前提下，其生成水合物的相平衡曲线如实线所示，实线左侧为水合物相，右侧为气相或液相。热力学抑制技术即是将其中的饱和水脱除，生成水合物的温度显著下降，或是改变环境条件，使其位于气/液相区($V/L$)；或是添加热力学抑制剂，改变气体生成水合物的相平衡条件，由实线向右/下移至虚线处，原来的水合物相区 H 则变为气/液相区(V′/L′)。

由此可知，热力学抑制技术主要包括除水、保持系统温度高于水合物的形成温度、保持系统压力低于水合物形成压力以及使用热力学抑制剂四个方面。

#### 7.4.1.2 天然气脱水技术

通过除去引起水合物生成的水分来消除生成水合物的风险，是目前天然气输送前通常采用的水合物预防措施。天然气脱水可以显著降低水露点，从热力学角度来说，就是降低了水的分逸度或活度，使水合物的生成温度显著下降，从而消除管输过程中生成水合物的风险。

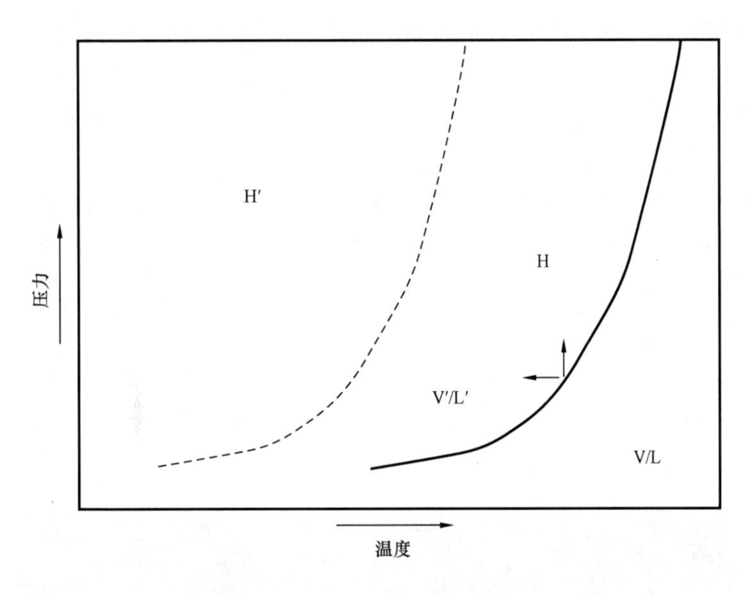


图7.17　热力学抑制技术原理图

天然气脱水工艺包括低温法、溶剂吸收法、固体吸附法、膜分离法和化学反应法等(表7.8)。

**表7.8　天然气脱水工艺的主要特点**

| 工艺名称 | 分离原理 | 脱水剂 | 特点 | 应用情况 |
|---|---|---|---|---|
| 低温法 | 节流膨胀降温 | | 能同时控制水露点、烃露点 | 适用于高压天然气 |
| 溶剂吸收法 | 天然气与水在脱水溶剂中溶解度的差异 | 氯化钙 | 费用低,需更换,腐蚀严重,露点降较低(10~25℃) | 适用于不宜建脱硫厂情况 |
| | | 氯化锂 | 对水有高的容量,露点降为22~36℃ | 价格昂贵,使用少 |
| | | 甘醇—胺溶液 | 同时脱水、$H_2S$、$CO_2$,携带损失大,再生温度要求高,露点降低于三甘醇脱水 | 仅限于酸性天然气脱水 |
| | | 二甘醇水溶液(DEG) | 对水有高的容量,溶液再生容易,再生浓度不超过95%。露点降低于三甘醇脱水,携带损失大 | 应用较多 |
| | | 三甘醇水溶液(TEG) | 对水有高的容量,再生容易,浓度达98.7%,蒸气压低,携带损失小,露点降高(28~58℃) | 应用最普遍 |
| 固体吸附法 | 利用多孔介质对不同组分吸附作用的差异 | 活性铝土矿 | 便宜,湿容量低,露点降较低 | |
| | | 活性氧化铝 | 湿容量较活性铝土矿高,干气露点可达-73℃,能耗高 | 不宜处理含硫天然气 |
| | | 硅胶 | 湿容量高,易破碎,可吸附重烃,露点降可达80℃ | 不单独使用 |
| | | 分子筛 | 高湿容量,高选择性,露点降大于120℃,成本高于甘醇法 | 应用于深度脱水 |
| 膜分离法 | 利用水与烃类通过薄膜性能的差异 | 高分子薄膜 | 工艺简单,能耗低,露点降较低(约20℃),存在烃的损失问题 | 国外已有工业装置运行 |
| 化学反应法 | 与水发生化学反应 | | 可使气体完全脱水,但再生困难 | 用于水分测定 |

低温法是利用高压天然气节流膨胀降温或利用气波机膨胀降温而实现的，这种工艺在矿藏上适合于高压天然气，而对于低压天然气，若要使用则必须增压，从而影响了过程的经济性；溶剂吸收法和固体吸附法目前在天然气工业中应用较广泛；化学反应法由于再生困难而难以推广。表7.8列出了各主要天然气脱水工艺的特点。

可根据天然气组成和管输温度/压力确定脱水过程需要达到的露点降，再结合各工艺的特点、适用范围，选择合适的脱水工艺。但脱水工艺仅适用于陆地输送管线，对于海底油气的开采极不经济，甚至不能使用。

7.4.1.3 管线加热技术

通过对管线加热，可使体系温度高于系统操作压力下的水合物生成温度，避免气体水合物生成(图7.18)。此种方法也可用于已被水合物堵塞管线的解堵。但是很难确定水合物堵塞的位置。

图7.18 管线加热示意图

当找到堵塞位置时必须从水合物的两端逐渐加热，否则就会由于水合物分解而导致压力急剧升高，造成管线破裂。而且水合物分解产生的自由水必须除去，否则由于水中包含大量的水合物剩余结构，很容易会再次形成水合物。电加热时，电路中的电流变化还会引起管道腐蚀问题，需要对加热的管线采用牺牲阳极保护措施。

英国一些公司和研究机构曾研究开发过多相海底管线的电加热技术，以防止在停车或减少流量时发生水合物堵塞。现在加热管线可以达到50km，但这种方法并不能保证管线中不存在水合物。

7.4.1.4 降压控制

降压控制就是降低输送管线的压力，使操作压力低于水合物生成压力。但是，为了保证一定的输送能力，管道压力不能随意降低。因此，降压法用于水合物防控的局限性很大，一般只

用于水合物的解堵,降压操作最好在堵塞点两侧同时进行,以维持压力平衡,否则会导致安全事故。另外,管线降压,水合物分解时要吸收大量的热,造成管线温度降低,水合物分解产生的水易转化为冰,而冰对压力不敏感,只能采用加热法补救。因此,采用减压解堵时操作要十分小心。

7.4.1.5　热力学抑制剂

(1)热力学抑制剂作用机理。

1930 年,Hammerschmidt 发现通过向流体中添加一些醇类(如甲醇、乙醇和乙二醇),能够抑制水合物的生成。这类物质即是水合物热力学抑制剂(Thermodynamic Inhibitors,THI)。热力学抑制剂主要是降低水的活度,进而改变体系生成水合物的相平衡条件,使得水合物的生成边界点移动到更高压力或更低温度,从而打破了一定温度、压力条件下溶液形成水合物笼形结构的稳定性。

如图 7.19 所示,通过添加热力学抑制剂,使原相平衡线向上/左移,进而使水合物区向上/左移,让原置于水合物区的操作点变为安全区,进而避免了水合物的生成。其作用机理是:在气水双组分系统中加入第 3 种活性组分,它能使水的活度系数降低,改变水分子和气体分子之间的热力学平衡条件,从而改变水溶液或水合物化学势,使得水合物的分解曲线移向较低温度或较高压力,使温度、压力相平衡条件处于实际操作条件之外,避免水合物生成。或直接与水合物接触,使水合物不稳定,从而使水合物分解而得到清除,达到抑制水合物形成的目的。通过向管线中注入热力学抑制剂,破坏水合物的氢键,提高水合物生成压力或降低生成温度,以此抑制水合物生成。

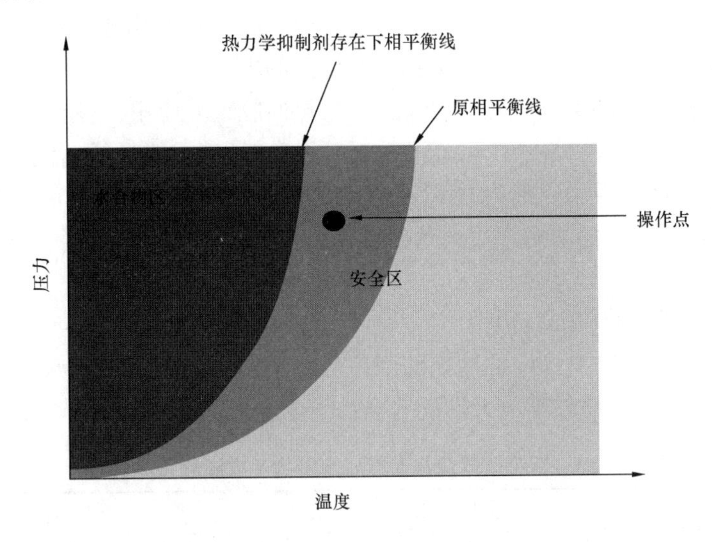


图 7.19　热力学抑制剂的抑制机理(热力学抑制剂存在的相平衡曲线)

(2)热力学抑制剂分类。

关于热力学抑制剂的研究起步较早,目前已取得了许多成果。在常规的醇类(如乙二醇、甲醇)物质基础上,又先后研发出了聚合醇类、无机盐类(如 $CaCl_2$、NaCl 等)以及离子液体等热力学抑制剂,向天然气中加入这类抑制剂后,可改变水溶液或水合物相的化学位,从而使水合物的生成条件移向较低的温度或较高的压力范围。甲醇水溶液冰点低，不易冻结，水溶性强，作用迅速。但是甲醇挥发性强，使用过程中的损耗特别高，且甲醇对环境有害。乙二醇无毒，沸点高于甲醇，蒸发损失小。聚合醇类对水合物具有一定的抑制性，但抑制效果受分子量影响很大。另外，由于聚合醇还可作为钻井液添加剂，因此其在钻井尤其是深水钻井中使用越来越广。无机盐类抑制剂中的效果最好，但无机盐类易与地层流体反应生成沉淀，出现液相分离等问题，同时无机盐类的加入还会加剧设备的腐蚀。在实际生产中，基本不用无机盐类作为水合物抑制剂，无机盐的浓度如过高，钻井过程中钻井液的使用就会很受限制，钻井液成分的调控会变得十分困难。另外，使用无机盐类作为抑制剂时，它会导致井筒和运输管线中流体矿化度升高，容易在井筒和运输管线中结垢，导致严重的腐蚀。离子液体以铵离子液体（Ammonialonicliquids，AILs）、芳香族离子液体、脂肪族离子液体等为代表，其不仅能起到改变天然气生成水合物相平衡条件的目的，还能减慢水合物生成速率，是一种新型的极具前景的水合物抑制剂。但目前，聚合醇类的使用还须针对特定的环境设计使用方案，技术还不太成熟，离子液体类还处于实验研究阶段，离工业化应用还有一段距离。因此，在实际生成过程中，常采用甲醇和乙二醇作为热力学抑制剂。

甲醇可用于任何操作温度，由于甲醇能较多地降低水合物形成温度，沸点低，蒸气压高，水溶液凝固点低，黏度小，通常用于制冷过程或气候寒冷的场所。一般情况下，喷注的甲醇蒸发到气相中的部分不再回收，液相水溶液经蒸馏后可循环使用。是否循环使用，需根据处理气量等具体情况经技术经济分析后确定。在许多情况下，回收液相甲醇是不经济的，若液相水溶液不回收，废液的处理将是个难题，需采用回注或焚烧等措施。为降低甲醇的液相损失，应尽量减少带入系统的游离水量。国外在制定商品天然气质量标准时，考虑到甲醇具有中等程度的毒性，应注意限制天然气中可能存在作为抑制剂注入的甲醇量。

乙二醇无毒，较甲醇沸点高，蒸发损失小，一般可回收重复使用，适用于处理气量较大的井站和输送管线。乙二醇溶液黏度较大，在有凝析油存在时，若温度过低，会造成分离困难，溶解和夹带损失增大，其溶解损失一般为 0.12～0.72L/m$^3$（凝析油），多数情况为 0.25L/m$^3$（凝析油），在含硫凝析油系统中的溶解损失大约是不含硫系统的 3 倍。当操作温度低于 -10℃时，不提倡使用乙二醇。

（3）常用热力学抑制剂用量计算。

在工程实际中，往往需要确定抑制剂的用量及使用抑制剂后所带来水合物形成温度降的关系。表 7.9 列出了抑制剂浓度与天然气水合物生成温度降的关系式。

**表 7.9　抑制剂浓度与天然气水合物生成温度降的关系**

| 名称 | 关系式 | 应用范围 |
| --- | --- | --- |
| Hammerschmidt 法 | $\Delta T = \dfrac{KX}{(1-X)M}$ | 甲醇水溶液质量分数 <20%～25%，乙二醇水溶液质量分数 <50%～60% |
| Nielsen－Bucklin 法 | $\Delta T = -72\ln X_{H_2O}$ | 高浓度的甲醇水溶液 |
| 冰点下降法 | $\Delta T = 0.665\Delta T'$ | 可用于任何抑制剂 |

注：$\Delta T$ 为水合物生成温度降，K；$M$ 为抑制剂的分子量；$K$ 为抑制剂种类常数，不同文献有不同推荐值，一般是甲醇为 1297，乙二醇为 2222；$X$ 为抑制剂质量分数，%；$X_{H_2O}$ 为水在抑制剂水溶液中的摩尔分数；$\Delta T'$ 为抑制剂冰点值。

表7.9中，抑制剂冰点值可从《物理化学数据手册》查取，部分抑制剂$\Delta T'$与抑制剂溶液浓度$W$的回归关系如下：

$$\Delta T' = A + BW + CW^2 + DW^3 + EW^3 \tag{7.8}$$

式中各参数见表7.10。

**表7.10　式(7.8)参数**

| 组分 | W[%(质量分数)] | A | B | C | D | E |
|---|---|---|---|---|---|---|
| 甲醇 | $W<68$ | $-4.197\times10^{-1}$ | $-6.834\times10^{-1}$ | $-2.295\times10^{-3}$ | $-1.229\times10^{-4}$ | 0 |
| | $68<W<82.9$ | 246.703 | −2.527 | $-1.28865\times10^{-2}$ | $-1.630\times10^{-4}$ | $-1.76\times10^{-6}$ |
| | $82.9<W<100$ | 251.429 | −1.534 | 0 | 0 | 0 |
| 乙醇 | $W<56$ | $-5.218\times10^{-2}$ | $-2.853\times10^{-1}$ | $-5.039\times10^{-3}$ | $-6.043\times10^{-5}$ | $-1.918\times10^{-7}$ |
| | $56<W<100$ | 121.408 | $-2.892\times10^{-1}$ | $-1.492\times10^{-2}$ | $-6.9\times10^{-5}$ | $-8.086\times10^{-7}$ |

## 7.4.2　动力学抑制技术

### 7.4.2.1　动力学抑制技术原理分析

动力学抑制技术是基于水合物形成机理，结合水合物成核机理和生长机理进行的抑制水合物生成的技术；动力学抑制技术是由动力学抑制方法发展而来的，包括动力学抑制和动态控制两条途径；动力学抑制方法是最近开发出来的一种新方法，特点是不改变体系生成水合物的热力学条件，而是大幅度降低水合物的生成速率，保证输送过程中不发生堵塞现象。动态控制则是通过控制水合物的生成形态和生成量，使其具有和流体相均匀混合并随其流动的特点，从而不会堵塞管线。动态控制方法的优点是可以发挥水合物高密度载气的特点，实现天然气的密相输送，对海上运行的油—气—水三相混输管线比较适合，利用这种方法，可借助输油管线，实现天然气(或油田伴生气)的长距离输送，无论是动力学抑制方法还是动态控制方法，其关键均是开发合适的化学添加剂，前者称为动力学抑制剂(KHI)，后者称为阻聚剂(AA)，二者简称LDHI，即低剂量水合物抑制剂。

目前关于动力学抑制剂的抑制机理尚无定论，学者提出了不同的见解和看法，具有代表性的学说可分为临界尺寸机理、层传质阻碍机理、吸附和空间阻碍机理及扰乱机理四类。

(1)临界尺寸机理：水合物晶核达到临界尺寸前，动力学抑制剂分子与水分子作用扰乱了水合物笼形关键结构，阻止了水分子有序团簇结构的形成，且降低了已部分形成的水合物团簇结构的稳定性，缺少了一定的团簇结构，水合物便无法成核，晶体也就难以形成。

(2)层传质阻碍机理：认为聚乙烯基吡咯烷酮(PVP)在水合物主、客体分子之间形成不可见的微观界面，通过此层的质量传输成为对水合物形成的重要限制，不同KHI的吸附层厚不同，降低了水合物主、客体分子从体相到水合物倾向继续生长的表面的扩散。

(3)吸附和空间阻碍机理：Urdahl等(1995)认为水合物结构对抑制剂的吸附而使晶体结构发生变化，晶体表面活性中心被隔离，被吸附的抑制剂分子在空间产生阻碍作用，从而影响水合物晶体的生成，达到抑制水合物生成的效果。Makogon等认为抑制剂的活性基团在氢键的作用下被吸附到水合物晶体表面，由于抑制剂在水合物表面吸附，聚合物分子强迫水合物晶体以较小的曲率半径围绕聚合体或在聚合体链间生长，抑制剂吸附到晶粒表面后，与甲烷分子发生作用，阻止甲烷分子进入并填充水合物晶穴。

（4）扰乱机理：笼形水合物的生长过程可分为成核阶段与晶体生长阶段，在水合物成核之前，抑制剂分子与水分子之间的作用力降低了水分子的有序度，破坏了氢键作用下的水分子局部构型，从而抑制了水分子进一步聚集成水合物笼。

#### 7.4.2.2 动力学抑制剂

##### 7.4.2.2.1 动力学抑制剂作用机理

在油气开采后期，随着开采出天然气水含量的增加（有些井的出水量甚至高达80%），脱水法和注入水合物热力学抑制剂（水量的5% ~50%）法的成本越来越高，而添加动力学抑制剂，用量低（水量的0.01% ~5.00%），对环境友好，经济性好，具有非常好的应用前景。

动力学抑制剂是一些水溶性或水分散性聚合物，它们仅在水相中抑制水合物的形成，加入浓度通常1%左右。它不影响水合物生成的热力学条件，延缓水合物晶体成核时间或阻止晶体的进一步生长，降低生长速率，从而使管线中流体在其温度低于水合物形成温度（即在一定过冷度 $\Delta T$）下流动，而不出现水合物堵塞现象。

动力学抑制剂大致包括表面活性剂和合成聚合物两大类。表面活性剂类抑制剂在接近临界胶束浓度下，对热力学性质没有明显的影响，但与纯水相比，质量转移系数可降低约50%，从而降低水和客体分子的接触机会，降低水合物的生成速率。聚合物类抑制剂分子链的特点是含有大量水溶性基团，并具有长的脂肪碳链，通过共晶或吸附作用，阻止水合物晶核的生长，或使水合物颗粒保持分散而不发生聚集，从而抑制水合物的生成。从应用现状来看，聚合物类抑制剂效果更好，应用更广泛。

##### 7.4.2.2.2 动力学抑制剂分类

在现已开发的水合物动力学抑制剂中，性能较好的有以下几种：（1）*N*－乙烯基吡咯烷酮（NVP），NVP被认为是第一代动力学抑制剂；（2）*N*－乙烯基己内酰胺；（3）*N*－乙烯基吡咯烷酮、*N*－乙烯基己内酰胺、*N*，*N*－二甲氨基异丁烯酸乙酯的三元共聚物（VC－713）；（4）由*N*－乙烯基吡咯烷酮与*N*－乙烯基己内酰胺按1∶1形成的共聚物（PVP/VC）。动力学抑制剂在应用中面临的问题是抑制活性偏低，通用性差，受外界环境影响较大。主要原因是目前动力学抑制剂的开发工作远不成熟，抑制剂的分子结构不理想，理论上其使用的过冷度可大于10℃，但温度升高时溶解性变差，从而降低了应有的抑制效能。因此，需要在可靠机理的指导下开发组成和结构更合理、性能更优的抑制剂，在确保抑制性能优良的情况下，开发成本更低廉的新型抑制剂。

自1990年以来，对动力学抑制剂的研究主要分为3个阶段：第一阶段（1991—1995年），动力学抑制剂研究初期，主要进行动力学抑制剂的筛选，其中以PVP最具代表性；第二阶段（1995—1999年），在第一代动力学抑制剂的研究基础上，致力于第一代动力学抑制剂分子结构的改进，合成了聚乙烯基己内酰胺（PVCap）、PVP和PVCap共聚物（PVP/VC）等动力学抑制剂，这些具有更加良好性能的动力学抑制剂在油气开发中得以应用；第三阶段（1999年至今），研究者利用计算机技术对动力学抑制剂分子进行模拟和设计，开发出了性能更好的动力学抑制剂。

目前，动力学抑制剂的研究主要有六大方向：乙烯基内酰胺类、复合型抑制剂类、绿色有机类、大分子超支化聚酰胺酯类、离子液体类及其他新型抑制剂类。各类动力学抑制剂的主要特点见表7.11。

**表7.11　常见KHI特点**

| 类型 | 代表 | 主要性质 |
| --- | --- | --- |
| 乙烯基内酰胺类 | PVP、PVCap | 具有与水合物笼形结构的面相类似的环状结构，且环上的酰氨基具有较强的亲水性，易在水合物表面吸附 |
| 绿色有机类 | 抗冻蛋白和氨基酸 | 克服了聚合物类抑制剂污染环境的缺点，具有绿色环保、可降解等优点，是当前研究的热点和主要发展方向 |
| 复合型抑制剂类 | | 两种及两种以上的抑制剂联合使用，具有更高效的抑制效果 |
| 大分子超支化酰胺酯类 | PAM、PMAM | 该类天然气水合物动力学抑制剂在过冷度超过10℃环境中可将天然气水合物的诱导时间延长到几天 |
| 离子液体类 | 烷基取代基咪唑或吡啶盐离子 | 具有热力学和动力学的双重效果，不仅可以改变天然气水合物相平衡条件，还可延缓天然气水合物成核及生长速率 |
| 其他新型抑制剂类 | 氟化高聚物类 | |

（1）以PVP和PVCap为代表的乙烯基内酰胺类聚合物抑制剂。

PVP和PVCap是第一代和第二代动力学抑制剂的代表，常见的此类抑制剂效果较好的还有VCap/VP和VC－713，其分子结构式如图7.20所示。由于该类动力学抑制剂出现较早、研究较多，研究者提出了几种不同的机理。该类动力学抑制剂具有与水合物笼形结构面相类似的环状结构，且环上的酰氨基具有较强的亲水性，使其易在水合物表面吸附。

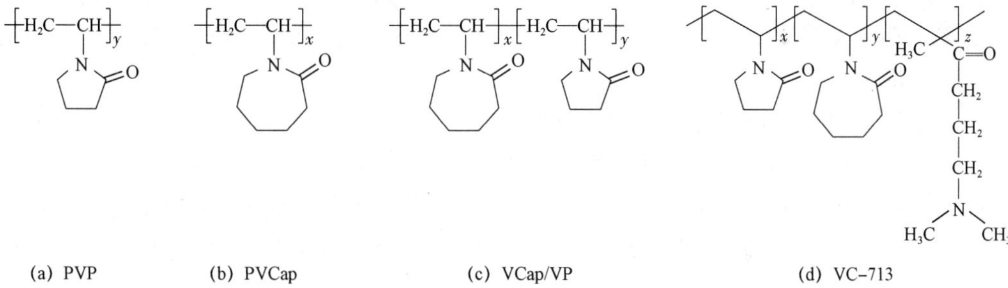

(a) PVP　(b) PVCap　(c) VCap/VP　(d) VC-713

图7.20　4种乙烯基内酰胺类聚合物抑制剂分子结构式

赵欣等认为这类关键作用基团为内酰氨基的动力学抑制剂，主要通过在水合物表面吸附来延缓水合物生长，且共聚物类动力学抑制剂的抑制效果优于均聚物类动力学抑制剂的抑制效果。Urdahl等认为，水合物对动力学抑制剂的吸附促使水合物晶体产生形变，被吸附的抑制剂分子产生了空间位阻作用，隔离了晶体表面活性中心，进而抑制了水合物的形成。Makogon和Slogon认为，抑制剂的活性基团与水合物晶体的表面通过氢键相互吸引，使水合物晶体在聚合体周围或链上生长，晶粒表面吸附有抑制剂后，甲烷分子与其发生作用，阻止了甲烷分子通过笼面进入水合物晶穴。Anderson等认为PVP及PVCap等动力学抑制剂分子首先阻止水合物笼体的形成，然后吸附在水合物晶体表面，进一步抑制其由面到体方向的生长，水合物晶体表面的负结合能和自由结合能决定了 PVP 及 PVCap 等动力学抑制剂的性能。Kuznetsova 等通过模拟三种系统（PVP 在水相 + 结构Ⅰ型水合物 PVP，在甲烷相 + 液态水，PVP 在水相 + 甲烷），发现 PVP 对甲烷 + 水表面展现出了强吸引力。PVP 在水合物主、客体分子之间形成不可见的微观界面，通过此层的质量传输成为对水合物形成的重要限制。

Zhang 等通过研究 PVP 和 PVCap 对环戊烷（CP）水合物抑制作用发现，仅 CP 水合物存在时显电负性，随着抑制剂浓度增加变成了中性。一定浓度下，PVCap 发生多层吸附，其吸附层比 PVP 吸附层厚，降低了水合物主、客体分子从体相到水合物倾向继续生长的表面的扩散。临界尺寸机理假说认为，水合物晶核达到临界尺寸前，动力学抑制剂分子与水分子作用，扰乱了水合物笼形关键结构，阻止了水分子有序团簇结构的形成，且降低了已部分形成的水合物团簇结构的稳定性，缺少了一定的团簇结构，水合物便无法成核，晶体也就难以形成。在第二代动力学抑制剂的发展进程中，埃克森美孚公司认为，PVP 和 PVCap 等聚合物中对水合物起到抑制作用的关键基团是酰氨基，在该类动力学抑制剂中，酰氨基与疏水的重复单元相连，水分子在疏水官能团周围形成水合物空笼，水合物晶体表面的水分子通过氢键与酰氨基上的氧原子相连，酰氨基逐渐在水合物晶体表面吸附，抑制水合物笼的生长，其他官能团则从空间上阻碍了晶体表面的生长。对于此类动力学抑制剂作用机理的分析，笔者也有自己的一些理解，由于带环状结构类的动力学抑制剂提供了类似水合物笼形结构的一个体面，且含有酰氨基，更容易诱导水分子与其结合形成最早期的水合物成核前的笼形结构，此时的水合物笼至少有一面是由动力学抑制剂中环状结构组成，由于某种原因（如可能动力学抑制剂中环状结构与水分子的振动不协调或形成共振）将氢键（水与动力学抑制剂之间、水与水之间）破坏，从而破坏了笼形结构，水合物笼形结构的碎片从动力学抑制剂上脱落，但由于动力学抑制剂的特殊结构再次诱导水或水合物成核前的笼形结构碎片附于其分子上，如此往复，延长了水合物的生长时间，降低了水合物的生长速率。水合物快速成长期是因为此时形成的水合物笼形结构已经足够多，聚集于动力学抑制剂周围，束缚了其振动等作用，导致动力学抑制剂逐渐失效，但此假设须待验证。

（2）主链或支链中含有酰氨基的聚合物抑制剂。

与内酰胺类聚合物不同，酰氨基类聚合物中酰氨基（—N—C ═O）存在于侧链或骨架结构中，如丙烯酰胺类聚合物（PAM、PMAM 等）、乙烯基乙酰胺类聚合物（PVIMA 以及包含 VIMA 单体的聚合物）。图 7.21 显示了 PAM、PMAM、PVIMA 以及 VIMA/VCap 的分子结构式。

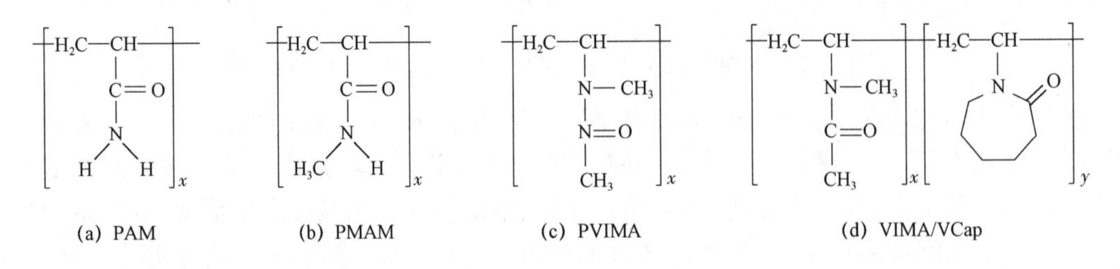


图 7.21　4 种主链或支链中含有酰氨基的聚合物抑制剂分子结构式

（3）以抗冻蛋白和氨基酸为代表的天然绿色类抑制剂。

天然物质类抑制剂克服了聚合物类抑制剂污染环境的缺点，具有绿色环保、可降解等优

点,是当前研究的热点和主要发展方向。目前报道的包括抗冻蛋白、氨基酸、多糖聚合物和果胶等。

如图7.22所示,果胶作为一种新型的高效抑制剂,它一般来源于柚子、甜菜和橘子,提取方法有传统酸提取法、超声波法、超临界 $CO_2$ 提取法和超高压技术。

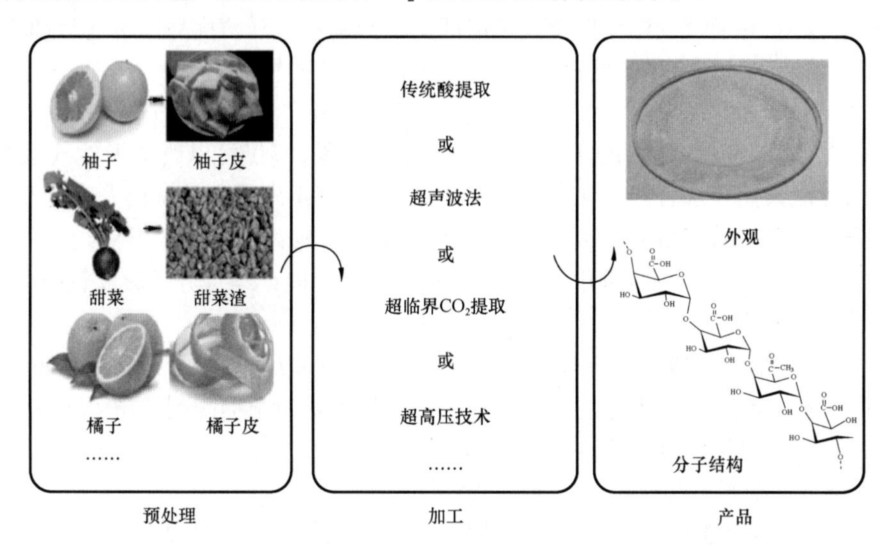


图7.22　果胶抑制剂研发途径

如图7.23所示,过冷温度对果胶几乎没有影响,对于PVCap而言,在低过冷温度时,PVCap抑制效果随着质量分数的增加而增强,但是在高过冷温度时,PVCap抑制效果在一定质量分数范围内增加,超过一定范围后则呈降低趋势,说明了PVCap在低过冷温度时的抑制效果好,且跟质量分数成正比,通过对比发现,果胶的抑制效果是非常好的。

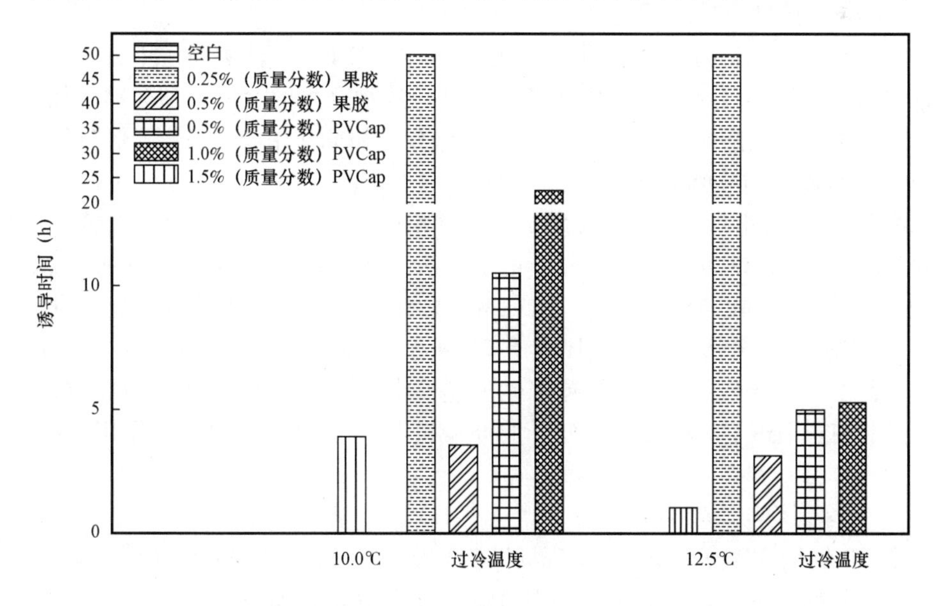


图7.23　不同质量分数果胶和PVCap在不同过冷温度下的诱导时间变化图

扰乱机理假说认为,笼形水合物的生长过程可分为成核阶段与晶体生长阶段,在水合物成核之前,抑制剂分子与水分子之间的作用力降低了水分子的有序度,破坏了氢键作用下的水分子局部构型,从而抑制了水分子进一步聚集成水合物笼。Sa 等支持扰乱机理假说,认为与 PVP 和 PVCap 等聚合物的吸附机理不同的是,氨基酸抑制剂分子对气体水合物成核与生长过程仅存在扰乱作用,并通过变温偏振拉曼光谱证实了抑制剂分子的扰乱作用,认为抑制作用主要来自氨基酸的亲水基和带电的侧链基对水分子有序结构的扰乱。

(4)离子液体类抑制剂。

离子液体类抑制剂具有热力学和动力学上的双重效果,不仅可以改变天然气水合物的相平衡,还可以延缓天然气水合物成核及生长速率。通常,其阳离子为具有较大非对称结构的有机离子(如含有烷基取代基的咪唑或吡啶盐离子),阴离子则为 $BF_4$、$[N(CN)_2]^-$、$NO_3^-$、$Cl^-$、$Br^-$、$I^-$。阴、阳离子具有很强的静电荷,可以有选择地或定向地与水分子形成氢键。

(5)复合型抑制剂。

复合型抑制剂指动力学抑制剂与水合物热力学抑制剂联用、动力学抑制剂与防聚剂联用、不同动力学抑制剂间复配、新型绿色动力学抑制剂与传统动力学抑制剂联用等。

① 动力学抑制剂与热力学抑制剂复配。

a. 动力学抑制剂与甲醇复配。

甲醇是一种抑制性能较好的热力学抑制剂。曹莘等研究发现,低剂量动力学抑制剂与甲醇混合使用能达到很好的抑制效果。首先,甲醇的加入改变了水合物生成的热力学条件,抑制了水合物的成核过程。其次,低剂量动力学抑制剂的加入在后期抑制了水合物的生长速率,从而达到了协同增效的目的。这种复配方案也适用于油田开采的晚期,但此时体系中水相含量相当高,对于防聚剂来说含水量过高,对于动力学抑制剂来说过冷度太高。因此,有必要复配使用甲醇或乙二醇。

b. 动力学抑制剂与 PEG 复配。

PEG 是一种很弱的热力学抑制剂,主要是抑制水合物成核,其协同作用在非水溶液中同样存在,水合物形成后会存在强大的"记忆效应",导致水合物的生成更加容易。加入动力学抑制剂会在某种程度上削弱"记忆效应"的影响,PEG 的协同作用会进一步降低"记忆效应"。

c. 动力学抑制剂与醇醚类复配。

乙二醇醚类是常用的醇醚类增效剂。与乙醇相比,乙二醇单丙醚和乙二醇单丁醚具有更好的协同抑制效果,以另一种醇醚—单正丁基乙二醇醚(BGE)为 PVCap 的增效剂,得到的复合型水合物抑制剂已经商品化。乙二醇醚类物质与动力学抑制剂复配后对水合物产生了很好的抑制效果,分子中烷氧基团具有 3 ~ 4 个 C 原子的醇醚可以起到更好的协同作用,这可能是由于其分子中烷氧基的疏水性使整个分子具有表面活性剂的性质,改变了抑制剂高分子链在溶液中的构象,使高分子的伸展链与更多的水合物晶体作用,提高了抑制效果。

② 动力学抑制剂与防聚剂的复配。

20 世纪 90 年代,BP 公司经过 6 次现场试验发现,PVCap 和四丁基溴化铵(TB - AB)混合后具有协同增效的效果,随后,BP 公司将其在北海南部盆地大型气田的湿气管线的乙二醇抑制剂换为 PVCap/TBAB 复合型抑制剂,实现了动力学抑制剂与防聚剂复合试剂的第一次现场

应用。随后,Clariant 公司也成功地将动力学抑制剂与防聚剂复配得到的复合型抑制剂应用到现场。美国 BJ 服务公司在墨西哥用热力学抑制剂、动力学抑制剂和防聚剂的混合物来抑制钻井液流体中水合物的生成,由于动力学抑制剂的使用受过冷度的限制较大,而防聚剂受过冷度的限制很小,因此,二者复配可大幅度提高对水合物的抑制效果。

③ 动力学抑制剂的其他试剂复配。

动力学抑制剂还可与离子液体复配。1 - 乙基 - 3 - 甲基咪唑鎓四氟硼酸盐(EMIM - BF)和 1 - 丁基 - 3 - 甲基咪唑鎓四氟硼酸盐(BMIM - BF)是两种不同的阳离子液体。Villano 等研究发现 0.5%(质量分数)的 EMIM - $BF_4$ 和 0.5%(质量分数)的 BMIM - $BF_4$ 单独使用时对水合物形成基本没有抑制作用。0.5%(质量分数)的动力学抑制剂 Luvicap55W 单独作用时诱导时间为 302 ~ 628min,加入 0.5%(质量分数)的 BMIM - BF 后,诱导时间延长至 1129 ~ 1300min。而将 0.5%(质量分数)的 EMIM - BF 加入 0.5%(质量分数)的 Luvicap 55W 中却没有抑制效果。由此可见,BMIM - BF4 作为 Luvicap 55W 的增效剂能起到很好的抑制效果。这是因为 BMIM - BF 中存在丁基,符合最佳增效剂四烷基铵盐的烷基类型,即正戊基、正丁基及异戊基,而 EMIM - BF 中只含有甲基和乙基。与乙基相比,丁基在Ⅱ型水合物表面有更强的范德华力,较强地吸附在笼表面,对晶体生长产生显著的抑制作用。

(6)其他新型抑制剂。

其他新型抑制剂主要以氟化高聚物类为代表。

以上 6 个研究方向和 4 种机理假说均从微观角度出发,解释了动力学抑制剂对水合物成核前后笼形结构或晶体的影响。图 7.24 总结了不同动力学抑制剂对水合物不同生长阶段的影响机制。

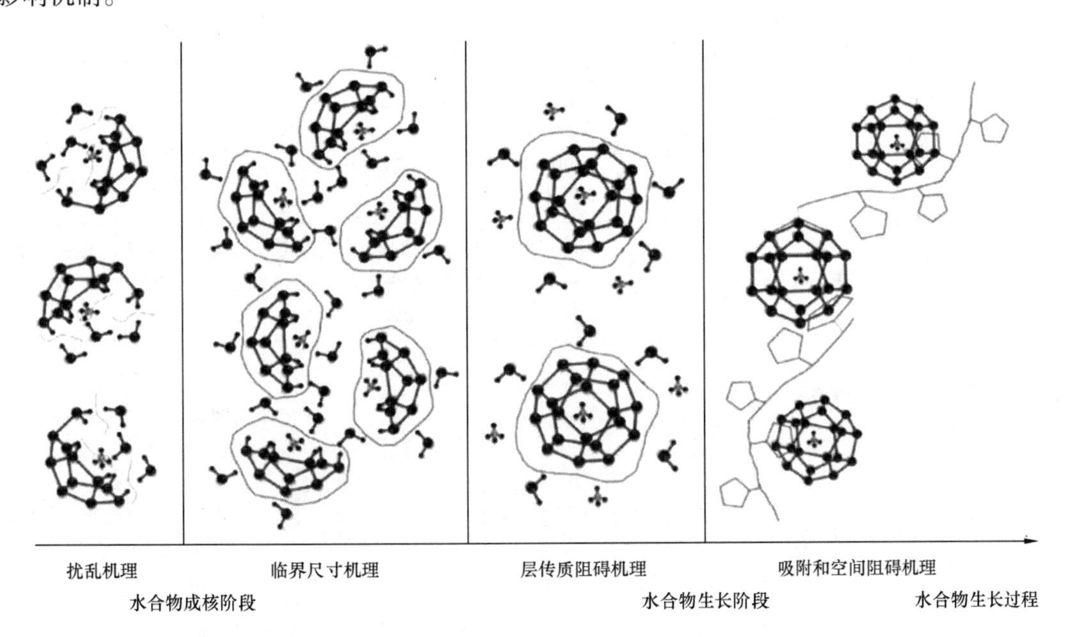


图 7.24　水合物动力学抑制剂 4 种机理假说的作用阶段示意图

对于复合型抑制剂(动力学抑制剂与水合物热力学抑制剂联用),Cohen 等认为醇醚类协同剂主要是由疏水性烷氧基团组成。但由于其还带有形成氢键能力很强的氧原子和羟基,一方面,其可以与游离的水形成氢键,阻碍游离水形成笼形结构;另一方面,其可以通过不同的方式吸附于抑制剂上,使抑制剂分子链的构象得以扩展,让水合物的笼面与抑制剂分子能更充分地相互作用,进而增强了抑制效果。抑制剂 PVP 侧基中吡咯烷酮上的羰基与水合物笼形表面易形成氢键:一方面,使水合物在 PVP 分子链周围或分子链之间生长,限制了水合物簇的扩张;另一方面,由于其环形孔道小于水分子形成的笼的孔道,阻碍了天然气分子进入水合物笼生成水合物。PVP 与醇醚类协同剂结合将形成复杂的抑制作用,在醇醚类协同剂的影响下,PVP 分子链的构象进一步扩展,使 PVP 分子链可以与更多的水合物笼相互作用。

7.4.2.2.3 *动力学抑制剂的评价*

动力学抑制剂的作用阶段主要可分为成核和生长两个阶段。评价动力学抑制剂的主要方法便是从这两个阶段切入,分析其对水合物成核阶段成核情况以及生长阶段中生长情况的影响,针对成核阶段评价所使用的方法有延长诱导时间(温压变化诱导时间法、可视观测诱导时间法)和过冷度法。针对水合物生长情况的评价所使用的方法有温压变化生长速率法、可视观测生长形态法、晶体生长抑制法和微观力法。针对两个阶段同时评价所使用的方法有水含量法、组分变化法、差示扫描量热法、超声波法、激光法、电导率法和模拟计算法。目前,常用的动力学抑制剂评价方法及特点见表 7.12。

**表 7.12 水合物抑制剂评价方法**

| 阶段 | 评价方法 | 研究者 | 实验装置 | 优点 | 缺点 |
|---|---|---|---|---|---|
| 成核阶段 | 温压变化诱导时间法 | Hase 等 | 高压摇摆釜 | 方法简单,操作方便,釜内气液扰动均匀,多釜平行实验提高了评价效率 | 过冷度影响大,手段单一,适用温度、压力变化大情况 |
| | | Cook 等 | T 形摇摆釜、微型环路、PSL 摇摆 | 方法简单,操作方便,釜内气液扰动均匀,多釜平行实验提高了评价效率 | 过冷度影响大,手段单一,适用温度、压力变化大情况 |
| | | 李保耀 | 容积 15L、转速 6r/min 轮管 | 模拟集输管线,可信性高,设备简单,操作方便,管路内气液体系的扰动更接近真实情况 | 轮管为垂直循环系统,流动条件复杂程度与实际有差异 |
| | | 陈俊等 | 20m ×2.54cm,10MPa 水合物循环管路 | 管路内气液体系的扰动更接近集输管线 | 设备复杂,工作量大,操作时间长 |
| | 可视观测诱导时间法 | 郭凯 | 高压透明蓝宝石上下搅拌反应釜 | 可视观察与温压变化相结合,提高实验可信度,克服了釜内温度、压力变化不明显导致判断失误等缺点 | 肉眼分辨程度较低,溶液易贴壁,浓度不均匀 |
| | 过冷度法 | Perfeldt 等 | 5 个 40mL 高压摇摆釜 | 方法简单,操作方便,评价快速,釜内气液扰动均匀,多釜平行实验提高了评价效率 | 降温速率对实验影响较大,评价手段单一,适用温度、压力变化大情况 |

续表

| 阶段 | 评价方法 | 研究者 | 实验装置 | 优点 | 缺点 |
| --- | --- | --- | --- | --- | --- |
| 生长阶段 | 晶体生长抑制法 | Anderson等 | 高压旋转搅拌釜 | 简单、直接，排除了水合物生长的随机性，可重复性好 | 未测量对水合物成核影响，耗时，评价手段单一 |
| | 微观力法 | 胡军 | 显微操作及成像系统 | 对评价动力学抑制剂的性能和作用机理有较大意义，可观测水合物微观形貌及测量黏附力 | 操作复杂，间接评价，准确性和实用性有待考察，非高压环境，不能客观反映抑制性能 |
| | | Lee 等 | 高压微力测量系统 | 可实现高压下观测水合物微观形貌及测量黏附力 | 操作复杂，间接评价 |
| 成核及生长阶段 | 水含量法 | Yang 等 | 湿度传感器 | 为评价动力学抑制剂抑制性能提供了多种方向 | 间接评价，难与传统评价结果对比 |
| | 组分变化法 | Daraboina等 | 气相色谱 | 为评价动力学抑制剂抑制性能提供了多种方向 | 间接评价，难与传统评价结果对比 |
| | 差示扫描量热法 | Koh 等 | 差示扫描量热仪 | 灵敏度高，精度高 | 体系太小，增大了诱导时间随机性的影响 |
| | | Xiao 等 | 差示扫描量热仪 | 灵敏度高，精度高 | 体系太小，增大了诱导时间随机性的影响 |
| | 超声波法 | Yang 和 Tohidi | 超声波发射接收器 | 可识别更小尺寸的晶核，灵敏度更高 | 体系太小，增大了诱导时间随机性的影响 |
| | 激光法 | 闫柯乐等 | PVM/FBRM 激光测量装置 | 为在微—介观尺度分析动力学抑制剂存在时的水合物颗粒成核和生长及其作用机理提供了可能设备，可观测水合物微观形貌及粒度分布 | 搅拌方式和探头位置对实验结果影响较大 |
| | 电导率法 | Yang 等 | 电导率技术（C－V） | 为评价动力学抑制剂的抑制性能提供了多种方向 | 间接评价，难与传统评价结果对比 |
| | 模拟计算法 | 包玲 | 分子动力学（MD） | 节省实验成本，同时能在分子微观尺度上揭示动力学抑制剂的抑制机理 | 非真实存在体系，需要通过实验验证 |
| | | 胥萍 | Gromacs 分子模拟软件 | 节省实验成本，同时能在分子微观尺度上揭示动力学抑制剂的抑制机理 | 非真实存在体系，需要通过实验验证 |

#### 7.4.2.3　防聚剂

防聚剂是一些聚合物类表面活性剂，防聚剂的抑制机理与动力学抑制剂不同，在允许水合物生成的条件下起乳化剂的作用，当水和油同时存在时才可使用。向体系中加入防聚剂可使油水相乳化，将油相中的水分散成水合物，形成输送性好、低黏性的浆状流体，而不会引起堵塞，防聚剂在管线（或油井）封闭或过冷度较大的情况下都具有较好的作用效果，对于防聚剂的作用机理有三种解释。第一种解释是在使用一种乳化剂（多为聚合物）时，发现该乳化剂促使形成油包水乳状液，并且防止水合物向水滴扩散，达到防聚效果。第二种解释认为，表面活性剂包括亲水基团（极性端）和亲油基团（非极性端），亲水基团附着于水合物晶体表面扰乱水合物的生长过程，进而阻碍晶体的生长，亲油基团则使水合物颗粒在油相中均匀地分散开。史博会等提出的表面活性剂，其亲水基团是带有两个或多个丁基或戊基的季铵盐基团。目前，有一部分季铵盐类防聚剂已经投入商业使用，且进行了现场试验。第三种解释，开发的聚丙酸酯类物质在水、油两相的溶解性都较差，能够在水相与油相之间形成隔离层，阻止水滴向水合物转变，从而达到防聚的目的。Makogon 和 Slogon 指出，防聚剂的加入导致水合物形成变形的晶格，引起晶体缺陷，从而限制了晶粒尺寸。水合物聚集机理研究的缓慢发展阻碍了水合物防聚剂的研究与开发，因此在大力研究水合物成核机理的同时，应投入精力对防聚机理进行研究。

目前，用作防聚剂的表面活性剂大多是酰胺类化合物，特别是羟基酰胺、聚烷氧基二羧基酰胺和 $N,N$－二羧基酰胺等，以及烷基芳香族磺酸盐、烷基聚苷和溴化物的季铵盐等，比较典型的防聚剂主要有溴化物的季铵盐（QAB）、烷基芳香族磺酸盐（Dobanax 系列）及烷基聚苷（Dohanol）等。防聚剂相对水的质量分数为 0.5%～2% 时即可发挥作用，用量大大低于热力学抑制剂（10%～60%）。

阻聚剂的选择是基于亲水亲油平衡（HLB）值，因为 HLB 值可以提供对乳化液类型的大致预测，HLB 值为 3～6 的化学物质可以形成油包水型乳化液，因此可以根据 HLB 值来评价阻聚剂。

目前的阻聚剂主要有酰胺类化合物、羧基羧酸酰胺、烷氧基二羧基羧酸酰胺、聚烷氧基二羧基羧酸酰胺和 $N,N$－二羧基羧酸酰胺。

阻聚剂在使用时多为混合使用，此时 HLB 值则进行加和。

$$\mathrm{HLB}=\frac{\mathrm{HLB_A}\times W_\mathrm{A}+\mathrm{HLB_B}\times W_\mathrm{B}+\mathrm{HLB_C}\times W_\mathrm{C}+\cdots}{W_\mathrm{A}+W_\mathrm{B}+W_\mathrm{C}+\cdots} \tag{7.9}$$

式中 $W_\mathrm{A}$、$W_\mathrm{B}$、$W_\mathrm{C}$——表面活性剂 A、B、C 的质量；

$\mathrm{HLB_A}$、$\mathrm{HLB_B}$、$\mathrm{HLB_C}$——表面活性剂的 HLB 值。

## 7.5 深水井筒压力温度场预测模型

深水气井测试时，海水段较长且温度较低，天然气容易在泥线至海平面之间形成水合物，堵塞井筒，导致测试失败。建立深水气井井筒温度—压力模型，模拟南海西部某深水探井测试制度，求解得到井筒流体温度、压力分布；对该区域天然气样进行水合物生成实验，得到天然气水合物生成临界条件，结合测试模拟结果，认为温度是影响水合物生成的主要因素且常规测试过程中该井会在泥线附近生成水合物。隔热油管能够降低井筒整体传热系数，提升流体温度，模拟显示采用隔热油管后流体温度整体升高 30℃ 左右，不同产量下测试均不会生成水合物，能够保证测试顺利进行，该井的实测情况也证实了这一预测。实测不同产量下井口温压数据与模拟结果对比，误差均小于 5%，证明了模型的准确性，表明该方法能够为深水气井测试过

程中水合物预测和防治提供依据。

### 7.5.1　温度计算方法

深水气井尤其是探井测试过程中流体从储层流入井筒后通常直接流入油管，经地层—泥线—海水，流出井口进入测试管汇（图7.25）。流体流动中与周围地层存在温差，从油管至地层持续传热，井筒中取长为dz的微元控制段，考虑为一维稳定流动，满足能量守恒：

$$\frac{\mathrm{d}h}{\mathrm{d}z}=\frac{\mathrm{d}q}{\mathrm{d}z}-v\frac{\mathrm{d}v}{\mathrm{d}z}-g\sin\theta \tag{7.10}$$

式中　$v$——流体流速，m/s；

$\theta$——井斜角，(°)；

$h$——流体比焓，J/kg；

$q$——单位长度控制体在单位时间内的热损失，J/(m·s)。

天然气比焓梯度满足热力学基本方程：

$$\frac{\mathrm{d}h}{\mathrm{d}z}=c_p\frac{\mathrm{d}T_\mathrm{f}}{\mathrm{d}z}-c_p\alpha_\mathrm{H}\frac{\mathrm{d}p}{\mathrm{d}z} \tag{7.11}$$

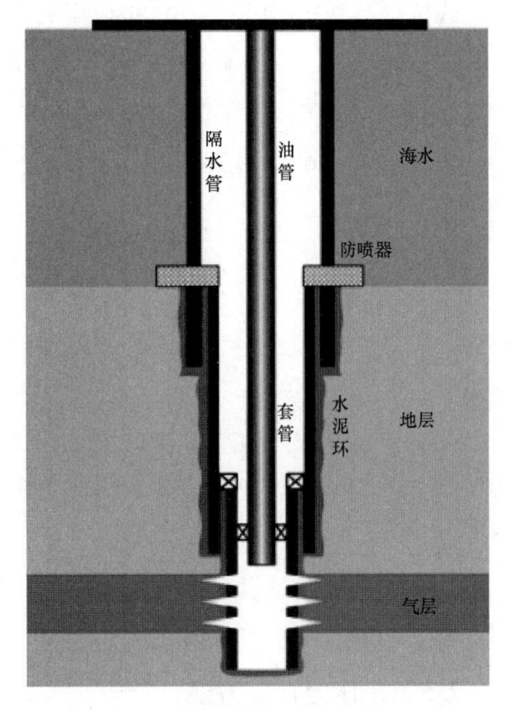


图7.25　某深水气井筒结构示意图

式中　$p$——压力，MPa；

$c_p$——流体比定压热容，J/(kg·K)；

$\alpha_\mathrm{H}$——焦耳—汤姆逊系数，K/Pa；

$T_\mathrm{f}$——井筒温度，K。

泥线以下地层部分井筒天然气与第二界面传热为稳态传热：

$$q_\mathrm{F}=2\pi r_\mathrm{ti}U_\mathrm{ti}(T_\mathrm{w}-T_\mathrm{f}) \tag{7.12}$$

式中　$q_\mathrm{F}$——从第二界面传入井筒内产液热量，W/m；

$r_\mathrm{ti}$——油管内半径，m；

$U_\mathrm{ti}$——井筒内总传热系数，W/(m²·℃)；

$T_\mathrm{w}$——第二界面温度，K。

地层向第二界面的传热为瞬态传热：

$$q_\mathrm{E}=\frac{2\pi k_\mathrm{e}(T_\mathrm{w}-T_\mathrm{f})}{f(t_\mathrm{D})} \tag{7.13}$$

式中　$q_\mathrm{E}$——从地层传入第二界面热量，W/m；

$k_\mathrm{e}$——地层导热系数，W/(m·℃)；

$T_\mathrm{e}$——地层温度，K；

$f(t_D)$——无量纲温度分布函数。

式(7.12)和式(7.13)联立,可以得到地层与井筒流体的传热方程:

$$q_F = \frac{2\pi r_{ti} U_{ti} k_e (T_w - T_f)}{k_e + r_{ti} U_{ti} f(t_D)} \tag{7.14}$$

将式(7.11)和式(7.14)代入式(7.10)中,得到井筒温度梯度方程:

$$\frac{dT_f}{dz} \frac{(T_e - T_f)}{A} - \frac{g\sin\theta}{c_p} - \frac{v dv}{c_p dz} + \alpha_H \frac{dp}{dz} \tag{7.15}$$

$$\frac{1}{A} = \frac{2\pi r_{ti} U_{ti} k_e}{G[k_e + r_{ti} U_{ti} f(t_D)]} \tag{7.16}$$

式中 $A$——中间变量;

$G$——产气质量流量,kg/s。

泥线以上部分为海水层,隔水管与海水为对流换热,径向温度剖面相对稳定,可视为稳态传热。

$$\frac{1}{A} = \frac{2\pi r_{ti} U_{ti}}{G c_p} \tag{7.17}$$

### 7.5.2 压力计算方法

微元段动量变化率为控制体所受外力之和的表现,故动量守恒方程为:

$$\frac{dp}{dz} = -\left(\rho g\sin\theta + f\frac{\rho v^2}{2D} + \rho v \frac{dv}{dz}\right) \tag{7.18}$$

式中 $D$——产液流动管路当量直径,m;

$p$——节点压力,Pa;

$f$——流体摩阻系数;

$\rho$——气体密度,kg/m$^3$;

$v$——气体流速,m/s。

$$f = \left[1.14 - 21g\left(\frac{e}{D} + \frac{21.25}{Re^{0.9}}\right)\right]^{-2} \tag{7.19}$$

式中 $e$——油管内壁绝对粗糙度,m。

考虑到气体的压缩性受压力变化影响,故

$$\frac{dv}{dz} = -\frac{v d\rho}{\rho dz} = -\frac{v dp}{p dz} \tag{7.20}$$

式(7.18)可化为:

$$\frac{dp}{dz} = -\frac{\rho g\sin\theta + f\dfrac{\rho v^2}{2D}}{1 - \rho v^2/p} \tag{7.21}$$

### 7.5.3 耦合模型求解

式(7.16)和式(7.17)中的$U_{ti}$指油管内流体与地层之间的总传热系数，可以视为各热阻的串联。

$$U_{ti}=\begin{cases}\left[\dfrac{1}{h_f}+\dfrac{r_{ti}\ln(r_{to}/r_{ti})}{k_{tub}}+\dfrac{r_{ti}}{r_{to}(h_c+h_f)}+\sum\limits_{j=1}^{n}\dfrac{r_{ti}\ln(r_{coj}/r_{cij})}{k_{cas}}+\sum\limits_{j=1}^{n}\dfrac{r_{ti}\ln(r_{wbj}/r_{coj})}{k_{cem}}\right]^{-1} & (\text{地层段})\\ \left[\dfrac{1}{h_f}+\dfrac{r_{ti}\ln(r_{to}/r_{ti})}{k_{tub}}+\dfrac{r_{ti}}{r_{to}(h_c+h_f)}+\dfrac{r_{ti}\ln(r_{co}/r_{ti})}{k_r}+\dfrac{r_{ti}}{r_{ro}h_{sea}}\right]^{-1} & (\text{海水段})\end{cases} \tag{7.22}$$

式中 $h_f$——油管内气体对流换热系数，W/(m$^2$·℃)；

$h_c$、$h_r$——环空对流换热系数、辐射传热系数，W/(m$^2$·℃)；

$r_{to}$、$r_{wb}$——油管、水泥环外半径，m；

$r_{ci}$、$r_{co}$——套管内、外半径，m；

$k_{tub}$、$k_{cas}$、$k_{cem}$——油管、套管、水泥环导热系数，W/(m·℃)。

由式(7.15)和式(7.20)可知，温度传热模型受管内流体压力影响，压力降落模型受密度影响，天然气密度与温度相关，故温度和压力的计算是相互影响的，需要联立式(7.15)和式(7.21)建立耦合模型进行求解。求解过程采用离散的方法，将井筒分为足够短的微元段，认为每个微元段内的温度、压力为一定值。给定原始条件：井底流压、温度、产量(或井口压力、温度、产量)，对线性方程组进行隐式迭代求解，当所有微元段压力、温度迭代误差小于控制精度(0.5%)时即停止运算，输出结果。

### 7.5.4 水合物生成预测

深水中低温高压环境十分有利于天然气水合物的生成。深水气井测试前，应当进行天然气水合物预测分析，优化抑制水合物技术，保证测试顺利进行。如前所述目前对于水合物生成条件的预测方法有图解法、经验公式法、平衡常数法、热力学法、实验法等。使用这些方法的前提是能够准确获取井筒中天然气的温度、压力等状态参数，为此，需要针对深水气井井周环境复杂的特征，建立准确的井筒温度—压力耦合模型，根据求得的温压参数对天然气水合物的生成进行预测，并对采取的保温措施方案进行敏感性分析，以获取抑制水合物生成的最佳方法。

#### 7.5.4.1 天然气水合物生成模型

波诺马列夫公式[式(7.5)、式(7.6)]具有一定的普遍性，但针对特定气藏仍存在一定偏差，为准确起见，采用LSA气田X探井的天然气取样(组分见表7.13)，进行天然气水合物生成临界条件的PVT实验。

**表7.13 LSA－X探井天然气组分**

| 组分 | $C_1$ | $C_2$ | $C_3$ | $i-C_4$ | $n-C_4$ | $i-C_5$ | $n-C_5$ | $C_6$ | $C_{7+}$ | $CO_2$ | $N_2$ |
|---|---|---|---|---|---|---|---|---|---|---|---|
| 占比(%) | 92.77 | 4.46 | 1.09 | 0.23 | 0.22 | 0.11 | 0.07 | 0.31 | 0.16 | 0.38 | 0.20 |

实验得到不同温度下的流体生成水合物压力数据，将实验数据进行回归，得到该气田的天然气水合物生成条件方程：

$$p = 0.4355e^{0.1194T} \tag{7.23}$$

实验数据回归得到的规律与波诺马列夫公式趋势一致（图7.26），温度—压力呈指数关系，当天然气状态位于曲线左上方区域时会生成水合物，反之则不会。相较波诺马列夫公式，同一温度下LSA气田天然气生成水合物的压力更低，即更容易生成水合物。

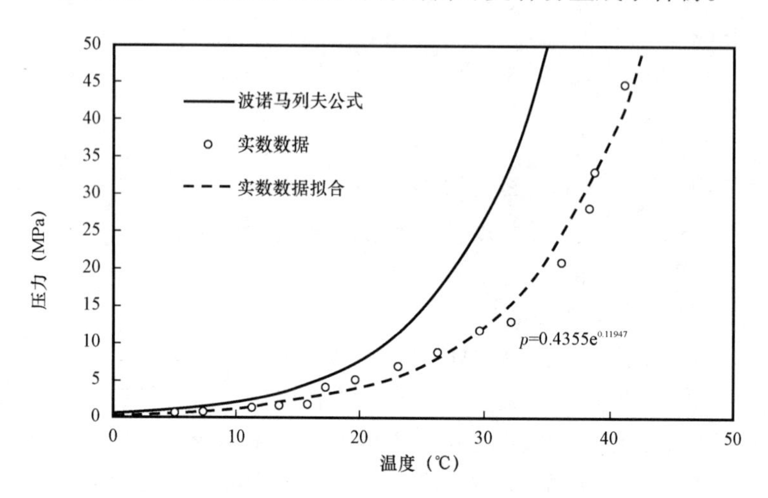


图7.26　LSA－X探井天然气临界水合物生成条件

### 7.5.4.2　LSA气田某探井天然气水合物预测

（1）温度、压力剖面预测。

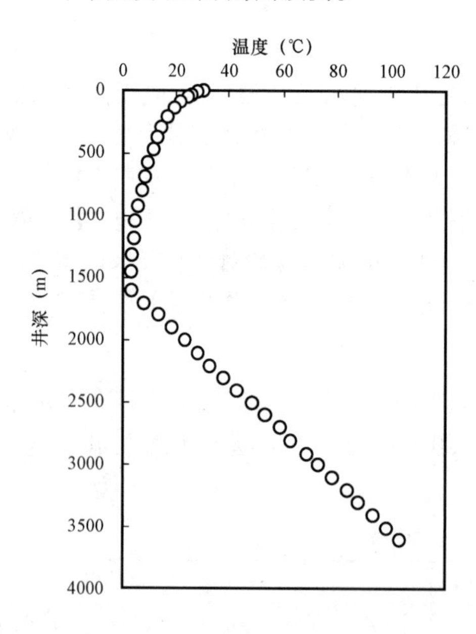


图7.27　LSA－Y井筒外界温度环境分布

LSA－Y井为一口深水气井，水深1600m，储层中深海拔－3607m，测试时海平面温度29℃，海底泥线温度3℃，地层温度103℃（图7.27），原始地层压力为40MPa。海水段井筒为油管—隔水管，地层段为油管—套管（图7.27）。

通过试井设计法进行产能预测，得到产能二项式：

$$\psi_{(p_R)} - \psi_{(p_{wf})} = 0.21q + 0.000052q^2 \tag{7.24}$$

式中　$\psi_{(p_R)}$、$\psi_{(p_{wf})}$——地层静压、井底流压拟压力形式，$MPa^2/(mPa \cdot s)$；

$q$——测试产量，$10^4m^3/d$。

针对LSA－Y井，当采用普通油管[导热系数为32.4W/（m·℃）]进行生产时，分别模拟（1～320）×$10^4m^3/d$ 8组不同测试产量下的井筒温度、压力分布，得到相应的分布剖面（图7.28、图7.29）。

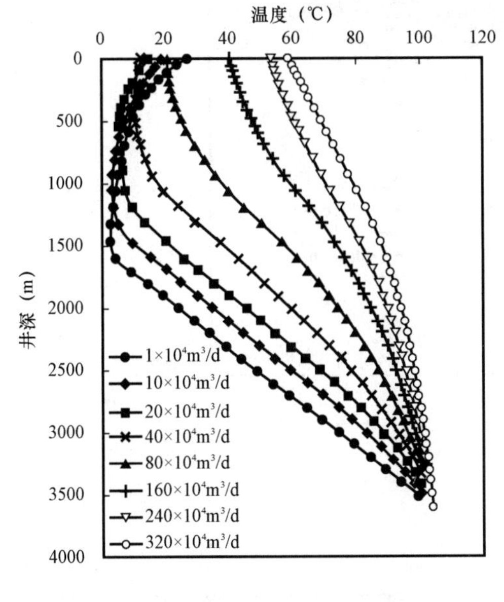


图7.28　温度分布剖面(普通油管)

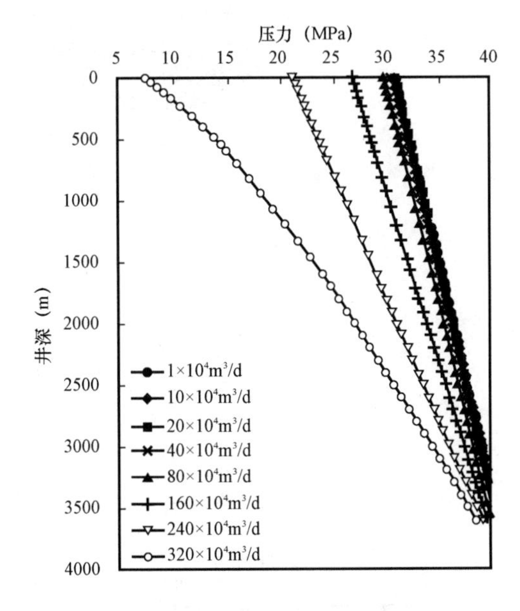


图7.29　压力分布剖面(普通油管)

从模拟结果来看，由于水深且泥线处温度较低，导致低产量测试时井筒内流体在泥线附近热量散失严重，从井底到井口流体温度先降低后升高。随着测试产量增大，油管内流体流速加快，散热时间逐渐减少，流体温度逐渐升高。产量超过 $80\times10^4m^3/d$ 后，井筒内温度即呈单调递减分布。

受重力、摩擦阻力、天然气自身膨胀影响，从井底到井口压力逐渐减小，且随着产量的增大，压力下降幅度逐渐增大。测试产量为 $10^4m^3/d$ 时井筒内消耗压降9.84MPa；该管柱下极限测试产量为 $342\times10^4m^3/d$，此时井筒内消耗压降39.90MPa，井口压力0.1MPa。

(2)水合物预测。

将模拟得到的温度、压力数据回归至温度—压力图版，并与实验得到的天然气水合物临界条件进行对比(图7.30)。当测试产量低于 $160\times10^4m^3/d$ 时，井筒内的温度、压力分布部分位于水合物生成范围之内，且产量越低可能生成水合物的井段越长。可以看出，温度是决定水合物生成与否的主要因素，深水气井产量较低时在泥线附近的低温区会导致测试期间井筒生成水合物。受井筒和现场测试条件影响(允许测试最大产量为 $250\times10^4m^3/d$)，设计4级制度，分别为 $40\times10^4m^3/d$、$80\times10^4m^3/d$、$160\times10^4m^3/d$ 和 $240\times10^4m^3/d$，前两级制度下分别在井深1562m和1052m至井口部分易生成水合物，后两级制度则不会生成水合物。

(3)保温管效果分析。

前文分析认为温度是影响水合物生成与否的主要因素，针对LSA－Y井有必要提升测试过程中的井筒温度，以抑制水合物的生成。隔热油管通常由外管、隔热层和内管三部分组成，导热系数较低，在0.006～0.06W/(m·℃)之间，多用于稠油热力开采井，能够有效减少油管内流体散热量，提高流体温度。对于深水气井，隔热油管亦能起到提升井筒温度、抑制水合物生成的作用，模拟采用D级隔热油管[导热系数为0.01W/(m·℃)]时的井筒压力、温度分布(图7.31、图7.32)。

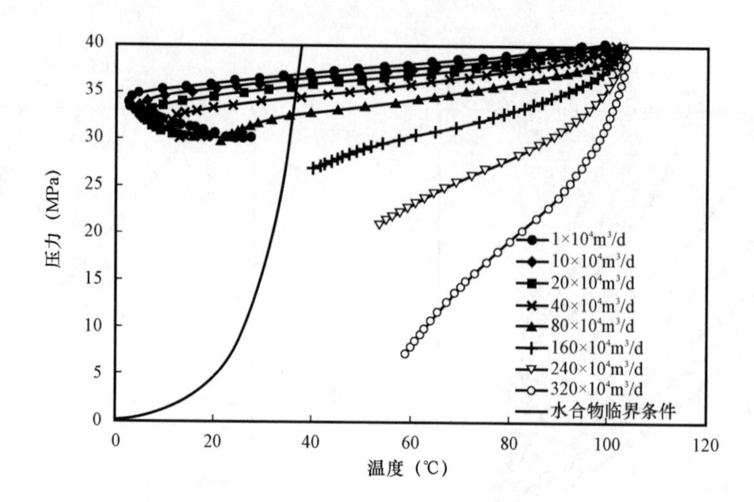


图 7.30　LSA－Y 井筒天然气温度—压力图版(普通油管)

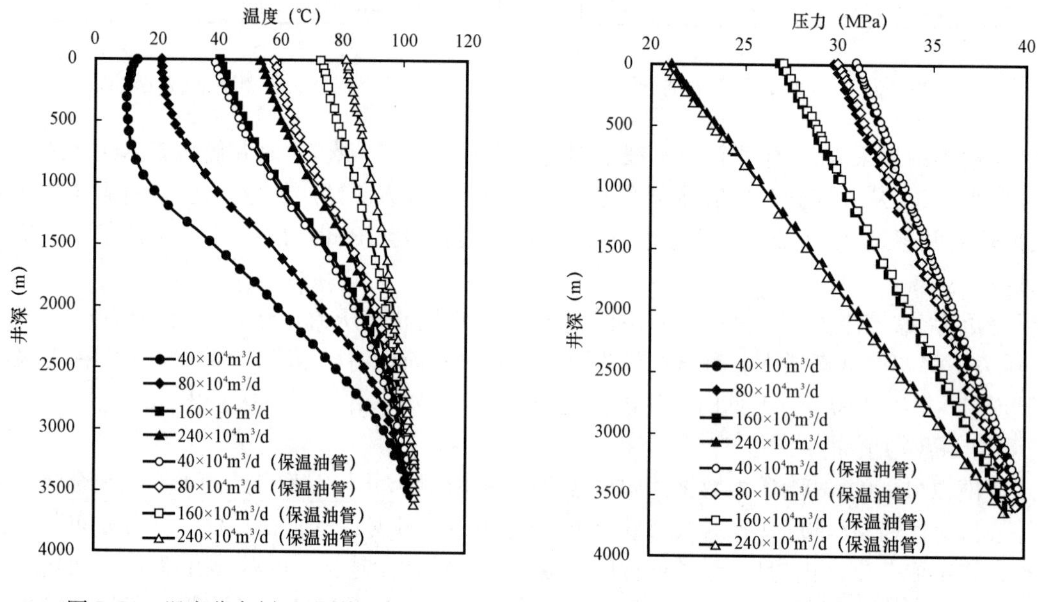


图 7.31　温度分布剖面(隔热油管)

图 7.32　压力分布剖面(隔热油管)

与普通油管相比,采用隔热油管后流体温度整体升高 30℃左右,均呈单调递减分布。隔热油管对井筒流体压力分布影响较小,与普通油管模拟结果一致。将温度、压力数据回归到温度—压力图版(图 7.33),可以看出采用隔热油管后的流体温度、压力分布较普通油管靠右下方,且均位于水合物生成的临界条件之外,表明隔热油管能够有效抑制 LSA－Y 井测试过程中天然气水合物的生成。

(4)效果评价。

LSA－Y 井在 2016 年进行测试,测试管柱为 D 级隔热油管,4 级测试制度产量分别为$41\times10^4m^3/d$、$83\times10^4m^3/d$、$138\times10^4m^3/d$ 和 $195\times10^4m^3/d$,采用本章模型模拟井口温度、压力结果与实测数据进行对比,见表 7.14。

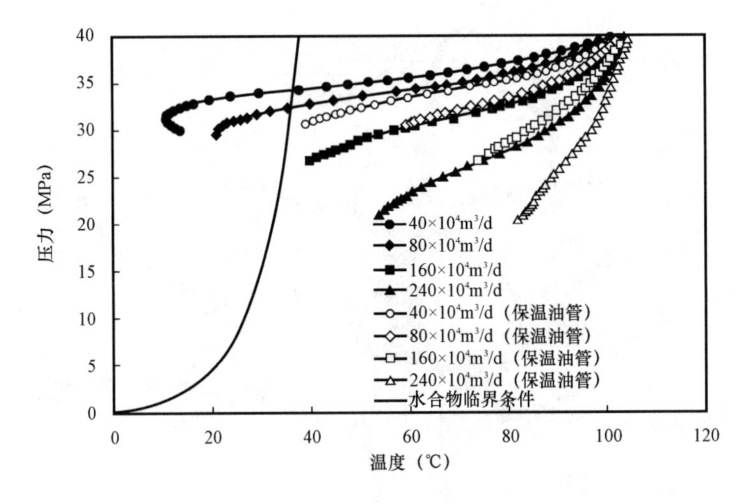


图7.33　LSA－Y井筒天然气温度—压力图版（隔热油管、普通油管对比）

**表7.14　井口温度、压力模拟与实测数据对比**

| 测试制度 | 温度（℃） | | 温度测试误差（%） | 压力（MPa） | | 压力测试误差（%） |
|---|---|---|---|---|---|---|
| | 模拟 | 实测 | | 模拟 | 实测 | |
| 二开一级 | 39.19 | 39.74 | 1.38 | 31.02 | 30.13 | 2.95 |
| 二开二级 | 58.26 | 58.83 | 0.97 | 30.37 | 29.24 | 3.86 |
| 二开三级 | 70.49 | 72.00 | 2.10 | 28.06 | 27.01 | 3.89 |
| 二开四级 | 78.79 | 79.66 | 1.09 | 24.26 | 23.41 | 3.63 |

模型计算得到的井口温度、压力与实测数据对比，误差均能够控制在5%以内。测试过程与模拟结果一致，未出现天然气水合物堵塞井筒的现象，证明了本书计算方法的准确性。

## 7.6　中国南海琼东南盆地QDN－X井测试完井过程中水合物防治

在实际生产中，常会出现天然气水合物冻堵的现象，导致一系列生产事故。经过数十年的研究，形成了以热力学抑制和动力学抑制为主的天然气水合物抑制技术。各类天然气水合物抑制方法总结如图7.34所示。

各类天然气水合物抑制方法的现场应用案例分为热力学抑制剂现场应用案例、动力学抑制剂现场应用案例以及其他抑制技术现场应用案例。

在海洋油气开发过程中现有很多案例主要集中在水下集输管道中水合物的防治，在此不再赘述。下面介绍在我国深水测试完井中水合物的防治案例。

目前，位于中国南海琼东南盆地的QDN－X井由“海洋石油981”平台独立承担钻探任务。该井为中国自营深水天然气探井，西北方向距离海南省三亚市155km，水深约1455m，海底温度3～4℃，地热梯度4.4℃/100m，压力系数1.24～1.30，设计井深3561m，井底温度95℃，最大井底压力45.32MPa。基于环保及成本考虑，QDN－X井在钻完井过程中将采用水基钻井液和测试液，水合物风险远高于采用油基钻井液，且目前中国深水油气资源勘探开发刚刚起步，

图 7.34 天然气水合物抑制方法示意图

在深水钻完井水合物防治方面的现场经验不足，因此 QDN－X 井的水合物预防和控制工作受到高度重视。张亮、张崇等在借鉴国内外经验的基础上，综合分析该井在钻井及测试过程中不同工况条件下的水合物风险，提出预防措施，并进行现场应用验证。

LS22－Y 井与 QDN－X 井均位于琼东南盆地中央峡谷带，两井相距 33km，目标气层具有相同的成藏条件，因此利用基于 LS22－Y 井测试资料的水合物相态曲线分析 QDN－X 井的水合物风险具有较大的可靠性。LS22－Y 井取样分析表明，目标气层天然气中 $CH_4$ 含量大于 91.1%，$CO_2$ 含量为 0.30% ～0.76%，地层水矿化度为 26970mg/L，天然气组成及地层水离子组分分别见表 7.15、表 7.16。采用相平衡热力学方法预测得到天然气水合物相态曲线（图 7.35）。假设海底井口温度与环境温度一致，为 3～4℃（停钻或关井状态），海底井口压力为静水压力 14.3MPa，此时海底井口处于水合物稳定区（图 7.35 中圆点），至少具有 16.5℃过冷度（工况温度与相同压力下水合物相态温度的差值），说明钻完井过程井筒中存在着极大的水合物风险。地层水中矿物质对水合物形成有一定抑制作用（图 7.35 中黑色曲线），但为保险起见，张亮、张崇等采用基于天然气和纯水（矿化度为 0）预测的水合物相态曲线（图 7.35 中灰色曲线）作为钻井（天然气主要与钻井液混合）及测试（天然气主要与测试液和地层水混合）过程中的水合物风险分析依据。

**表 7.15 天然气平均组成**

| 组分 | 含量（%） | 组分 | 含量（%） |
|---|---|---|---|
| $C_1$ | 91.63 | $i-C_5$ | 0.14 |
| $C_2$ | 4.87 | $n-C_5$ | 0.09 |
| $C_3$ | 1.36 | $C_{6+}$ | 0.40 |
| $i-C_4$ | 0.31 | $N_2$ | 0.51 |
| $n-C_4$ | 0.30 | $CO_2$ | 0.39 |

表7.16 地层水离子组分

| 离子 | 含量(mg/L) | 离子 | 含量(mg/L) |
|---|---|---|---|
| $K^+$ | 126 | $Sr^{2+}$ | 99 |
| $Na^+$ | 7950 | $Cl^-$ | 15200 |
| $Ca^{2+}$ | 1868 | $SO_4^{2-}$ | 5 |
| $Mg^{2+}$ | 105 | $HCO_3^-$ | 1596 |
| $Ba^{2+}$ | 21 | | |

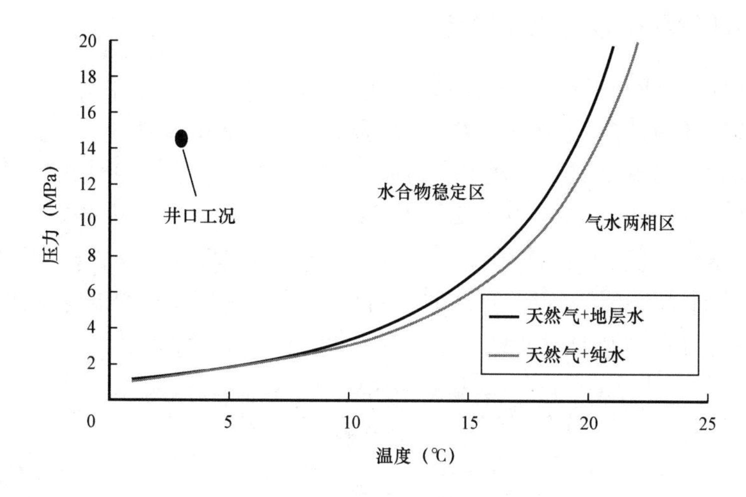


图7.35 天然气水合物相态曲线

## 7.6.1 测试过程中水合物风险

QDN－X井完钻后,将下入244.5mm套管固井,采用114.3mm管柱进行清喷测试。目标地层射开后,涌入井筒的天然气先将测试管柱中的测试液顶出,然后伴随着少量地层水进行节流放喷。不同产气量和含水率下的井筒温度、压力场可采用深水生产井筒传热传质模型进行计算:压力场计算采用描述两相垂直管流的Orkiszewski方法;温度场计算考虑油管和环空内流体、水泥环以及周围环境之间的热传递,通过求解离散化井筒温度、压力场耦合方程,由井底条件反算至井口,得到整个井筒的温度、压力剖面。表7.17为测试过程中水合物风险(含水率为0.06～0.80$m^3/10^4m^3$)。由表7.17可知,在停测状态下,井筒温度与环境温度一致,井筒内气体产生的重力压差较小,因此整个井筒将承受35～45MPa的高压,从海面至水深1981m处均处于水合物风险区,最大过冷度将出现在泥线附近,为23℃;在测试初期,天然气顶替测试液过程中测试管柱内压力逐渐升高,但最大过冷度不会超过井筒充满天然气的停测状态;在节流放喷过程中,井筒内将充满天然气和少量地层水,天然气产量和含水率增大,都有利于降低井筒压力和提高井筒温度,使得水合物风险井段减小,当产气量大于25×$10^4m^3$/d时,可避免整个井筒的水合物风险。

表 7.17 测试过程中水合物风险

| 工况 | 产气量($10^4m^3/d$) | 水合物风险井段(m) | 最大过冷处井筒条件 | | | | |
|---|---|---|---|---|---|---|---|
| | | | 深度(m) | 温度(℃) | 压力(MPa) | 水合物相态温度(℃) | 过冷度(℃) |
| 停测 | 0 | 0~1981 | 1455 | 3.00 | 39.40 | 26.00 | 23.00 |
| 清喷测试 | 5 | 0~1500 | 400~500 | 7.43~8.33 | 35.61~36.06 | 25.42~25.51 | 17.09~18.08 |
| | 10 | 0~1100 | 100~150 | 13.58~15.44 | 35.52~32.74 | 25.23~25.31 | 9.79~11.73 |
| | 15 | 0~650 | 0 | 19.45~21.75 | 32.29~32.35 | 25.11~25.22 | 3.36~5.87 |
| | 20 | 0~100 | 0 | 24.47~25.03 | 32.05~32.06 | 25.03~25.13 | 0~0.66 |

### 7.6.2 测试过程中水合物预防措施

清喷测试初期,上涌的天然气会与测试液、地层水和钻井液滤液混合,在到达海底附近井筒时处于低温高压环境,容易形成水合物,因此需要向测试液中添加一定量盐和醇,提供23℃以上的过冷度保护。考虑地层压力及水合物抑制效果,设计了不同相对密度和抑制剂配方的测试液(表7.18)。较低密度测试液主要采用$CaCl_2$($CaCl_2$溶解度可达40%,密度1.39g/$cm^3$)或$CaCl_2$ + MEG,较高密度测试液采用甲酸钾(KFo,溶解度可达78%,密度1.60g/$cm^3$)或KFo + MEG。所设计的$CaCl_2$ + MEG配方预计可提供23.1~25.7℃的过冷度保护,KFo + MEG抑制效果无理论计算模型和参考文献,张亮、张崇等进行了实验验证。

表 7.18 测试液相对密度及水合物抑制剂配方

| 编号 | 相对密度 | 水合物抑制剂配方 | 预计抑制效果 |
|---|---|---|---|
| 1 | 1.20 | 20.53% $CaCl_2$ + 13.26% MEG | 24.8℃过冷度保护 |
| 2 | 1.26 | 28.06% $CaCl_2$ | 23.1℃过冷度保护 |
| 3 | 1.30 | 31.67% $CaCl_2$ | 25.7℃过冷度保护 |
| 4 | 1.35 | 51.05% KFo | 待试验验证 |
| 5 | 1.35 | 49.24% KFo + 11.37% MEG | |
| 6 | 1.40 | 56.46% KFo + 3.20% MEG | |

清喷测试初期,在地面获得稳定产气和产水后,改为井下持续注入MeOH。注入的MeOH一部分会溶解在产出水中,一部分会挥发至天然气中。图7.36为QDN-X井在节流放喷过程中产出水中含有不同浓度MeOH时的水合物抑制效果,可以看出:产气量较低时[$(0\sim5)\times10^4m^3/d$],注入的MeOH在产出水中的浓度需要达到31%~35%,才能有效避免水合物风险;随着产气量增加,井筒温度升高,产出水中的MeOH浓度要求逐渐降低,当产气量大于$25\times10^4m^3/d$时,井筒中水合物风险消失,不必再注入MeOH。

由于水合物风险井段下端深度最大为1981m,取5%的安全余量,则MeOH注入深度确定在2080m(泥线以下625m)。MeOH的注入速度采用式(7.25)计算:

$$Q_{MeOH} = 10^3 Qf_w X/(1-X) + 10QX/(C\alpha) \tag{7.25}$$

其中:

$$\alpha = 1.97\times10^{-2}p^{-0.7}\exp(6.054\times10^{-2}T - 11.128) \tag{7.26}$$

式中 $Q_{MeOH}$——MeOH 注入速度,kg/d;

$Q$——产气量,$10^4m^3/d$;

$f_w$——含水率,$m^3/10^4m^3$;

$X$——MeOH 在产出水中的浓度,%;

$C$——注入 MeOH 的纯度,%;

$p$——注入井段压力,MPa;

$T$——注入井段温度,K。

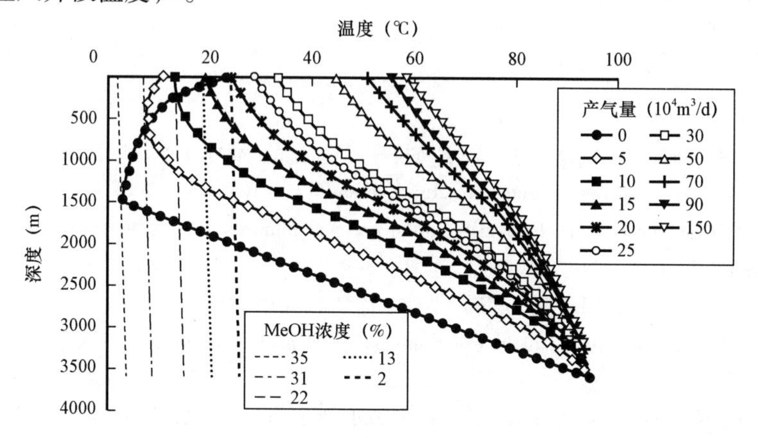


图 7.36 产出水中不同浓度 MeOH 的水合物抑制效果

（实线为不同产气量下井筒环空温度,虚线为不同 MeOH 浓度下水合物相态温度）

图 7.37 为不同产气量和含水率下 MeOH 在产出水中的浓度及注入速度要求,假设 MeOH 密度为 0.8g/$cm^3$,将 MeOH 注入速度换算成体积流量(0~1.86L/min)。由图 7.37 可知:随着产气量和含水率增大,MeOH 在产出水中的浓度要求逐渐降低,但 MeOH 注入速度随含水率增大而增大,随产气量升高先增大后降低;当产气量大于 $25\times10^4m^3/d$ 时,可停止注入 MeOH。随着产气量增大,井筒温度和产水量同时增加,但两者对抑制剂的注入要求相反,导致抑制剂注入速度存在一个峰值。

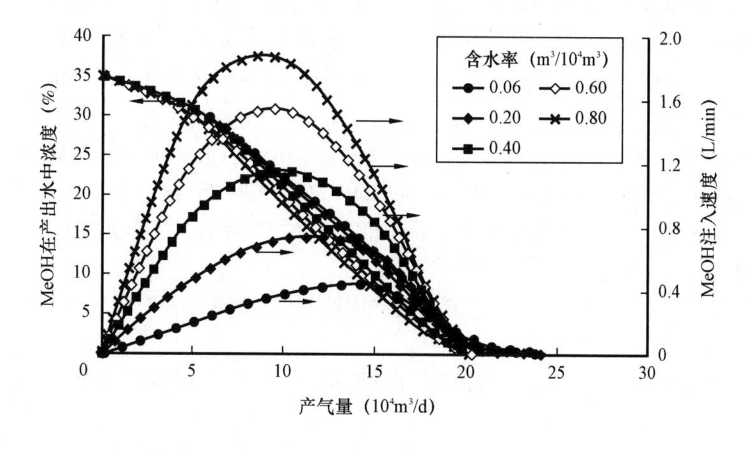


图 7.37 不同产气量和含水率下 MeOH 注入要求

节流放喷过程中，井筒温度场达到稳定状态时的MeOH注入要求可参照图7.37。但从短时间关井重启（井筒温度与环境温度接近）到井筒温度、压力场达到基本稳定的时间段（24h）内，MeOH在产出水中的浓度要求较高，需按照最大值35%设计，相应的MeOH注入速度应根据最大浓度与井筒温度、压力场达到稳定时的浓度要求之间的倍数提高。如果测试时间较短，建议整个测试过程按照产出水中MeOH的最大浓度要求注入。MeOH注入管线（内径6～10mm）安装于测试管柱外壁，随着测试管柱一起下入井中，注入点深度2080m，注入泵安装于钻井平台，注入压力为25～30MPa。当长时间停测关井时，可通过井底环空向测试管柱内注入并全部充满测试液。

## 参考文献


[1] 陈光进，孙长宇，马庆兰．气体水合物科学与技术[M] 北京：化学工业出版社，2008.

[2] Sloan Jr E D, Koh C. Clathrate hydrates of natural gases[M]. CRC Press, 2007.

[3] Holder G D, Manganiello D J. Hydrate dissociation pressure minima in multicomponent Systems[J]. Chemical Engineering Science, 1982,37(1):9－16.

[4] 樊栓狮，徐文东．天然气利用新技术[M]．北京：化学工业出版社，2012.

[5] Camargo. Rhaological properties of hydrate suspension in an asphaltenic crude oil[C]. 4th Gas Hydrates Int. Conf. ,2002.

[6] Boxall J, Davies S, Koh C, et al. Predicting when and where hydrate plugs form in oil－dominated Flowlines [C]. SPE 129538－PA, 2009.

[7] GPSA. Gas processors Suppliers Association Engineering Data Book[M]. 12th Ed. GPSA: Oklahoma, 2004.

[8] 诸林．天然气加工工程[M]．北京：石油工业出版社，2008.

[9] 苏慕博文，周博宇．气体水合物抑制剂的研制与性能评价[J]．当代化工，2017，46(1):134－136.

[10] Nashed O, Dadebayev D, Khan M S, et al. Experimental and modelling studies on thermodyanmic methane hydrate inhibition in the presence of ionic liquids[J]. Journal of Molecular Liquids, 2018, 249:886－891,

[11] 许书瑞．高效水合物动力学抑制剂的性能研究及应用[D]．广州：华南理工大学，2017.

[12] 樊栓狮，郭凯，王燕鸿，等．天然气水合物动力学抑制剂性能评价方法的现状与展望[J]．天然气工业，2018，38(9):103－113.

[13] Dirdal E G, Arulanantham C, Sefidroodi H, et al. Can cyclopentane hydrate formation be used to rank the performance of kinetic hydrate inhibitors[J]. Chemical Engineering Science, 2012,82: 177－184.

[14] Xu S, Fan S, Fang S, et al. Pectin as an extraordinary natural kinetic hydrate inhibitor[J]. Scientific Reports, 2016(6): 23220.

[15] Xu Shurui, Fan Shuanshi, Fang Songtian, et al. Excellent synergy effect on preventing $CH_4$ hydrate formation when glycine meets polyvinyl caprolactam[J]. Fuel,2017,206: 19－26.

[16] 史博会，雍宇，柳杨，等．含蜡和防聚剂体系天然气水合物浆液生成及流动特性[J]．化工进展，2018，37(6): 2182－2191.

[17] 白玉湖，李清平，周建良，等．天然气水合物对深水钻采的潜在风险及对应性措施[J]．石油钻探技术，2009，37(3): 17－21.

[18] 胡伟杰．浅析深水钻井中水合物的风险与防治措施[J]．中国新技术新产品，2012，10(14): 253－254.

[19] 许明标，唐海雄，黄守国，等．深水钻井中水合物的预防和危害处理方法[J]．长江大学学报(自然科学版)，2010，7(3): 547－548.

[20] Botrel T. Hydrates prevention and removal in ultra – deepwater drilling systems[C]. OTC 12962,2001.

[21] Watson P A, Iyoho A W, Meize R A, et al. Management issues and technical experience in deepwater and ultradeepwater drilling[C]. OTC 17119, 2005.

[22] Triolo D, Mosness T, Iabib R K. The Liwan gas project: a case study of South China Sea deepwater drilling cam – paign[C]. IPTC 16722, 2013.

[23] Ziiang Liang, Iiuang Anyuan, Wang Wei, et al. Hydrate risks and prevention solutions for a high pressure gas field offshore in South China Sea[J]. International Journal of Oil Gas and Coal Technology, 2013, 6(6): 613 –623.

[24] 陈光进, 孙长宇, 马庆兰. 气体水合物科学与技术[M]. 北京: 化学工业出版社, 2007.

[25] 李玉星, 冯叔初. 管道内天然气水合物形成的判断方法[J]. 天然气工业, 1999, 19(2): 99 –102.

[26] 王博. 深水钻井环境下的井筒温度压力计算方法研究[D]. 东营: 中国石油大学(华东), 2007.

[27] 王海柱, 沈忠厚, 李根生. 超临界 $CO_2$ 钻井井筒压力温度耦合计算[J]. 石油勘探与开发, 2011, 8(1): 97 –102.

[28] 高永海, 孙宝江, 王志远,等. 深水钻探井筒温度场的计算与分析[J]. 中国石油大学学报(自然科学版), 2008, 2(2): 58 –62.

[29] 王志远, 孙宝江, 程海清,等. 深水钻井井筒中天然气水合物生成区域预测[J]. 石油勘探与开发, 2008, 5(6): 731 –735.

[30] 郭洪岩. 徐深气田深层气井温度压力分布计算[J]. 中外能源, 2011, 16(5): 62 –67.

[31] 郭春秋, 李颖川. 气井压力温度预测综合数值模拟[J]. 石油学报, 2001, 22(3): 100 –104.

[32] 刘通, 李颖川, 钟海全. 深水油气井温度压力计算[J]. 新疆石油地质, 2010, 1(2): 181 –183.

[33] Davalath J, Barker J W. Hydrate inhibition design for deepwater completions[J]. SPE Drilling & Completion, 1995 , 10(2):115 –121.

[34] 罗俊丰, 刘科, 唐海雄. 海洋深水钻井常用钻井液体系浅析[J]. 长江大学学报(自然科学版), 2010, 7(1): 180 –182.

[35] 毕曼, 贾增强, 吴红钦,等. 天然气水合物抑制剂研究与应用进展[J]. 天然气工业, 2009, 9(12): 75 –78.

[36] Henry W C, Hyden A M, Williams S L. Innovations in subsea development & operation[C]. SPE 64489, 2000.

[37] Pakulski M, Qu Q, Pearcy R. Gulf of Mexico deep water well completion with hydrate inhibitors[C]. SPE 92971, 2005.

[38] Webber P, Morales N, Conrad P, et al. Development of a dual functional kinetic hydrate inhibitor for a novel North Sea wet gas application[C]. SPE 164107, 2013.

[39] Vickers S, Hutton A, Lund A, et al . Designing well fluids for the Ormen Lange gas project, right on the edge [C]. SPE 112292, 2008.

[40] 梁裕如, 张书勤. 延长气田天然气水合物抑制剂注入量的确定[J]. 甘肃科技, 2011, 7(1): 32 –34.

[41] 关昌伦, 叶学礼. 天然气水合物抑制剂甲醇注入量的计算[J]. 天然气与石油, 1993, 11(4): 8 –12.

[42] Fadnes F H, Jakobsen T, Bylov M. Studies on the prevention of gas hydrates formation in pipelines using potassium formate as a thermodynamic inhibitor[C]. SPE 50688, 1998.

[43] 张亮, 张崇,黄海东,等. 深水钻完井天然气水合物风险及预防措施——以南中国海琼东南盆地 QDN – X 井为例[J]. 石油勘探与开发, 2014, 41(6): 755 –762.

# 第8章　海洋天然气水合物开发开采技术

天然气水合物是甲烷等烃类气体或挥发性液体与水相互作用形成的白色结晶状“笼形化合物”，外表像冰，一点即燃，因此被称为“可燃冰”。一单位体积的天然气水合物分解最多可产生164～180单位体积的甲烷气体。天然气水合物由甲烷和水在低温（0～10℃）和高压（大于10MPa或水深300m及以上）条件下形成，陆地上20.7%和深水海底90%的地区具有形成天然气水合物的有利条件，广泛分布在大陆、岛屿的斜坡地带，活动和被动大陆边缘的隆起区，极地大陆架以及海洋和一些内陆湖的深水环境。多种资源量估算方法（表8.1）表明，即使最小的资源量也是全球常规燃料总碳量的2倍，被视为后石油时代的重要替代能源，我国将其纳入中长期科技发展规划，2017年被列为我国第173个矿种。

天然气作为一种清洁能源，在我国能源消费中所占比例低（2017年大约7%）。来自国家发展和改革委员会的数据显示，2017年我国天然气消费量为$2373\times10^8m^3$，同比增长15.3%，全年进口量大增近30%，导致2017年我国天然气对外依存度高达39%，拓展气源尤为重要。为了改变我国目前以煤为主（约70%）的能源消费结构，发展绿色经济和保护环境，开发天然气水合物资源，对于国民经济的长期发展具有重要的战略意义。

**表8.1　全球陆地永久冻土带和海洋中的天然气水合物资源量**

| 全球资源量（$10^{12}m^3$） | 冻土中资源量（$10^{12}m^3$） | 海洋资源量（$10^{12}m^3$） | 资料来源 |
|---|---|---|---|
| 30057 | 57 | 3000 | Trofimuk 等，1981 |
| 301000 | 31 | 301000 | McIver，1981 |
| 7634000 | 34000 | 7600000 | Dobrynin，1981 |
| 15000 | — | — | Makagon，1981 |
| 10100 | 100 | 10000 | Makagon，1988 |
| 1573000 | — | — | Cherskiy 等，1982 |
| 5057～25057 | 57 | 5000～25000 | Trofimuk 等，1982 |
| 40000 | — | — | Kvenvolden 和 Claypool，1988 |
| 20000 | 2400 | 17600 | Kvenvolden，1988 |
| 20000 | 740 | 21000 | MacDonald，1990 |
| 26400 | — | — | Gornitz 和 Fung，1994 |
| 45400 | — | — | Harvey 和 Huang，1995 |
| 1000 | 57 | 3000 | Ginsburg 和 Soloviev，1995 |
| 6800 | — | — | Holbrook 等，1996 |
| 15000 | — | — | Makagon，1997 |
| 2500 | — | — | Milkov，2004 |
| 120000 | 44000 | 76000 | Klauda 和 Sandler，2005 |

# 8.1　天然气水合物的特征和资源概况

## 8.1.1　天然气水合物的特征

天然气水合物中水分子是主体分子，形成空间点阵结构，气体分子充填于点阵间孔隙中，气体分子与水分子间没有化学计量关系；点阵结构水分子间以较强的氢键结合，气体水分子间以范德华力结合。天然气水合物形成的3种基本笼形晶体空间结构包括Ⅰ型立方晶体结构、Ⅱ型菱形晶体结构和H型六方晶体结构。

从地质角度将天然气水合物资源按热动力学特征提出了扩散型和渗漏型两类概念型水合物成藏模式，其中扩散型水合物按储层地质条件可以分为Ⅰ类、Ⅱ类、Ⅲ类和Ⅳ类（表8.2）；从开发角度将天然气水合物藏分为成岩和非成岩两大类，细分为6级（表8.3）。

**表8.2　地质角度的天然气水合物资源分类**

| 天然气水合物资源分类 | | 特点 |
|---|---|---|
| 热动力学分类 | 渗漏型（裂隙充填型） | 天然气水合物分布有限，受流体活动控制，与海底天然气渗漏活动有关，是深部烃类气体沿断裂等通道向海底渗漏，在合适的条件下沉淀形成的水合物，是水—水合物—游离气三相非平衡热力学体系，因而水合物发育于整个稳定带，往往存在于海底表面或浅层与斯裂、底辟等构造有关的裂隙中。国际上认为，该类型天然气水合物由于开采过程中会产生工程和环境问题，不是有利的开采目标 |
| | 扩散型（孔隙充填型） | 天然气水合物分布广泛，在地震剖面上常产生指示其底界的拟海底反射（BSR），埋藏深（>20m），海底表面不发育水合物，其沉淀主要与沉积物孔隙流体中溶解甲烷有关。受原地生物成因甲烷与深部甲烷向上扩散作用的控制，是水—水合物二相热力学平衡体系，因而往往存在于深层沉积物孔隙中，不同类型沉积物中的天然气水合物饱和度相差较大，饱和度与沉积物的物性，尤其是渗透率和孔隙度密切相关。国际上认为，该类型天然气水合物埋藏深，是开采的有利目标 |
| 地质条件分类 | Ⅰ类 | 双层储层，由含天然气水合物沉积层（天然气水合物稳定带底界之上）及其下伏含两相流（游离气、自由水）沉积层组成。此类天然气水合物藏的稳定带的基线与水合物藏的底部基本契合，少量能量即可激发气体释放，并且由于下伏游离层的存在也可提高气体采收率，是最有利于开采的储层类型 |
| | Ⅱ类 | 双层储层，由含天然气水合物沉积层（天然气水合物稳定带底界或之上）及其下伏含单相流（自由水）沉积层组成。含天然气水合物沉积层之下只发育含水沉积层 |
| | Ⅲ类 | 单一储层，指含天然气水合物沉积层之下不发育任何含游离相沉积层，仅含单一天然气水合物屈的储层类型。Ⅱ类、Ⅲ类储层的整个含水合物层完全位于天然气水合物稳定带内 |
| | Ⅳ类 | 广泛发育于海洋环境的扩散型、低饱和度的天然气水合物储层，且往往缺乏不可渗透性的上、下盖层，储层不具有开采价值 |

表 8.3 开发角度的天然气水合物资源分类

| 开发分级 | 1 | 2 | 3 | 4 | 5 | 6 |
| --- | --- | --- | --- | --- | --- | --- |
| 成岩 | 成岩 | 成岩 | 基本成岩 | 非成岩 | 非成岩 | 非成岩 |
| 岩石骨架分类 | 水合物填充骨架结构孔隙,水合物完全分解后骨架仍热稳定 | 大部分水合物填充骨架结构孔隙,水合物完全分解后骨架有微小变形 | 水合物作为一部分骨架,水合物完全分解后骨架有较大的变形 | 水合物作为骨架的主要部分,水合物完全分解后骨架变形 | 水合物作为骨架,水合物完全分解后骨架崩塌 | 纯天然气水合物 |
| 颗粒尺寸和胶结方式 | >500μm,粗粒 | 250~500μm,中粒 | 100~250μm,细粒 | 50~100μm,粗粒 | <50μm,细粒 | |
| 热导率[W/(m·K)] | <800 | 800~1200 | 1200~1600 | 1600~2000 | >2000 | |
| 水合物饱和度 | >0.6 | 0.5~0.8 | 0.3~0.5 | 0.1~0.3 | <0.1 | >0.9 |
| 孔隙度 | >0.6 | 0.5~0.8 | 0.4~0.5 | 0.3~0.4 | <0.3 | |
| 案例 | 麦索雅哈 | | 爱之海 | | 南海神狐 | 南海东沙 |

### 8.1.2 天然气水合物的资源概况

天然气水合物资源调查技术主要有地质识别和地震识别两种。地质识别主要体现在:海底地貌,如出现麻坑、泥火山和泥质丘等;海底沉积层特征,主要体现在泥质底辟构造;沉积物特征,含有冷泉碳酸盐岩结核等。地震识别技术主要以地震探测时出现拟海底反射层 BSR 为依据。根据资源量的分布和富集情况,目前世界天然气水合物的勘探开采研究的重点是极地永久冻土带的砂砾和深海的中—粗砂沉积物中赋存高饱和度天然气水合物,如加拿大麦肯齐三角洲、美国阿拉斯加北部、墨西哥湾、日本东南近海南海海槽、韩国东南海域郁陵盆地、印度大陆边缘 K-G 盆地等。但是,全球 99% 的天然气水合物赋存于海洋中(表 8.1),根据 Boswell 等提出的“水合物资源金字塔”(the Gas Hydrates Resource Pyramid)模型,预测天然气水合物资源量 90% 赋存在海域泥质粉砂储层中(图 8.1),因此,海域砂质水合物和流体盆口附近的块状结核状壳型水合物是开采首选。

### 8.1.3 我国天然气水合物开发进展

我国对天然气水合物的研究始于 1995 年,我国在南海北部海域、青海省祁连山冻土带、珠江口盆地东部海域等地发现较大储量的水合物矿藏。区域地质研究表明,新生代以来,南海北部大陆边缘沉积了巨厚的沉积层,厚度可达 1000~7000m,沉积物中有机碳含量为 0.46%~1.9%,具有巨大的油气资源潜力。自 2007 年起,我国海域水合物钻探计划先后于南海神狐(2007 年 GMGS-1 航次与 2015 年 GMGS-3 航次)、东沙海域(2013 年 GMGS-2 航次)进行了实地水合物钻探,证实在我国南海北部陆坡蕴含丰富的水合物资源。南海北部珠江口盆地发现并开发了我国第一个深水气田,即荔湾 3-1 气田群,并于 2007 年在国内首次获取了天然气水合物样品,成为世界上第四个发现天然气水合物的国家。

2010 年底,中国地质调查局所属的广州海洋地质调查局提交了《南海北部神狐海域天然气水合物钻探成果报告》,在该海域 $140km^2$ 范围内,圈定含矿区总面积约 $22km^2$,探明天然气水合物矿体 11 个,矿层平均有效厚度约 20m,预测储量约 $194 \times 10^8 m^3$;水合物富集层位气体主要为甲烷,其平均含量高达 98.1%,主要为微生物成因气。据初步查明:在中国南海的近海海

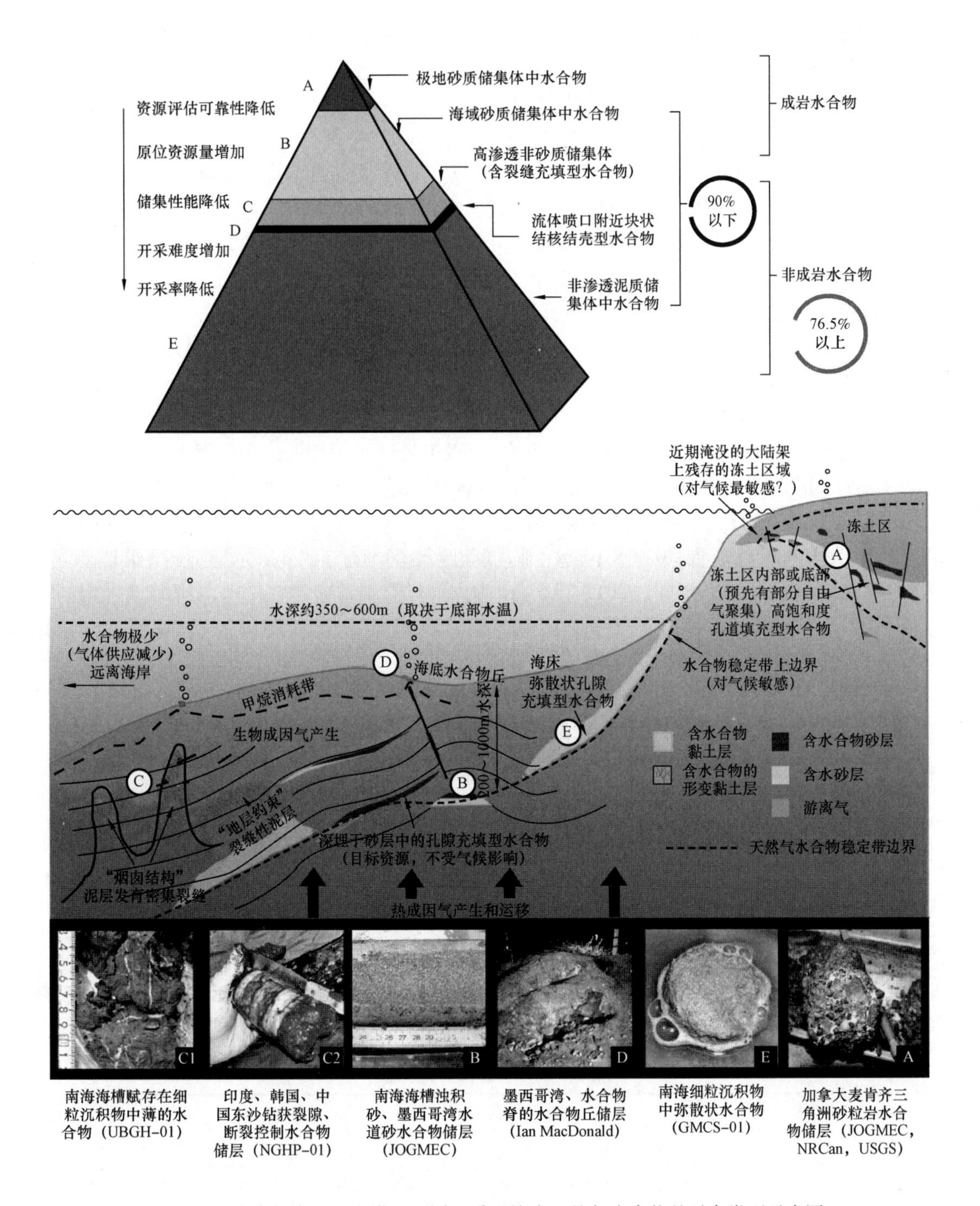


图 8.1　水合物资源金字塔和不同地质环境中天然气水合物的赋存类型示意图

薄的(C1)和厚的(C2)水合物(白色)赋存在细粒沉积物(灰色)中;(B)砂层中的孔隙充填型水合物;(D)海底上的水合物丘(水合物被石油染成橙色,表面覆盖着灰色沉积物);(E)在细粒沉积物(灰色)中的弥散状水合物(白色点);(A)粗砂(灰色)中的水合物(白色)

域，富含天然气水合物的面积5242km$^2$，其资源量估算达$4.1\times10^{12}m^3$。2012年5月，“海洋六号”首次成功利用水下机器人、可控源电磁等高新技术，对海底可燃冰存在的证据进行调查。2012年6月27日，中国载人深潜器“蛟龙”号最大下潜深度达7062m，再创中国载人深潜纪录。同时，深水工程勘察船“海洋石油708”开展了水合物取样可行性研究。2013年7月，在东海海域水深600~800m处，钻探取样井30口，在13~399m处获取层状、带状等多层水合物未成岩样品，样品中甲烷含量大于99%，标志着我国东海海域天然气水合物的存在。

我国目前已绘制出天然气水合物的商业开发战略规划路线：2010—2020年，研究调查阶段；2020—2030年，开发试生产阶段；2030—2050年，商业生产阶段。

2012年11月，李克强总理批示“天然气水合物的勘探、开发与利用争取与先进国家同步起跑”；2014年4月，政治局委员审阅了国务院发展研究中心呈报的《推动可燃冰资源开发，促进中国能源变革》报告；2014年6月，习近平总书记在第6次中央财经领导小组会议上强调了水合物的重要意义。国务院2014年11月发布的《能源发展战略行动计划(2014—2020年)》提出“积极推进天然气水合物资源勘查与评价，积极推进试采工程”。2016年3月，国家“十三五”规划纲要将“推进天然气水合物资源勘查与商业化试采”列入能源发展重大工程。2017年5月，中国地质调查局在南海神狐海域采用“地层流体抽取法”进行了天然气水合物试开采，连续试气点火60d，累计产气$30.9\times10^4m^3$，平均日产气5151m$^3$，测试期间最高产量达$3.5\times10^4m^3$，甲烷含量最高达99.5%。2017年5月，中国海洋石油总公司在南海荔湾海域采用固态流化开采技术实现了对深水浅层非成岩天然气水合物的开采，产气81m$^3$，气体中甲烷含量高达99.8%。2017年8月，自然资源部、广东省人民政府与中国石油天然气集团公司签署了《推进南海神狐海域天然气水合物勘查开采先导试验区建设战略合作协议》，并共同编写具有可操作性的《南海神狐海域天然气水合物勘查开采先导试验区建设实施方案》，共同推进天然气水合物产业化进程。

## 8.2 天然气水合物开发和完井防砂技术

### 8.2.1 天然气水合物开发进展

天然气水合物开发的常规方法有热激法、降压法、注抑制剂法、二氧化碳置换法，以及将这些方法结合的联合开采方法(表8.4)。采用现有的油气生产技术进行开采仍然是各国的首选。

**表8.4 各种开采方法比较**

| 开采方法 | 优点 | 缺点 |
|---|---|---|
| 热激法 | 作用速度快 | 热损失大，传热效率低，设备复杂，易地层失稳 |
| 降压法 | 不需要连续刺激，成本低 | 低渗透储层降压缓慢，效率低 |
| 注抑制剂法 | 方法简单，使用方便 | 费用高、漏失大，大规模开发可行性差 |
| 二氧化碳置换法 | 有利于环境和地层稳定 | 置换效率低，成本高，施工复杂 |

然而，天然气水合物开发的钻井、完井、采气和固态流化过程中，存在耗资巨大、技术不成熟、环境风险高、储层失稳、产能较低等问题，目前，天然气水合物试采遇到的最大问题就是完

井出砂导致生产不能长期进行。苏联麦索亚哈陆域水合物田(1967 年)、加拿大麦肯齐陆域水合物试采(2007 年,2008 年)、阿拉斯加北坡陆域水合物试采(2008 年,2012 年)和日本南海海槽海域水合物试采(2013 年,2017 年)都有出砂情况的案例(表 8.5),中国在南海神狐海域和荔湾海域(表 8.6)分别采用地层流体抽取法和固态流化开采法有效地处理了出砂情况,但以上试采的产量都未达到经济可行性标准。

**表 8.5　国外天然气水合物开发概况**

| 项目 | 开采目的 | 储层特性 | 开采方法及状况 | 是否防砂及效果 |
|---|---|---|---|---|
| 苏联麦索雅哈(1967 年) | 气田伴生水合物藏开发 | 深度 700 ~ 800m;厚度 84m;砂岩 | 降压,注化学剂 | 射孔完井;弱固结水合物储层出砂 |
| 加拿大麦肯齐(2002 年,2007—2008 年) | 尝试直接从含水合物储层中开采天然气,忽略下伏游离气 | A 层段砂岩(892 ~ 930m),渗透率 0.1mD。储层初始温压 8.7 ~ 9.0MPa,5.9 ~ 6.3℃,孔隙度32% ~ 38%,水合物饱和度高达 80% | 2002 年,加热法,注热盐水,温度高于 50℃;125h,产气 $468m^3$,试验结束后仍产气 $48m^3$ | 机械防砂;有砂产出 |
| | | B 层段砂岩(942 ~ 993m),渗透率 0.01 ~ 0.1mD。储层初始压力 9.3 ~ 9.7MPa,温度 7.2 ~ 8.3℃,孔隙度 30% ~ 40%,水合物饱和度高达 40% ~ 80% | 2007 年,降压 + 注热法;12.5h,产气 $830m^3$,出砂被迫中止 | 射孔完井、未防砂;出砂造成电动潜油泵损坏 |
| | | C 层段砂岩(1070 ~ 1107m),渗透率 0.1mD。储层初始压力 10.4 ~ 10.8MPa,温度 10.6 ~ 10.8℃,孔隙度 30% ~ 40%,水合物饱和度高达 80% ~ 90% | 2008 年,降压法;6d,累计产气 $1.3 \times 10^4m^3$,平均日产 $2000 \sim 4000m^3$ | 机械防砂;泵入口加防砂网;有砂产出 |
| 阿拉斯加北坡(2012 年) | 研究二氧化碳置换甲烷水合物的开发方法和效率 | 水合物赋存 518.2 ~ 731.5m 深度范围内的 C、D 两个砂体层位,其中 C 层段水合物厚 14m,水合物饱和度 75%;水饱和度 25%,无游离气,预流体试验测得含水合物储层渗透率 0.12 ~ 0.17mD | 二氧化碳置换法,13d 注入 $4587m^3$ 氮气 + $1360m^3$ 二氧化碳(1420psi);5 周,累计产气 $28300m^3$,氮气绝大多数被回收,二氧化碳回收不到 50% | 射孔、机械筛管防砂;有砂产出 |
| | | | 降压法,21d;产气速率由 $566m^3/d$ 增加到 $1274m^3/d$ | |
| 日本南海海槽(2013 年) | 海域砂质水合物储层试采 | 砂质沉积物渗透率 1 ~ 1500mD,水深 857 ~ 1405m,赋存深度约 300mbsf①,孔隙度 39%,水合物饱和度 68%,砾石防砂精度 450μm | 降压开采;6d,累计产气 $11.9 \times 10^4m^3$,平均日产约 $2 \times 10^4m^3$,产砂平均粒度中值 120μm | 裸眼砾石充填防砂、砂筛防砂;出砂造成电动潜油泵工作失效而被迫终止试采 |
| 日本南海海槽(2017 年) | | | 降压开采;12d,累计产气 $3.5 \times 10^4m^3$ | 先期膨胀的 GeoFORM 防砂系统(失效) |
| | | | 降压开采;24d,累计产气 $20 \times 10^4m^3$ | 后期膨胀的 GeoFORM 防砂系统(有效) |

① mbsf 为“meters below sea floor”的缩写。

表 8.6　中国天然气水合物试采情况

| 项目 | 开采目的 | 储层特性 | 开采方法及状况 | 是否防砂及效果 |
| --- | --- | --- | --- | --- |
| 中国南海神狐（2017 年） | 海域细粒泥质粉砂水合物储层试采 | 水深 1266m；埋深 203 ~ 277m；粉砂泥质储层，粒度中值 12μm，先期防砂管防砂精度 44μm | 地层流体抽取法和三相控制理论；60d，累计产气 $30.9 \times 10^4 m^3$，平均日产 $5151m^3$，产砂粒度中值 2.6 ~ 28.96μm，均值 8.49μm | 未成岩超细储层防砂，复合套管 + 预充填防砂管；防砂有效 |
| 中国南海荔湾（2017 年） | | 水深 1310m；埋深 117 ~ 196m；非成岩水合物储层；孔隙度 43%，含水合物饱和度 40%，泥质粉砂等渗透率低，沉积物粒径在 40μm 以下，其中 10μm 等以下占 40% | 固态流化开采法；$81m^3$ | 未防砂，举升管道内砂和气、水、水合物分离 |

麦索雅哈陆域水合物田从 1967 年开始生产，有明显的出砂现象，主要是由于较大的生产压差作用于弱固结的水合物储层所造成，因此其生产压差限定不高于 40psi。麦肯齐陆域天然气水合物试采过程中，2002 年 Mallik 5L－38 项目采用机械防砂，项目分别应用热采法和降压法，虽然有砂产出，但是未造成很大破坏；2007 年，Mallik 2L－38 采用套管射孔完井，未采用防砂技术，在 30h 的有效试采时间内，井筒沉砂量达 $2m^3$，出砂导致电动潜油泵损坏（图 8.2），因此认识到在水合物井开发过程中出砂问题是制约其高效开采的关键因素；为防止砂堵，2008 年 2 月下入防砂筛管，泵入口加防砂网，虽然有砂产出，但获得了比较稳定的产能。阿拉斯加北坡陆域天然气水合物试采过程中，在 2008 年和 2012 年均有砂产出，但未造成较大破坏。其中，2012 年采用二氧化碳置换水合物开采法，在射孔段还装有筛管防砂，但在高于原地甲烷水合物分解压力的生产阶段，Ignik Sikumi #1 井由于产水速度和产气速度变化较大，有极细颗粒砂子的间歇性产出，但未影响正常试采。日本南海海槽海域水合物开采项目（AT1－MC），采用垂直井砾石裸眼和防砂筛防砂，2013 年 3 月 12 日下入电泵开始降压试采，一天之内井底流压从 13.5MPa 下降到 5MPa，随后监测产气动态，连续稳定的产气过程持续了近 6d，累计产气 $119500m^3$（标准体积），累计产水 $1162m^3$，综合气水比为 100，产砂 $30m^3$。2013 年 3 月 18 日，井底压力迅速回升，产水量迅速增加，地层砂大量产出（图 8.3）。由于试采船不具备大量产出砂、液混合物的处理能力，井底压降也不足以使水合物进一步分解，且当日天气恶劣，为保证船及人员安全，试采作业被迫终止。2017 年 3 月，日本第二次试采，两口生产井分别使用不同型号的 GeoFORM 防砂系统：一种是下入井底前就预先膨胀的 GeoFORM 防砂系统，（AT1－P3）

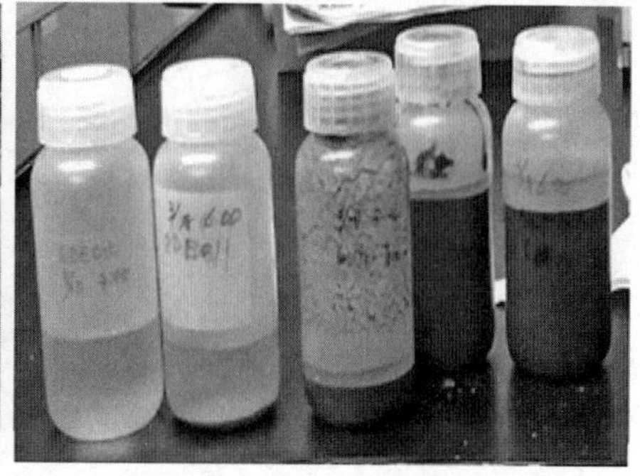

图 8.2　2013 年日本海洋天然气水合物开采每日产水出砂情况

生产12d总计产气约$3.5\times10^4m^3$，有出砂情况；另一种是到井底才膨胀的GeoFORM防砂系统，(AT1－P2)生产24d总计产气约$20\times10^4m^3$，未出砂，但是出现了水合物二次生成。

图8.3　2007年加拿大陆域天然气水合物开采出砂情况

## 8.2.2　天然气水合物开发完井防砂技术概述

海洋天然气水合物开采完井关键技术主要包括完井方式优选技术、井下管柱设计方法、出砂管理技术等。

井下管柱的设计重点是完井管柱稳定性分析、生产管柱设计以及井身结构设计。2013年和2017年日本天然气水合物试采井管柱设计及2017年中国南海神狐试采如图8.4至图8.6所示。

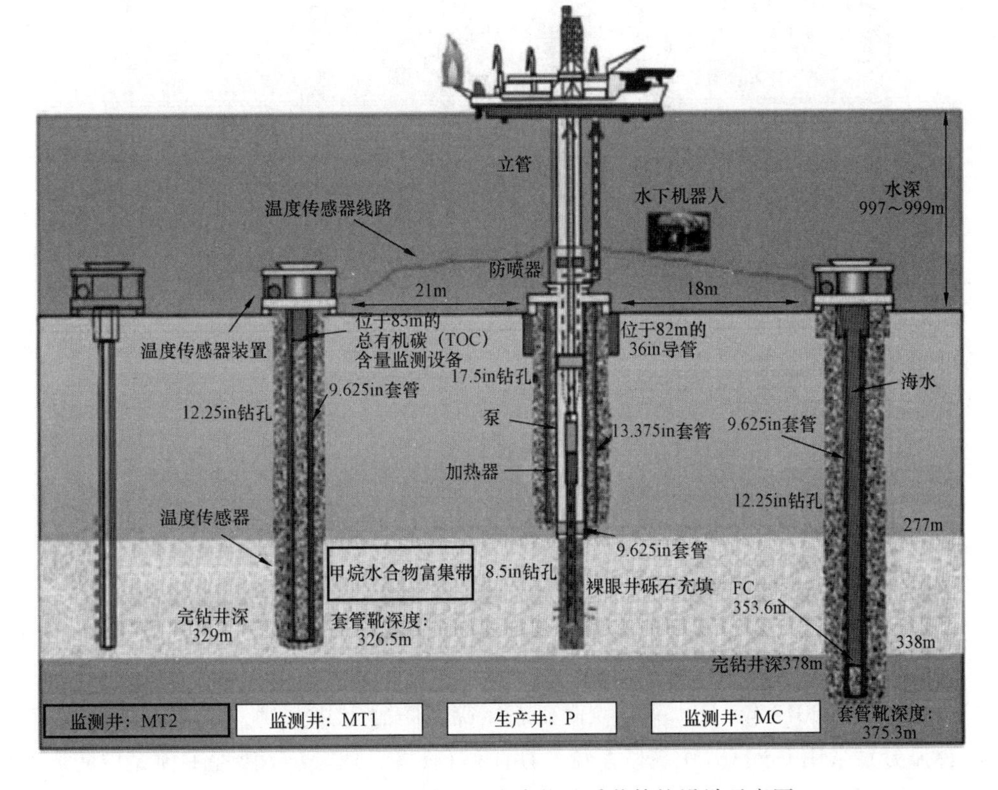


图8.4　2013年日本第一次水合物试采井管柱设计示意图

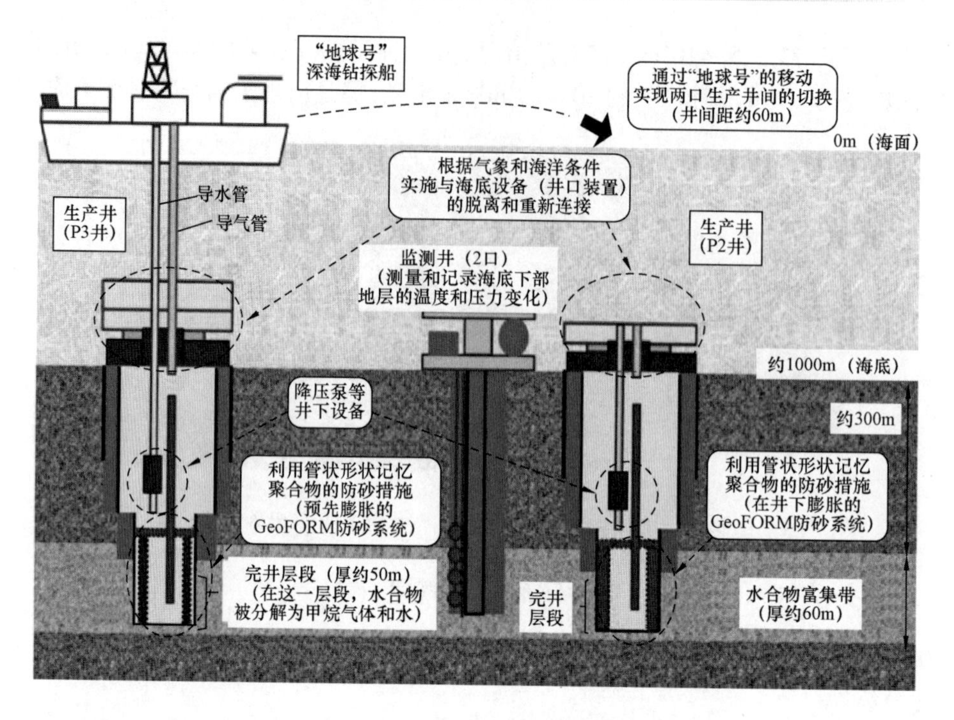


图 8.5　2017 年日本第二次海域试采试验过程示意图

图 8.6　2017 年中国南海神狐海域试采示意图

完井方式优选技术需要综合地层出砂程度、试采目标周期、井筒流动保障等综合考虑,目前历次天然气水合物试采中采用了多种完井方式(表 8.5、表 8.6)。

(1)防砂方式:2013 年,日本采用裸眼砾石 + 筛网防砂完井方式,严重出砂;2017 年,日本和中国神狐分别采用 GeoFORM 防砂系统后期防砂(图 8.7)和复合套管 + 预充填防砂管完井方式,未出现出砂情况。

图8.7　2017年日本第二次水合物试采防砂GeoFORM防砂系统管柱下入及井下示意图
（GeoFORM防砂系统以形状记忆聚合物SMP技术为基础，材料本身具有较好的滤失性，激活后实现全井筒贴合）

（2）人工举升：日本两次都采用电动潜油泵，中国神狐采用电潜离心泵+气举。

（3）流动保障：存在二次生成的情况，井下设置有电加热设备，平台有水合物抑制剂备用，但实际都未使用。

目前尚没有统一的天然气水合物试采井完井方式优选技术、完井参数设计方法，需要进一步借鉴常规油气的防砂方式，对天然气水合物开发完井的新问题进行有针对性的研究。

### 8.2.3　天然气水合物开发出砂及防砂实验和数值模拟

通过实验研究，Oyama等发现出砂发生在水合物不稳定的降压过程中，穿过孔隙的水流是出砂的驱动力，而不是水合物分解的气流导致的，且水流速度是出砂强度的主要影响因素。Jung等发现细粉砂颗粒运移和堵塞主要受相对几何约束的影响，明确提出即使较低的细粉砂含量也会对水合物开采有影响。Suzuki等模拟日本2013年第一次水合物试采，未发现大规模出砂，但是流量增加后观察到有细砂侵入，与实际开采结果的大量出砂不符。Murphy等基于日本2013年第一次试采数据，发现出砂的肇始机理与沉积物的孔隙度和围压有关；松散砂在均匀流作用下，会整体移动，但砂的结构稳定；而密实砂更多为局部出砂并形成较大空洞；推测日本2013年水合物试采储层细砂为松散砂，其出砂表现为砂结构稳定的整体出砂，而非局部出砂。Lee等基于日本2013年海洋水合物降压开采数据，进行了常规商业防砂网实验室评价，常规商业防砂网能够有效地进行防砂，总出砂量仅占实验总砂量的0.012%。因此，天然气水合物开采防砂还是有希望解决的。Lu等发现中砂水合物储层出砂主要在排水产气降压阶段和高产气携液阶段，产水含砂率和出砂粒径随着开采过程而逐渐增大，推测水合物分解为砂粒运移提供推动力，并在水合物低温电镜分解实验中得到验证；产气速率增加增大了携液和携砂能力，也促进井筒温度降低导致冰相生成。对于凹型递减产气方式，储层沉降过程较为稳定，沉降与储层压力和产气速率的相关性显著；对于稳产型产气方式，沉降与储层压力和产气速率的相关性不显著；阐明了产气模型、产气速率和提产对水合物开采出砂的影响，推测出日本2013年首次天然气水合物试采出砂是由于开采中后期突然增产导致近井壁分解前缘失稳而造成的。此外，还发现了水合物泥质储层和水合物中砂储层存在较大的差异，泥质储层间有明显的生产压差、温度差和无法透过的自由水，说明储层间低渗透、非均质匀性。高含水泥质储层的整体凹陷滑移沉降易导致泥流和大规模出砂，储层中含水率降低后发现“泥质储层失水造壁”性能形成“泥饼”堵塞防砂介质，但“泥饼”具有较好强度的黏附力和裂缝渗透性，为储层改造提供了思路。根据天然气水合物中砂储层开采出砂规律，提出了分层分阶段分级防砂；根据天然气水合物泥质储层开采出砂规律，提出利用“泥质储层失水造壁”性能形成的“泥饼”进行储层改造。

通过数值模拟，Moridis等发现水合物储层在降压开采过程中，其剪切破坏会促进地层沉降，存在较大的出砂风险；Uchida等认为水合物储层应力分布不均会导致储层的剪切变形；Ning等认为井底压差增大，会导致海底沉降增加，出砂量也相应增加，但是并不影响短期正常试采，对于长期试采作业，需要平衡产能、储层稳定和出砂的关系。对于南海低渗透水合物储层，在高井底压差下，出砂大部分是地层挤压剪切破坏出砂，气体和水运移带出的砂占比较少。李彦龙等在总结水合物开采过程中动态相变条件下影响地层出砂因素的基础上，探讨了常规油气井出砂预测技术及防砂技术、稠油出砂冷采技术、适度防砂技术对水合物井出砂治理的启示及需要解决的关键问题，根据2017年试采井做出了砾石充填防砂的精度设计，提出了分层防砂。同时，刘浩伽等开展了水合物分解区地层砂粒启动运移临界流速的计算模拟。Yan等研究发现增大压力降和生产压差会导致井周岩石应力集中导致出砂，认为初期出砂与初始水合物饱和度无关，而后期出砂对初始高水合物饱和度储层的水合物饱和度下降敏感。Yu等通过数值模拟提出了水合物泥质储层防砂的方法，评估了不同防砂方法对产气效率和出砂的影响，提出适当的防砂设计标准能够有效提升水合物的开采效率。公彬等通过数值模拟研究认为南海水合物开采的近井壁沉降主要由开采导致，且生产排水是沉降的主因。万义钊等通过数值模拟研究认为南海水合物储层渗透率和降压幅度越大，其沉降量越大，沉降速度越快；认为沉降主要发生在开采的早期，且有效应力增大是导致储层沉降的主因。Jin等通过水平井开采南海水合物的数值模拟研究认为，开采前期的沉降极有可能会占到总沉降的一半以上；当考虑储层水合物垂向不均匀分布时，储层上下地层渗透率降低对水合物开采的产量贡献较小，但却使沉降加剧。

从目前的研究来看，根据水合物赋存在沉积物中表现为骨架砂泥及骨架水合物胶结在一起，游离水合物、游离泥砂等游离于骨架砂泥或骨架水合物之间，前两者皆有。

结合实验数据、数值模拟结果和生产实际，导致水合物开采过程中的出砂原因可能有：

(1)对于骨架砂泥及骨架水合物胶结的储层,骨架水合物分解会导致地层失去支撑或连接,游离出的砂泥在流体带动和上层压力作用下产出地层,甚至导致储层沉降或坍塌而出砂。

(2)对于游离水合物、游离泥砂的骨架砂或骨架水合物储层,水合物开采过程中产生的水会增大地层的含水率,可能降低地层黏聚力和力学强度,进而促进地层出砂。

(3)水合物快速分解出大量气体,在井筒降压抽采以及较低的地层渗透率下,会导致局部压差过大,增大的上覆应力差产生的剪切破坏可能会导致骨架砂或骨架水合物的破裂坍塌;增大的径向压差增加了对骨架砂和游离砂的推动力,导致拉伸破坏造成出砂。

(4)水合物分布不均在开采过程中诱发的储层变形也有可能促进出砂。

(5)由于水合物储层以海底浅表层为主,因此松散砂整体运移出砂的情况应该被考虑。

(6)与常规油气不同的是,水合物自身分解的喷射力可能为砂粒运移提供动力,可能是非成岩砂粒出砂的初始动力。

值得一提的是,根据现有天然气水合物开发的不足,中国工程院周守为院士提出了天然气水合物开发的新思路和新技术,详见8.3节。

# 8.3　天然气水合物开发新思路和新技术

## 8.3.1　天然气水合物开发新思路

(1)进行“三气合采”(水合物、浅层气、常规气)可能是早期实现商业性开发的有效途径(图8.8)。常规气田可能伴生有水合物,可以进行合采。从Liwan 3－1气田附近的地震剖面来看,水合物下面存在自由气,而相隔10km以外是Liwan 3－1气田。浅层气(自由气)可能伴生有水合物,可以对二者进行联合开发。目前来看,浅层气是潜在的危险,同时也是潜在的资源,我国南海某天然气水合物井地震反演资料得到了浅层气和水合物共存的实例。

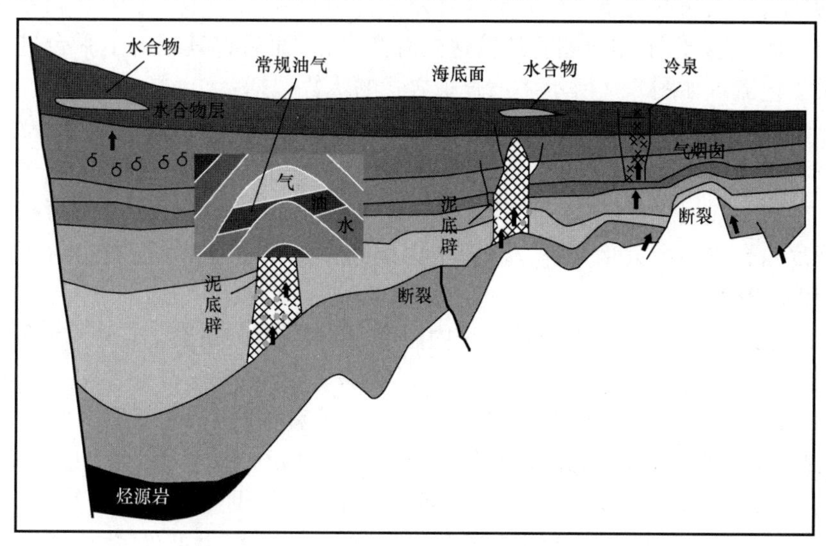


图8.8　三种气源来自共同的烃源岩示意图

(2)针对不同类型水合物采取不同开发模式(表8.7),根据水合物类型的不同,可以采取多种开采方法联合开采,从而尽快实现商业化。

表8.7 不同类型水合物的不同开发模式

| 类型 | 成岩水合物 | 基本成岩水合物(出砂严重) | 非成岩水合物(无泥砂盖层,裸露海底) | 非成岩水合物(有泥砂盖层) |
|---|---|---|---|---|
| 开采方法 | 降压法 | 降压法 | 固态流化法 | 固态流化法 |
| 辅助方法 | 辅以加热、注剂及二氧化碳置换 | 辅以加热、注剂及二氧化碳置换 | 海底采掘+降压 | 井下绞吸破碎+降压 |
| 防砂模式 | 结合砾石充填防砂 | 结合 GeoFORM 防砂系统 | 水下分离+回填 | 水下分离+回填 |

### 8.3.2 深水浅层非成岩水合物固态流化开采新技术

海洋天然气水合物可分为成岩水合物和非成岩水合物,其中海洋非成岩水合物占水合物总储量的85%以上(图8.1)。目前世界上已经实施的水合物试采均在成岩水合物矿体中进行,海洋非成岩水合物开采技术和方法还是空白。海洋非成岩水合物储藏特征表现为:埋深浅、储量大、胶结性差,并且水合物稳定层的上覆地层多数也是未成岩的泥砂沉积层,强度低,密闭性较差,因此海洋非成岩水合物藏开采属于世界性难题。2013年,中国工程院周守为院士提出了一种将固态水合物流态化开发的方法,从而实现了深水浅地层水合物的绿色开发。固态流化开采是有望解决世界海洋浅层非成岩水合物合理开发科技创新前沿领域和革命性技术之一。

#### 8.3.2.1 深水浅层非成岩水合物固态流化开采原理及进展

固态流化开采的基本原理是在不改变原始水合物温度、压力场的条件下固态开采水合物,将其破碎后采用封闭管道输送至海洋平台。其技术思路是:利用水合物在海底温度和压力相对稳定的条件下,采用采掘设备以固态形式开发水合物矿体,将含有水合物的沉积物粉碎成细小颗粒后,再与海水混合,采用封闭管道输送至海洋平台,而后将其在海上平台进行后期处理和加工,相关工艺流程如图8.9所示。该开采方式的优势包括:

(1)由于整个采掘过程在海底水合物矿区域进行,未改变天然气水合物的原始温度、压力条件,类似于构建了一个由海底管道、泵送系统组成的人工封闭区域,起到了常规油气藏盖层的封闭作用,使海底浅层无封闭的天然气水合物矿体变成了封闭体系内分解可控的人工封闭矿体,使得海底水合物不会大量分解,从而实现了原位开发,避免了水合物分解可能带来的工程地质灾害和温室效应。

(2)同时利用天然气水合物在传输过程中温度、压力的自然变化,实现了在密闭输送管线范围内的可控有序分解。

深水浅层非成岩天然气水合物固态流化开采工艺流程如图8.10所示。

其基本组成包括海底机械采掘、天然气水合物沉积物粉碎研磨、海水引射与浆液举升、上升过程中流化开采、上部分离及液化、沉积物回填以及动力等供应单元。由于整个采掘过程是在海底天然气水合物矿区进行,未改变天然气水合物的温度、压力条件,类似于构建了一个由海底管道、泵送系统组成的人工封闭区域,起到常规油气藏盖层的封闭作用,使海底浅层无封

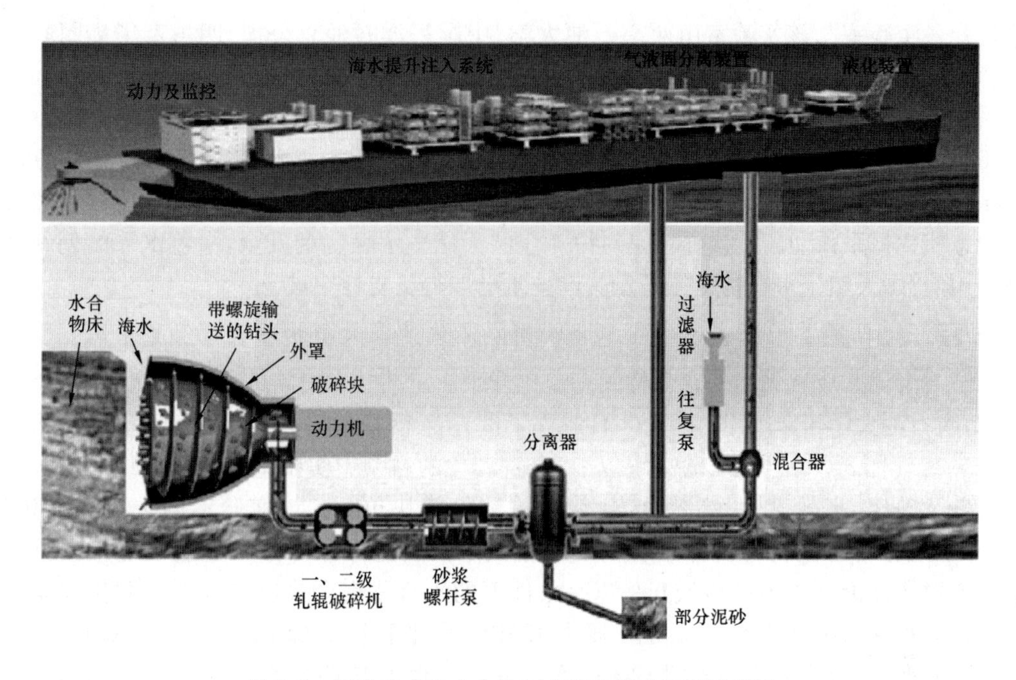


图8.9　海洋非成岩水合物固态流化开采原理示意图

图8.10　深水浅层非成岩天然气水合物固态流化开采工程示意图

闭的天然气水合物矿体变成了封闭体系内分解可控的人工封闭矿体,从而使海底天然气水合物不会大量分解,实现了原位固态开发,避免了天然气水合物分解可能带来的工程地质灾害和温室效应;同时,该方法利用了天然气水合物在传输过程中温度、压力的自然变化,实现了在密闭输送管线范围内可控有序分解。

2015年4月28日,西南石油大学牵头开始建立世界上首个“海洋非成岩天然气水合物固态流化开采实验室”，该实验室由西南石油大学、中国海洋石油总公司、四川宏华集团联合共建，是完全由我国自主研发、自主设计、自主建造的世界首个海洋非成岩天然气水合物固态流化开采实验室。

2017 年 5 月 25 日，依托“海洋石油 708”深水工程勘察船，在南海北部荔湾 3 站位水深 1310m、天然气水合物矿体埋深 117 ~ 196m 处，成功实施了全球首次海洋浅层非成岩天然气水合物固态流化试采作业。此次作业是对海洋浅层天然气水合物的安全、绿色试采的创新性探索，标志着我国天然气水合物勘探开发关键技术已取得历史性突破。

#### 8.3.2.2 世界首个海洋天然气水合物固态流化开采大型物理模拟实验系统

为了对海洋非成岩天然气水合物固态流化开采法工艺技术思路进行验证和开展基础理论研究，西南石油大学于 2015 年 4 月 28 日成立了世界首个“海洋非成岩天然气水合物固态流化开采实验室”（图 8.11）。该实验室定位于“全自动化的白领型实验室”，实验系统分为大样品快速制备及破碎、高效管输、高效分离、快速检测等模块单元。该实验室的主体功能包括：（1）高效破岩能力评级；（2）海洋水合物层流化试采携岩能力评价；（3）水合物非平衡分解及流态动变规律评价；（4）不同机械开采速率条件下的水合物安全输送实验；（5）井控安全规律模拟。该实验室的关键技术指标：工作压力 12MPa，水平管长度 65m，立管长度 30m，管径 3in（1in = 2.54cm）。该实验室能模拟 1200m 水深的全过程固态流化开采工艺过程，是西南石油大学联合中国海洋石油总公司、宏华集团原始创新自主设计、自主研发的标志性实验室。

图 8.11 海洋水合物固态流化开采实验系统

结合海洋非成岩天然气水合物固态流化开采的技术思路及实验室的主体功能，提出了如下实验室的设计思路。

（1）相似原型：水合物藏水深 1200m，管路长径比太大，现有条件下一次相似实验室不可能完成。因此，通过多次循环、多次调压（高压至低压）、多次换热升温，综合每组实验数据来完成全过程管流模拟，在满足井控安全的前提条件下，尽量放大实验流动参数以保证安全高效

输送。

(2)根据海洋水合物的组分,模拟预制水合物(含砂)样品,然后破碎样品时加入预先配制的海水,形成水合物浆体。

(3)将浆体转移至管路循环系统,模拟实际开采环节的水合物浆体气、液、固多相管道输送流动状况。

(4)水平段、垂直段井筒能够分别独立完成实验:水平段着力解决固相运移问题,垂直段着力解决水合物相变条件下的多相流动特征参数预测、测量、压力演变规律及调控技术。

(5)管输结束之后,分离系统对水合物分解及其产物进行处理和计量。

(6)实现多相输送过程中的运行控制和测试数据及图像采集,并能进行实时监控、处理、分析、显示和存储。

(7)通过实验室研究,形成、完善和丰富多相流动在固态流化采掘模式下的理论模型。

依据实验设计思路及理念,将海洋水合物固态流化开采实验系统流程分为海洋水合物样品制备模块;海洋水合物破碎及保真运移模块;海洋水合物浆体管输特性实验模块;海洋水合物产出分离模块;动态图像捕捉、数据采集及安全控制模块。水合物固态流化开采物理模拟实验系统包含如下关键设备:

(1)水合物制备及破碎系统。该设备主要用于模拟1200m水深以内,不同温度、压力条件下水合物沉积物。该系统通过鼓泡、喷淋、搅拌等环节能在24h以内快速生成1.062$m^3$天然气水合物,并按照实验需求破碎成指定粒度大小的水合物碎屑并输出,以满足固态流化开采管输及分离实验的需要。

(2)浆体循环泵。水合物固态流化开采的工艺流程中复杂介质流体流动的动力单元是要求能够适应气液固(天然气、海砂、水合物、海水)多相管输要求的关键设备。西南石油大学通过自行设计、研发并委托加工出一套单螺杆浆体循环泵。

(3)压力动态调节器。水合物固态流化开采工艺的思路是将1200m水深的固体矿流化输送至平台,其管输压力是从12MPa至常压,而“海洋天然气水合物固态流化开采实验系统”管输回路是闭式循环系统,其流体压力在封闭环境无法实现压力降低或动态调节。基于此客观实际,西南石油大学的研究团队创造性设计和研发了压力动态调节器。该设备可在物质平衡条件下根据每次循环30m水深的气液固混相流体压力降低幅度动态调节管流压力(由12MPa至1MPa)。

(4)高效三相分离器。高效三相分离器主要由三相分离器、储砂罐、储水罐、甲烷气罐、气体流量计、球阀等组成,其主要功能是在循环实验结束后,分离并计量固相、气体和海水分相物质的量。

(5)实时相含量监测、取样器。“海洋水合物固态流化开采实验系统”管输回路是在闭式循环系统中通过不断降压、升温以实现其物理过程。管道里的水合物固相在降压、升温过程中不断气化成自由气,从而造成管输系统里的气液固分相比例关系动态变化。因此,取样器可以利用气液固相密度差通过物理沉降方式在线定量取样分析,并计量气液固分相比例。通过该设备分析每30m循环过程中的浆体瞬时组分比例,以评价水合物固相分解效率以及海砂运移效率。“实时相含量监测取样器”主要由取样检测计量装置、质量流量计和快速启合开关组成。

(6)管输温度调控系统。管输温度调控系统主要用于模拟水合物浆体在每30m海管上升流动过程中的温度上升状态。采用电加热人工强迫换热方式对立管进行热补偿,以模拟海洋环境对海管的热交换情况。

(7)自动化监控系统。自动化监控系统能实现整个实验系统关键参数的自动采集和控制。

#### 8.3.2.3 深水浅层非成岩水合物固态流化开采现场试验

2017年5月25日,全球首次海洋浅层非成岩天然气水合物固态流化试采作业成功实施。试采工程依托自主研制的深水工程勘察船“海洋石油708”,采用自主的无隔水管钻完井工艺和装备进行埋深117~196m天然气水合物层位的作业,之后安装举升管柱,含水合物沉积物在举升管道内部分离,实现砂自沉降,分解气和剩余含水合物沉积物浆体回接到平台进行处理。此外,基于地层压力预测研究结果及钻探目的,考虑到目的层尚未成岩,仅相当于常规油气井的表层以上部分,根据实际钻井情况获取的信息,目的层破裂压力很低,与土体的抗剪强度相当,因此进行了针对性的井身结构设计,并经试采证明了其可靠性。

综合考虑地质成藏特点、技术可行性和经济性,制订了海洋天然气水合物目标勘探、钻探取样、固态流化试采一体化实施方案,其工程方案设计思路为:依托自主研制的全套装备,包括深水工程勘察船“海洋石油708”、随钻测井工具、天然气水合物保温保压及在线分析钻探、天然气水合物固态流化试采装备、应急解脱系统等,实现我国海洋天然气水合物固态流化试采工程。

该试采工程实施策略为目标勘探确定井位、随钻测井证实天然气水合物层位、钻探取样及分析作为试采实施依据,即在钻探取样获取岩心后确定天然气水合物有效层位,依托深水工程勘察船,采用无隔水管钻杆钻进至天然气水合物层后固井并建立井口,利用自主研制的井下绞吸、流化设备、连续油管举升工艺等使含天然气水合物沉积物在举升过程中部分自然分解,利用密度差实现部分砂回填,其余气、液、固流化物返回地面测试流程,经过高效分离、气体储集、放喷等技术实施快速点火测试。

对于地面测试工艺,由于从井口三通返出的井流物为固、液、气相混合物,因此地面流程需要具备在线不间断分离固、液、气相的能力;由于预期的产气量较小以及安全要求,整个流程系统应采用闭路处理系统,且满足气密性要求,同时高压端工作压力不低于20.7MPa;由于工作液中混有一定比例的水合物分解剂,流程设计考虑循环利用工作液。试采装备如图8.12所示。

“海洋石油708”于2017年5月16日到达井位后,经过井位精确定位等准备,于5月17日组合下钻钻进至设计深度后固井,于5月22日钻至预定深度后下入喷射碎化工具,下钻喷射作业,其间使用自主研制的喷射液和海水作为喷射流体喷射,循环收集气体,从深水浅层泥质粉砂水合物藏中采出天然气水合物,并且点火测试成功,5月31日固态流化测试作业完毕,弃井后作业结束。

流化喷射的钻头到达天然气水合物层,同时置换井筒内的喷射液为流化剂。调整破碎装备的水力参数,高速的流化剂由举升管道从水眼内喷出,将部分分解气、含水合物固相颗粒等带到地面处理系统。在地面测试流程中,固态的水合物慢慢由固相变为液相,在压力的作用下

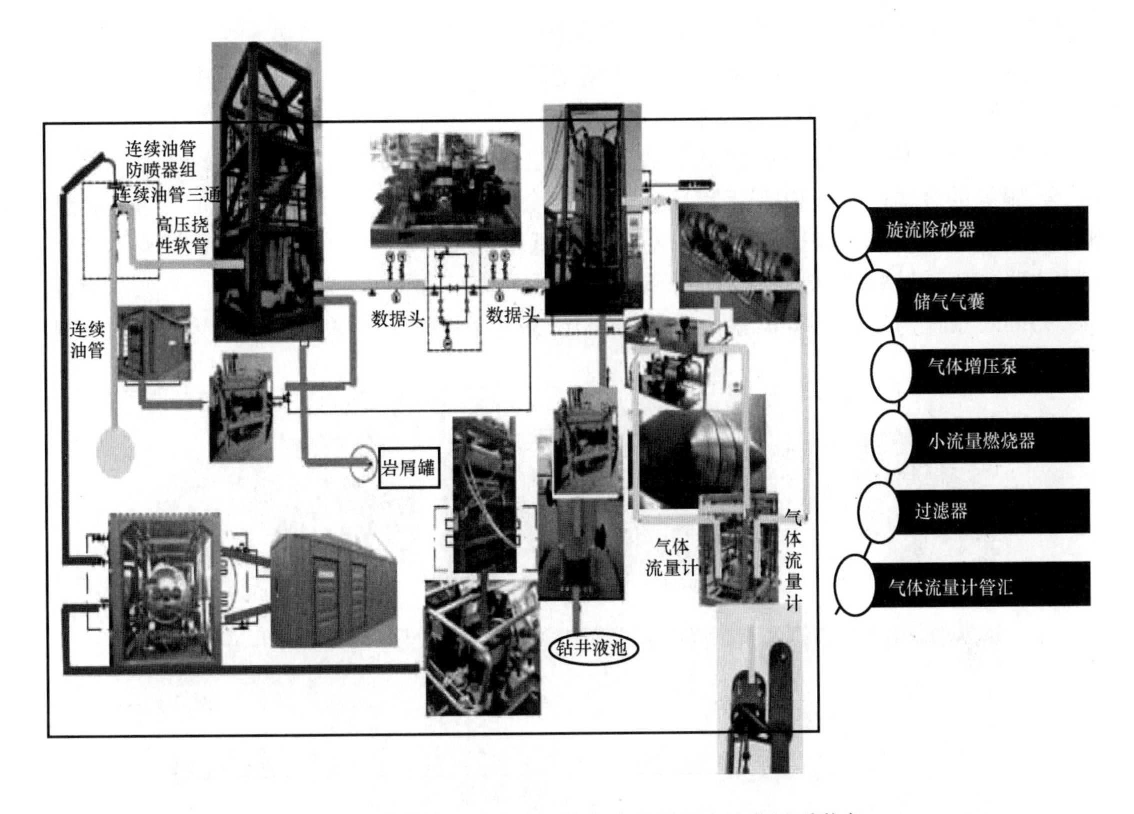


图8.12　深水浅层非成岩天然气水合物固态流化试采装备

变为气体，到达地面的分离器。流化期间原设计将获得分解气 $100m^3$，实际获得气体 $81m^3$。气体中甲烷含量高达99.8%。

### 8.3.3　海底矿产资源开发概述

天然气水合物开发的技术对于海底矿产资源开发具有相辅相成的作用。随着人类对资源需求的不断增加以及陆上资源的枯竭，开采蕴藏在深海海底的矿产资源成为未来世界解决能源矿产问题的一个方向。目前，深海中有商业开采价值的矿产资源包括多金属结核、富钴结壳、热液硫化矿等（图8.13），涉及集矿技术、扬矿技术、水面支持技术系统和测控及动力系统，

图8.13　多金属结核，富钴结壳和多金属硫化物

尤其海底热液硫化物可以采用天然气水合物的固态流化法及常规油气技术结合的方式进行开采，集矿技术涉及完井过程中集矿口的挡矿精度设计，扬矿技术涉及完井过程中的扬矿管柱设计、井筒流动安全和人工举升等技术。

日本期待开发冲绳近海和伊豆诸岛至小笠原群岛海域水深 700 ~ 2000m 处富含铜、铅、锌、金、银等的金属矿物。2017 年 8 月至 9 月，在全球首次成功对水深约 1600m 处的海底热液矿床进行了连续的采矿与扬矿（图 8.14）。本次试验首先对矿床进行挖掘，然后将破碎的岩石与海水吸入集矿试验机，最后利用水下泵持续进行从海底至海面的连续扬矿。采矿系统运行 549.93min，累计扬矿 96.9min，累计扬矿质量 16.395t，因此长时间海底作业开采无重大问题。

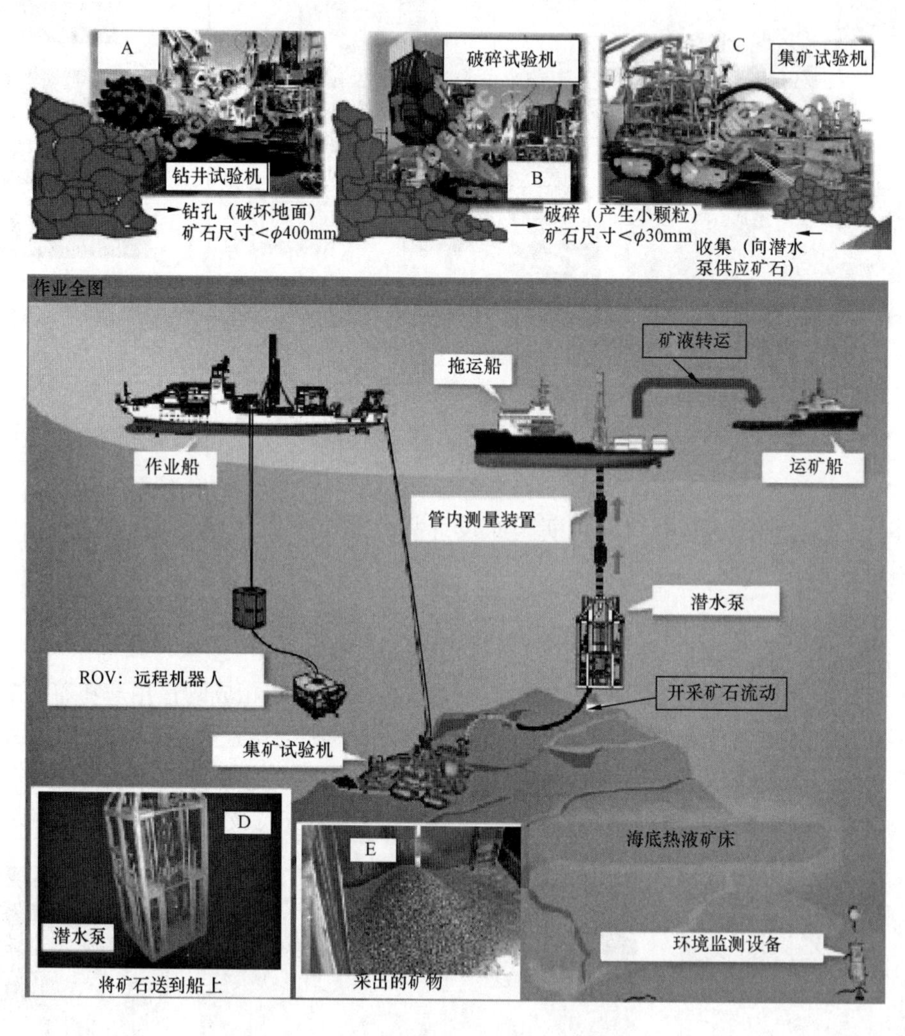


图 8.14　日本海底热液矿床开发示意图

我国是世界上第一个在国际海底区域拥有三种资源矿区的国家，合同区内多金属干结核资源量为 $3.54 \times 10^8$t、湿钴结壳资源量为 $2.6 \times 10^8$t，多金属硫化物矿区已发现矿点 7 处，潜在资源量 $2 \times 10^8$t，为我国深海矿产资源开发奠定了良好的条件和基础。我国在“十三五”期间开展了蛟龙探海工程，开发升级“六龙闹海”装备体系（表 8.8），发展新一代深海技术和提高装备制造水

平;全面提升深海资源认知和勘探技术水平,以资源开发与环境管理计划等规章建设为切入点,完成矿区申请与保护区建设战略布局。到2030年,全面实现建成深海强国的总体目标。

**表8.8　"六龙闹海"装备体系及深海资源勘探开发设想**

| "六龙闹海" | 深海资源探测阶段 | 深海资源勘探阶段 | 深海资源开发阶段 |
| --- | --- | --- | --- |
| 潜龙系列(无缆水下机器人,AUV) | 广域探测、精细探测 | 广域探测、精细探测 | |
| 海龙系列(有缆水下机器人,ROV) | 精细调查、广域探测 | 精细调查、规模取样 | 系统安装维护 |
| 蛟龙系列(谱系化载人潜器,HOV) | 现场勘查、精细调查 | | |
| 深龙系列(海底钻机,150m Drill) | | 深部勘查、资源评价 | |
| 鲲龙系列(采、集、输、运体系) | | | 矿产资源开采 |
| 云龙系列 | | 大数据传输、处理与管理 | 大数据传输、处理与管理 |
| "龙宫"平台 | 现有科考船系列,载人潜器新母船 | 专业科考船,如海底钻机母船、海底钻探船;海底观测网,"龙宫" | 专业工程船,如采矿机母船、货船 |

## 8.4　天然气水合物开发完井防砂难点和环境挑战

目前,天然气水合物开发的难点主要是工程地质风险和环境挑战,其中钻完井阶段、开采产气阶段、水合物破碎流化、水合物储层产出物输送阶段和泥沙回填都有可能面临工程地质风险和环境挑战。因此,需要评估水合物长期开采相关的钻完采流化井问题,储层及井壁稳定性,监测大规模、长时间水合物现场开采可能导致的灾害及其对环境影响。

### 8.4.1　天然气水合物开发完井以及防砂的难点

天然气水合物开采完井的研究虽然取得了一定的进展,但是还不能完全适应未来的大规模商业开采,目前还存在以下几个难点:

(1)天然气水合物的出砂机制及防砂技术和标准尚未建立。

非成岩储层由于经济性较差,是常规油气出砂及防砂研究的薄弱点,然而天然气水合物多赋存在非成岩易出砂地层中,但是现有的常规油气出砂判断方法、预警方法及防砂技术不能有效地适用于天然气水合物长期高效的开发,因此需要开发出适用于天然气水合物开发的出砂及防砂技术和标准。

水合物储层的出砂问题是一个多相相变环境中的动态变化过程,主要受以下3个关键因素的控制:① 地质因素,主要是指水合物地层的岩石物理学性质;② 开采因素,如水合物分解方式、生产制度、地层中的流体流速、含水率的上升、增产措施等;③ 完井因素,主要包括完井方式(裸眼、射孔)、完井质量和射孔参数等。但是目前尚未摸清水合物储层出砂的规律,无法采取适合于水合物储层出砂特性的方式防砂。

出砂判断能够对出砂情况进行预警,做好及时排砂处理和把握防砂时机,能够降低出砂带来的损害,提高产能。目前常用的砂拱分析方法,对于水合物开采过程是否适用? 水合物作为固体物质对砂拱形成和破碎的作用还要进一步探讨。常规油气现场出砂的判断方法对于水合物地层是否适用？常用的现场观测法（岩心观察、DST 测试和邻井状态）和经验法（声波时差法、$G/C_b$ 法和组合模量法）都没有水合物模块的开发和应用。

从几次试采经验来看，防砂方式的选择和防砂精度的优选，目前尚没有十分有效的方法进行设计，尽管开展了一些实验和模拟，但对于未来商业开发的现场适用性还有待考证。

（2）井筒流动安全的挑战。

水合物在开采过程中，井筒流动安全的难点主要是井筒携砂能力和井筒水合物二次生成。井筒存在复杂的多相流体，包含天然气、水、泥砂、游离水合物等多种组分，天然气水合物的记忆效应会促进水合物在井筒中的二次生成；水合物井筒中携砂能力的核心是防止砂堵和砂沉，避免其和水合物共生堵管。

防砂技术会降低井筒中的流速，井筒温度由于水合物分解导致的温度降恢复更慢，更易导致二次生成；流速降低也会导致水合物颗粒积聚和携砂能力降低而共同堵塞井筒。

（3）增产技术和储层改造技术。

进一步提高水合物的产能是走向商业化开采最大的难点，目前常规油气中的哪些增产技术和储层改造技术（人工举升、水平井、多分支井、压裂、割缝、水力喷射等技术）有助于提高水合物储层产能，尚需进行评价和现场验证。

（4）水合物特殊的高压低温条件导致实验研究困难重重。

相较于常规油气出砂研究来看，水合物出砂研究需要结合水合物特性；从已经开展的水合物出砂实验研究来看，水合物沉积物中的骨架水合物分解导致的储层力学强度变化是常规油气中所没有的；水合物分解的温度和压力变化比常规油气复杂，低温高压下的颗粒运移及储层骨架变化研究较少。实验中，合成含水合物沉积物样品的均一性把控较难，游离泥砂、游离水合物以及骨架砂和骨架水合物的合成可控性难度较大，降压分解过程中，结合井筒影响因素的出砂研究较少。同样，相较于常规立管的流动安全研究，水合物低温高压气—液—固多相流实验的开展难度很大。

（5）水合物完井数值模拟更为复杂。

对于出砂模型，水合物分解的相态变化是常规油气中所没有的，即固态的水合物分解为气态甲烷和液态的水。固体水合物分解为液态水和气态甲烷，地层中的应力、应变、流体物料都发生巨大变化，该变化对于出砂的影响，在现有的出砂模型中没有有效的实验验证和理论支撑。与现场尺度的水合物出砂预测及历史拟合性较差，如何有效地优化模型是亟待解决的问题。同样，对于水合物井筒流动安全的气—液—固三相的数值模拟也更为复杂。

（6）我国天然气水合物开采出砂及防砂面临的挑战。

我国目前发现的海洋水合物储层主要为黏土质粉砂储层，其平均粒径为 20 ~ 60μm，远远小于日本 2013 年水合物试采充填的砾石尺寸（平均粒径为 450μm）及其试采的出砂粒径（120μm 左右）；同时，我国海洋水合物储层主要在海底浅表地层，为“三浅”地层灾害多发区。因此，我国水合物储层的沉积物颗粒更细，该细颗粒在开采过程中运移更加容易；海底浅表地层稳定性差，水合物分解后，其地层强度可能会下降得更为明显而导致出砂。

结合目前已知的海域水合物储层粒度来看，都是我国常规油气防砂方法的极限，对于黏土质粉砂储层尽管有适度出砂理论：在产能和砂处理量允许的情况下，将防砂要求由 0.03% 产

砂量适度扩大到0.08%产砂量,对40μm以下的砂不防。但是我国水合物储层为高含黏土质粉砂的储层,其适度出砂产量可能会很大。从日本2017年第二次试采的报道来看:贝克休斯公司的GeoFORM防砂系统被开发应用于细颗粒储层防砂,其防砂精度为40μm,而我国水合物储层小于40μm的粒度数量大于80%。因此,新技术的开发研究将有助于我国水合物泥质粉砂储层的开发。

### 8.4.2　天然气水合物开发的环境挑战

由于天然气水合物仅在低温(0~10℃)和高压(大于10MPa或水深300m及更深)条件下才能形成,在开采过程中一旦温压条件被破坏,则水合物中的甲烷气体就会挥发出来。2008年,马丁·肯尼迪在《自然》杂志上刊登假设:若全球温度继续上升,$10\times10^{12}$t冰冻甲烷全部气化,将导致全球变暖失控,不需数千年或数百万年,可能就在一个世纪之内地球进入无冰期。

常规海洋钻完井技术是否适应深水成岩水合物?常规陆地热采与化学剂采模式是否适合海洋环境?常规海洋平台是否适应水合物的采输与分离?这些均是天然气水合物开采面临的亟待解决的关键科学问题。在开采过程中如果不能有效地实现对温压条件的控制,就可能产生一系列环境问题,如温室效应的加剧、海洋生态的变化和海底滑塌等。

(1)温室效应的加剧。固体水合物中甲烷含量相当于空气中含量的3000倍以上,水合物的开采将会释放大量的碳资源。开采技术未成熟,甲烷易流失,从而加剧温室效应,地球温度上升。

(2)海水汽化和海啸,甚至产生海水动荡和气流负压卷吸作用。开采时可能出现大量的甲烷气体泄漏,导致海啸,影响船只和飞机安全等。天然气泄漏到海洋中,氧化加剧,海洋缺氧,给海洋生物带来绝大的安全隐患。

(3)天然气水合物开采过程中,若控制不当,在海底气化降低海底沉积物的强度且改变海底沉积物的应力状态,易引发海底滑坡和陆地结构不稳。

(4)固态水合物流态化开发技术面临的主要科学问题和难点在于:水合物藏固态采掘相态控制方法,水合物藏固态采掘水下输送气—液—固多相流复杂管流规律,水合物藏固态采掘多相非平衡分解与再生成机制,水合物气—液—固多相流输送过程中的安全控制技术等。当钻井钻进天然气水合物层时,抑制天然气水合物的分解对钻井安全至关重要。一旦天然气水合物分解,甲烷气体进入钻井液,此时上返的钻井液是流体—岩屑—气体多相混合物,钻井液内融入气泡,密度降低,容易发生溢流,甚至井喷事故,给钻井带来极大的风险。分解后形成的气体由钻柱进入井口,当经过管路过流面积突变的位置,譬如井口及管汇,甲烷气体极易重新生成新的水合物,堵塞管道,引起安全事故。

总而言之,天然气水合物的完井和防砂以及开发方式是制约天然气水合物开采的瓶颈,目前所有已经采用的技术都存在缺陷且都达不到商业开采的程度,需要大力研究和发展新技术。

## 参考文献

[1] Makogon Y F. Natural gas hydrates—A promising source of energy[J]. Journal of Natural Gas Science and Engineering, 2010,2(1):49-59.

[2] Sloan E D, Koh C. Clathrate hydrates of natural gases[M]. CRC press, 2007.

[3] Makogon Y F, Holditch S A, Makogon T Y. Natural gas - hydrates—A potential energy source for the 21st Century[J]. Journal of Petroleum Science and Engineering, 2007,56(1-3): 14-31.

[4] 江泽民. 对中国能源问题的思考[J]. 上海交通大学学报, 2008(3): 345-359.

[5] 邹才能, 杨智, 何东博, 等. 常规-非常规天然气理论、技术及前景[J]. 石油勘探与开发, 2018(4): 1-13.

[6] 吴能友, 黄丽, 胡高伟, 等. 海域天然气水合物开采的地质控制因素和科学挑战[J]. 海洋地质与第四纪地质, 2017(5): 1-11.

[7] 周守为, 李清平, 吕鑫, 等. 天然气水合物开发研究方向的思考与建议[J]. 中国海上油气, 2019,31(4): 1-8.

[8] Boswell R C T. The gas hydrates resource pyramid[J]. Fire in the Ice, 2006,6(3): 5-7.

[9] 乔少华, 苏明, 杨睿, 等. 海域天然气水合物钻探研究进展及启示:储集层特征[J]. 新能源进展, 2015(5): 357-366.

[10] 苏明, 匡增桂, 乔少华, 等. 海域天然气水合物钻探研究进展及启示(Ⅰ):站位选择[J]. 新能源进展, 2015(2): 116-130.

[11] 黄丽. 海域天然气水合物储层产气潜力地质评价数值模拟[D]. 中国科学院广州能源研究所, 2016.

[12] 周守为, 陈伟, 李清平, 等. 深水浅层非成岩天然气水合物固态流化试采技术研究及进展[J]. 中国海上油气, 2017(4): 1-8.

[13] Li J, Ye J, Qin X, et al. The first offshore natural gas hydrate production test in South China Sea[J]. China Geology, 2018,1(1): 5-16.

[14] 周守为, 赵金洲, 李清平, 等. 全球首次海洋天然气水合物固态流化试采工程参数优化设计[J]. 天然气工业, 2017(9): 1-14.

[15] 郭平, 刘士鑫, 杜建芬. 天然气水合物气藏开发[M]. 北京:石油工业出版社, 2006.

[16] 许帆婷. 天然气水合物开发要探求更经济途径——访北京大学工学院教授、我国天然气水合物首次试采工程首席科学家卢海龙[J]. 中国石化, 2018(5): 55-58.

[17] 卢静生, 李栋梁, 何勇, 等. 天然气水合物开采过程中出砂研究现状[J]. 新能源进展, 2017,5(5): 394-402.

[18] Yamamoto M, Miura K, Wada R, et al. Well design for methane hydrate production: Developing a low-cost production well for offshore Japan[C]. Kuala Lumpur, Malaysia: Offshore Technology Conference, 2018.

[19] 刘昌岭, 李彦龙, 孙建业, 等. 天然气水合物试采:从实验模拟到场地实施[J]. 海洋地质与第四纪地质, 2017(5): 12-26.

[20] 张炜, 邵明娟, 田黔宁, 等. 日本海域天然气水合物研发进展及启示[M]. 北京:地质出版社, 2018.

[21] Oyama H, Nagao J, Suzuki K, et al. Experimental analysis of sand production from methane hydrate bearing sediments applying depressurization method[J]. Journal of MMIJ, 2010,126(8/9):497-502.

[22] Cao S C, Jang J, Jung J, et al. 2D micromodel study of clogging behavior of fine-grained particles associated with gas hydrate production in NGHP-02 gas hydrate reservoir sediments[J]. Marine and Petroleum Geology, 2019,108: 714-730.

[23] Suzuki S, Kuwano R. Evaluation on stability of sand control in mining methane hydrate[J]. SEISAN KENKYU, 2016, 68(4):311-314.

[24] Murphy A, Soga K, Yamamoto K. A laboratory investigation of sand production simulating the 2013 Daini-Atsumi Knoll gas hydrate production trial using a high pressure plane strain testing apparatus[C]. Denver, USA:9th International Conferences on Gas Hydrate, 2017.

[25] Lee J, Ahn T, Lee J Y, et al. Laboratory test to evaluate the performance of sand control screens during hy-

drate dissociation process by depressurization[C]. Szczecin, poland: ISOPE ocean mining and gas Hydrates Symposium, 2013.

[26]Lu J, Xiong Y, Li D, et al. Experimental investigation of characteristics of sand production in wellbore during hydrate exploitation by the depressurization Method[J]. Energies, 2018,11(7): 1673.

[27] Moridis G, Collett T S, Pooladi - Darvish M, et al. Challenges, uncertainties, and issues facing gas production from gas - hydrate deposits[J]. SPE Reservoir Evaluation & Engineering, 2011,14(1): 76 - 112.

[28]Uchida S, Klar A, Yamamoto K. Sand production model in gas hydrate - bearing sediments[J]. International Journal of Rock Mechanics and Mining Sciences, 2016,86: 303 - 316.

[29] Uchida S, Klar A, Yamamoto K. Sand production modeling of the 2013 Nankai offshore gas production test [C]//Procedings of the 1st International Conference on Energy Geotechnics. Kiel, Germany:[s. n. ],2016.

[30]Ning F, Sun J, Liu Z, et al. Prediction of sand production in gas recovery from the Shenhu hydrate reservoir by depressurization[C]. Denver, USA: 9th International Conference on Gas Hydrate, 2017.

[31] 李彦龙, 刘乐乐, 刘昌岭, 等. 天然气水合物开采过程中的出砂与防砂问题[J]. 海洋地质前沿, 2016(7): 36 - 43.

[32] 李彦龙, 胡高伟, 刘昌岭, 等. 天然气水合物开采井防砂充填层砾石尺寸设计方法[J]. 石油勘探与开发, 2017(6): 961 - 966.

[33] 刘浩伽, 李彦龙, 刘昌岭, 等. 水合物分解区地层砂粒启动运移临界流速计算模型[J]. 海洋地质与第四纪地质, 2017(5): 166 - 173.

[34] Yan C, Li Y, Cheng Y, et al. Sand production evaluation during gas production from natural gas hydrates [J]. Journal of Natural Gas Science and Engineering, 2018,57: 77 - 88.

[35] Yu L, Zhang L, Zhang R, et al. Assessment of natural gas production from hydrate - bearing sediments with unconsolidated argillaceous siltstones via a controlled sandout method[J]. Energy, 2018,160: 654 - 667.

[36] 公彬, 蒋宇静, 王刚, 等. 南海天然气水合物开采海底沉降预测[J]. 山东科技大学学报:自然科学版, 2015,34(5): 61 - 68.

[37] 万义钊, 吴能友, 胡高伟, 等. 南海神狐海域天然气水合物降压开采过程中储层的稳定性[J]. 天然气工业, 2018(4): 117 - 128.

[38]Jin G, Lei H, Xu T, et al. Simulated geomechanical responses to marine methane hydrate recovery using horizontal wells in the Shenhu area, South China Sea[J]. Marine and Petroleum Geology, 2018,92: 424 - 436.

[39] 周守为, 陈伟, 李清平. 深水浅层天然气水合物固态流化绿色开采技术[J]. 中国海上油气, 2014(5): 1 - 7.

[40] 赵金洲, 李海涛, 张烈辉, 等. 海洋天然气水合物固态流化开采大型物理模拟实验[J]. 天然气工业, 2018(10): 78 - 83.

[41] 赵羿羽, 曾晓光, 郎舒妍. 深海采矿系统现状及展望[J]. 船舶物资与市场, 2016(6): 39 - 41.

[42] 杜新光, 官良清, 周伟新. 深海采矿发展现状及我国深海采矿船需求分析[J]. 海峡科学, 2016(12): 62 - 67.